全国机械行业职业教育优质规划教材（高职高专）

经全国机械职业教育教学指导委员会审定

网络工程实践教程

主　编　杨　震

副主编　鲜　敏　云培研

参　编　黄景广　汤京弋

　　　　牟丽莎　陈　佳

主　审　马　勇

机械工业出版社

作者根据多年指导计算机网络技术专业学生毕业综合实践的经验，针对目前高职高专学生的认知特点以及高职高专教育的培养目标、特点和要求，将网络工程建设所涉及的知识和技能抽象为 8 个具体毕业综合实践项目，最后以一个完整的校园信息网络设计综合实训项目予以整合。全书采用任务需求式教材编写风格，通过案例导入对知识进行阐述，以工作任务的实现过程为主线逐一展现学习内容。本书遵循高职教育的"必需、够用"原则，内容编排由浅入深、循序渐进，是一个教、学、做、练相结合的项目实践教材。全书共 9 章，介绍了网络综合布线，网络服务搭建与配置，网络设备的基本配置，网络交换与路由交换，无线组网方案，IP 语音系统配置与建设，IPv6 的配置和应用，网络安全实施及应用，校园信息网络项目设计。

　　本书主要面向高职高专院校网络工程、网络管理、计算机应用等专业的学生，也可以作为计算机培训教材，还可以作为网络项目开发人员的专业参考书，以及网络工程业余爱好者的自学用书。

　　为了方便教学，本书配备电子课件等教学资源。凡选用本书作为教材的教师均可登录机械工业出版社教育服务网 www.cmpedu.com 下载，或发送电子邮件至 cmpgaozhi@ sina.com 索取。咨询电话：010 – 88379375。

图书在版编目（CIP）数据

网络工程实践教程／杨震主编. —北京：机械工业出版社，2017.2（2024.7 重印）
全国机械行业职业教育优质规划教材. 高职高专
ISBN 978 – 7 – 111 – 56233 – 7

Ⅰ.①网…　Ⅱ.①杨…　Ⅲ.①计算机网络–高等职业教育–教材　Ⅳ.①TP393

中国版本图书馆 CIP 数据核字（2017）第 042824 号

机械工业出版社（北京市百万庄大街 22 号　邮政编码 100037）
策划编辑：王玉鑫　　　　　　　　责任编辑：王玉鑫　王丽滨
责任校对：樊钟英　　　　　　　　封面设计：鞠　杨
责任印制：单爱军
北京虎彩文化传播有限公司印刷

2024 年 7 月第 1 版·第 4 次印刷
184mm × 260mm·15.5 印张·397 千字
标准书号：ISBN 978 – 7 – 111 – 56233 – 7
定价：46.00 元

电话服务　　　　　　　　　　　　网络服务
客服电话：010-88361066　　　　　机　工　官　网：www.cmpbook.com
　　　　　010-88379833　　　　　机　工　官　博：weibo.com/cmp1952
　　　　　010-68326294　　　　　金　书　网：www.golden-book.com
封底无防伪标均为盗版　　　　　机工教育服务网：www.cmpedu.com

前　言

　　计算机网络是计算机技术和通信技术的融合和交汇，经历了局域网、广域网和互联网的发展过程，在各个行业中得到了广泛的应用，改变了人们的生活、学习和工作方式。社会迫切需要大量懂得计算机网络系统规划、设计、施工和维护等领域的发展型、复合型和创新型技能人才。本书主要面向职业院校学生，以学生毕业综合实践指导为目的，以网络工程建设流程为主线，以项目实施为内容的组织形式进行编写。

　　作者根据多年指导计算机网络技术专业学生毕业综合实践的经验，针对目前高职高专学生的认知特点以及高职高专教育的培养目标、特点和要求，将网络工程建设所涉及的知识和技能抽象为 8 个具体的毕业综合实践项目，最后以一个完整的校园信息网络设计综合实训项目予以整合。"毕业综合实践"是高职高专学生在校期间必须完成的学习任务，是计算机网络专业前导课程的综合运用，为学生后续课程及顶岗实习、就业实习奠定基础，在专业学习中有承上启下、融会贯通的重要作用。本书从教学需要和工程实践出发，详细讲解实际工程案例，注重巩固已学习过的网络专业技能，应用学习过的专业知识、专业技能解决实际问题，力求实训与工作岗位对接。

　　本书采用任务需求式教材编写风格，通过案例导入对知识进行阐述，以工作任务的实现过程为线索逐一展现学习内容。本书遵循高职高专教育的"必需、够用"原则，内容编排由浅入深、循序渐进，是一本教、学、做、练相结合的项目实践教材。

　　本书具有以下特点：

　　第一，以就业为导向。结合职业任职要求和就业市场需求，突出实用性特点。

　　第二，以能力为本位。书中的内容以实际操作流程为主线展开，但又不仅仅局限于操作，还辅以相关的知识链接，不仅使学生知其然，更知其所以然。同时书中知识点的选择以够用为度。这样，在培养学生动手能力的同时也强调了综合素质教育。

　　第三，结合学校教学实际。注重教学设施的合理利用，突出教学任务可操作性强的特点。书中相关任务的操作结合市场上流行的系统平台、软硬件产品，对实训环境的要求比较低，采用常见的设备和软件即可完成。确无实训设备的院校，也可利用本书推荐使用的最新网络操作系统仿真技术 GNS3 和虚拟机技术 VMware 搭建网络实训平台，顺利完成教师教学和学生学习的任务。本书非常适合学生毕业综合实践教学用书，也可作为集中式的综合实训指导用书。

　　第四，以项目为内容的组织形式。本书采用"项目引领、任务驱动"的编写方式，符合职业成长规律。全书以一个典型的校园信息网络综合设计过程为主线，设计了多个不同的项目，并根据完成这些项目的难易程度分解成若干个不同的工作任务，实现学生"学习工作"→"学会工作"→"理解工作"的职业能力培养。在任务实施前，介绍必要的知识，并给出大量有实用价值的案例，可在实际工作项目中直接使用，或经适当修改和完善后使用，突出理论联系实际、工程与应用相结合的特点。

第五，项目内容模块化，模块内容任务化。书中将每个项目划分为多个模块，每个模块都对应一个学习要点，每个模块又分解为多个任务，学生在逐个完成一系列的任务后，完成校园网络设计的综合实践。

第六，本书具有配套丰富的数字教学资源，包括教材素材、电子教案、演示文稿、动画视频、VR 视频、试题及答案、习题等，可到网站下载使用。

本书由杨震任主编，鲜敏、云培研任副主编，参加编写的还有黄景广、汤京弋、牟丽莎、陈佳。具体分工如下：第 1 章、第 5 章由黄景广（四川工程职业技术学院）编写，第 2 章、第 3 章由汤京弋（四川工程职业技术学院）编写，第 4 章由鲜敏（四川工程职业技术学院）编写，第 6 章由牟丽莎（四川工程职业技术学院）编写，第 7 章由云培研（四川工程职业技术学院）编写，第 8 章由陈佳（无锡科技职业学院）编写，第 9 章由杨震（四川工程职业技术学院）编写，全书的统稿工作由杨震完成。马勇（四川工程职业技术学院）审阅了全书，另外本书在编写过程中得到了各位编写人员和学校领导的大力支持，在此一并表示衷心感谢！

由于网络工程技术发展迅速，加之编者水平有限，书中不足之处在所难免，敬请读者批评指正。

编　者

目　录

第1章

网络综合布线

1）理解综合布线系统架构、综合布线七大子系统。

2）掌握综合布线系统拓扑图，绘制建筑平面图、施工路由图。

3）制作信息点统计表、材料预算表、定额预算表。

4）编写技术方案、竣工文档。

1.1 基础知识

1.1.1 什么是综合布线

综合布线系统是一个用于语音、数据、影像和其他信息技术的标准结构化布线系统。它具有兼容性、开放性、灵活性、可靠性、先进性、经济性的特点，综合布线是现代网络的基础，采用综合布线是因为：

1）采用综合布线可以使系统结构清晰，便于管理和维护。

2）采用综合布线可统一选用材料，有利于今后的发展需要。

3）采用综合布线技术，系统的灵活性强，可适应各种不同的需求。

4）综合布线系统便于扩充，可节约费用，提高系统的可靠性。

5）综合布线系统作为开放系统，有利于各种系统的集成。

网络综合布线和传统布线的比较见表1-1。

表1-1 网络综合布线和传统布线的比较

项目	传统布线	网络综合布线
方案设计	各个系统独立进行设计，相互干扰，设计难度大，容易造成重复施工，浪费时间和资源	将各个系统综合考虑，设计思路简洁，并可以根据用户的需要灵活地变更设计方案，节省大量时间
传输介质	不同的系统采用不同的传输介质 1）电话系统采用专用的电话线 2）计算机系统采用同轴电缆 3）电话线、网线不能互用	采用统一的传输介质 1）全部采用双绞线传输 2）电话线、网线可以互用

（续）

项目	传统布线	网络综合布线
灵活性及开放性	1）各个系统相互独立，互不兼容，造成用户极大的不方便 2）设备的改变或移动都会导致整个布线系统的变化 3）难以维护管理，用户无法改变布线系统来适应自己的要求	1）用户可以灵活地管理大楼内各个系统 2）设备改变、移动后，仅需变更跳线即可 3）大大减少了维护人员和管理人员的数量
扩展性	1）计算机和通信技术的飞速发展，现在的布线方式难以满足以后的需求 2）很难扩展，需要重新施工，造成时间、材料、资金及人员的浪费	1）在 15～20 年内充分适应计算机及通信技术的发展 2）在设计时已经为用户预留了充分的扩展余地，保护了用户的前期投资
施工	各个系统独立施工，施工周期长，造成人员、材料及时间的浪费	各个系统统一施工，周期短，节省大量的时间及人力、物力

1.1.2　综合布线各个子系统介绍

依照 2007 年 10 月 1 日起实施的国家标准《综合布线系统工程设计规范》（GB 50311—2007），综合布线系统工程宜按下列七个子系统进行设计。

1．工作区子系统

一个独立的需要设置终端设备（TE）的区域宜划分为一个工作区。工作区应由配线子系统的信息插座模块（TO）延伸到终端设备处的连接线缆及适配器组成。信息点的数量应根据工作的实际功能及需求确定，并预留出适当的数量冗余。

2．配线子系统

配线子系统就是通常所说的水平子系统。配线子系统应由工作区的信息插座模块、信息插座模块至电信间配线设备（FD）的配线电缆和光缆、电信间的配线设备及设备线缆和跳线等组成。

3．干线子系统

干线子系统应由设备间至电信间的干线电缆和光缆、安装在设备间的建筑物配线设备（BD）及设备线缆和跳线组成。干线子系统在施工时，应预留出一定的线缆做冗余信道，这一点对于综合布线系统的可扩展性和可靠性来说是十分重要的。

4．建筑群子系统

建筑群子系统应由连接多个建筑物之间的主干电缆和光缆、建筑群配线设备（CD）及设备线缆和跳线组成。除有线通信手段以外，也可以采用微波通信、无线电通信等。

5．设备间子系统

设备间是在每幢建筑物的适当地点进行网络管理和信息交换的场地。对于综合布线系统工程设计，设备间主要安装建筑物配线设备。电话交换机、计算机主机设备及入口设施也可与配线设备安装在一起。

6．进线间子系统

进线间是建筑物外部通信和信息管线的入口部位，并可作为入口设施和建筑群配线设备的安装场地。

7．管理间子系统

管理间应对工作区、电信间、设备间、进线间的配线设备、线缆、信息插座模块等设施按一定的模式进行标识和记录。智能大楼内部综合布线系统模型如图1-1所示。

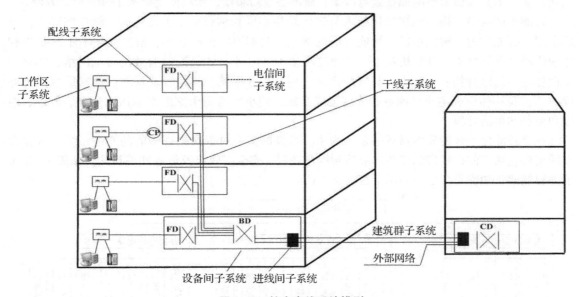

图1-1　综合布线系统模型

1.1.3　典型的智能大楼、智能小区功能展示

智能大楼已成为当今政府机关、公司企业、金融机构等所追求的理想的居住和办公空间。智能大楼的兴起是为了适应现代信息社会对建筑物应具有信息通信、办公自动化和建筑设备自动控制与高效管理等一系列功能要求，在传统建筑的基础上发展而来的。

智能大楼的基本概念是指将建筑物结构、系统、服务和管理四项基本要求以及它们之间的内在关系进行最优化组合设计，从而向人们提供一个高效、舒适、便利的建筑环境。

一个典型的智能型大楼通常由一座或多座建筑物组成。由于在建筑物内部及建筑物楼群之间提供了完善的功能设施、非常高的系统集成度和富有弹性的配置，先进的网络设施及通信设备，使一个传统的建筑物变成了一个真正的"信息岛"提供给大楼管理者和租户使用。

那么，怎样的一座大楼才能称得上是智能大楼呢？一般认为，它必须具备通信自动化、办公自动化和大楼管理自动化。在通信方面，它应该具备集声音、文字、图像为一体的多媒体信息处理系统，具有可随时召开电视会议，进行无纸贸易，以及方便地通过现代信息网络调用各种资料、数据的条件。在管理方面，它应该具备对大楼各种设施进行自动化控制的功能。譬如，智能大楼的出入管理可通过磁卡和磁卡阅读机来实现，也可以通过声音、指纹的识别来实现。当验明来者身份后，电子锁便自动开启；室内照明在第一个人进入时开启，最后一个人离开时关闭。大楼还具有完备的自动报警和安全控制系统等。

智能大楼里的上述各种系统不是独立安装的，而是通过先进的楼内布线系统——结构化综

3

合布线系统把它们连接起来，由计算机进行控制，因而能高效、有序、优化地运行。例如，以往装在大楼里的烟感、温感设备，在室内温度、烟度超过一定程度时，只能起到报警的作用，而在智能大楼里，传感器的信号传到中央控制室后，经判别确认为"火灾"后，便会自动切断整幢大楼的电源，并启动喷淋器。这一切都在几秒钟内即可完成。

结构化综合布线系统是采用非屏蔽双绞线与光缆的混合布线系统，它将一座大楼里原来独立的众多系统，连接成一个综合完整的系统。这个系统的最大特点是不管设备怎样增减，位置如何改变，都只需做简单的插拔就可以了，而不必重新布线，所以使用起来十分灵活、方便。

智能小区的概念是建筑智能化技术与现代居住小区相结合而衍生出来的。就住宅而言，先后出现了智能住宅、智能小区、智能社区的概念。我们可以这样认为：智能化住宅小区是指利用现代通信网络技术、计算机技术、自动控制技术、IC卡技术，通过有效的传输网络，建立一个由住宅小区综合物业管理中心与安防系统、信息服务系统、物业管理系统以及家居智能化组成的"三位一体"住宅小区服务和管理集成系统，使小区与每个家庭都能达到安全、舒适、温馨和便利的生活环境。

一个智能化小区的根本目标是以人为本。具体的实现过程是把许多的功能性系统通过综合布线连接起来，使得我们的居住环境达到绿色环保、安全高效以及舒适性等目的。如图1-2所示为智能建筑功能系统图，展示了智能化小区的3A功能。

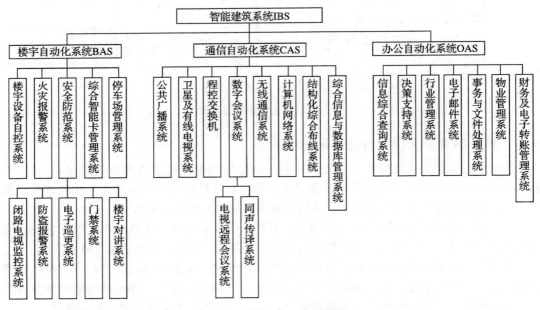

图1-2 智能建筑功能系统图

1.2 项目描述和分析

1.2.1 项目背景

某医院大楼共10层，楼长70 m，1～4层楼宽45 m，5～10层楼宽30 m，楼层高3 m。综合布线系统的管槽路由已安装到位，传输的信号种类为数据和语音，每个信息点的功能要求在必要时能够进行语音、数据通信的互换使用。

1.2.2　需求分析

根据需求，本方案采用的布线系统能为用户提供一个开放的、灵活的、先进的和可扩展的线路基础，可提供数据和语音通信。本方案布线结构采用星形拓扑结构。每个单元的计算机都可以通过布线系统与配线间的交换机相连。具体信息点分布见表1-2。

表1-2　信息点分布

配线间位置	楼层	数据信息点/个	语音信息点/个	小计/个
电梯旁小房间	1	27	27	54
	2	27	27	54
	3	27	27	54
	4	27	27	54
	5	24	24	48
弱电井	6	24	24	48
	7	24	24	48
	8	24	24	48
	9	24	24	48
	10	24	24	48
总计		252	252	504

在本方案中只是简单地统计了每层楼的信息点数量。实际综合布线施工项目当中要考虑的因素远不止这些，需要进行现场环境勘测，需要和客户进行充分的沟通，理清客户的真正需求，并进行仔细的方案设计才可以得出最后的布线结构。综合布线项目当中需要考虑的主要因素见表1-3。

表1-3　综合布线项目当中需要考虑的主要因素

序号	名称	内容
1	电梯、水气	综合布线线路必须和这些干扰源保持一定的距离
2	FD 的数量	根据本楼层信息点数量和楼层面积大小而定
3	明敷设还是暗敷设	原则上尽量暗敷设
4	干线子系统设计	是点对点方案，还是分支结合方案
5	信息点和线路冗余	根据客户的需求考虑线路的冗余量
6	设备工作环境要求	主要考虑设备间和电信间的环境是否符合国家标准
7	管理子系统设计	是交连结构还是互连结构
8	施工器械	需要哪些工具
9	客户的特殊需求	如对网速的需求，对安全的需求，等等

1.2.3　综合布线系统整体架构

各个楼层配线间至各个信息点的室内超5类双绞线的布放。

各个楼层配线间至主设备间的光缆、大对数电缆的布放，标准24口光缆配线架、标准24

口模块式配线架、110 型配线架和机柜等设备的安装。

中心机房设在大厦 1 层靠近电梯处的一个房间。

语音及数据的插座模块、水平线缆均选择超 5 类产品。

面板采用双孔 86 墙上型面板。

语音主干线缆选择 5 类大对数非屏蔽双绞线，并预留 50% 的冗余量。数据主干线缆选择 8 芯多模光缆，每个管理间配置 1 条，2 芯光纤满足目前的应用，6 芯光纤备用。

管理间语音水平子系统配线架选择 110 型交叉连接配线架，数据水平子系统配线架选择超 5 类 24 口模块式配线架。语音垂直子系统配线架选择 110 型交叉连接配线架，数据垂直子系统采用 19in 24 口光纤配线架。

管理间及设备间的配线架均采用 19in 24 口落地/壁挂机柜安装方式。

语音总配线架采用交叉连接配线架（110 型配线架），连接来自各管理间的语音垂直干缆，并预留足够端子用于连接来自程控交换机配线架的语音线缆。数据总配线架采用 19in 24 口光纤配线架，连接来自各管理间的垂直光纤，采用 42 U 19in 24 口光纤配线架。

系统拓扑图体现了综合布线设计方案的整体架构，如图 1-3 所示是综合布线系统拓扑图样图。

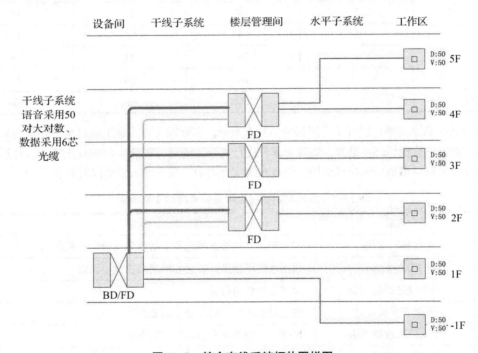

图 1-3 综合布线系统拓扑图样图

1.3 项目实施

1.3.1 工作区子系统

本工程的工作区按照独立房间进行划分，每一个标准工作区配置两个数据信息点，距信息

㊀ 1in = 2.54cm，后同。

点水平距离20cm处安装一个5孔插座，信息端口底盒均安装在离地面高30cm处。

信息面板采用双孔设计，两个插孔内都是RJ45信息模块，其中一个用于数据网络，一个用于语音系统。但是语音和数据网络模块要统一，以便于今后互相备份。

信息点安装规范：

1）工作区所采用的信息插座为标准的RJ45类型，当终端设备与信息插座不匹配时，使用专用电缆或信号转换适配器。

2）从电信间至工作区的水平光缆按照2芯光缆配置。

3）信息点位置的安装与终端设备距离不超过5m。

1.3.2 水平子系统设计

数据及语音信息点的水平数据线缆采用Vcom室内超5类非屏蔽双绞线系列。其中不会用到CP或者多用户信息插座，水平线缆计算方法为

$$C(m) = (0.55(L+S)+6)N$$

C是双绞线总长度；

L是该楼层最远的一个信息点距离配线间有多远；

S是该楼层最近的一个信息点距离配线间有多远；

N是该楼层信息点的数量；

$0.55(L+S)$表示该楼层所有双绞线水平链路的平均长度；

6表示每个水平链路多考虑6m冗余量。

水平子系统示意图如图1-4所示。

在本次系统设计中，将中心机房置于一楼的电梯间旁，利用垂直子系统将每一层的管理间连接在一起，每一层将分布管理系统与中心机房的设备系统相连接。在链路的选择上，采用永久链路的模型，

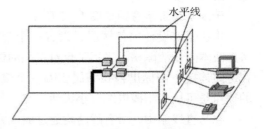

图1-4 水平子系统示意图

以达到功能扩展的需求。各楼层的施工采用标准的永久链路模型，以方便管理。施工路由图需要现场测量以后，按照实际情况绘制出楼层平面图，在楼层平面图的基础上绘出施工路由图。具体楼层平面图如图1-5所示。

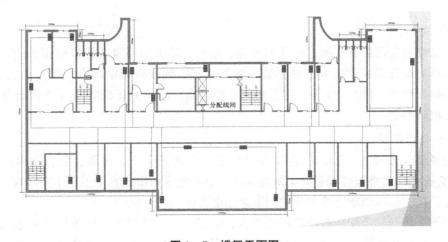

图1-5 楼层平面图

1.3.3 干线子系统设计

干线子系统由垂直大对数线和室内光纤组成。它的一端接于设备机房的建筑特配线架上，另一端接在楼层电信间的楼层配线架上。本设计中采用 Vcom 5 类 50 对 UTP 大对数线作为语音主干，采用 8 芯室内多模光缆作为数据主干，连接设备间 BD 和各楼层的 FD。

每层垂直线缆长度（m）$= (HX + L_1 + Lx + 6\ 或\ 10)N$

H 是楼层高度；

X 是该层距离 BD 所在楼层的层数；

L_1 是电缆井距离 BD 配线架的距离；

Lx 是电缆井距离 FD 配线架的距离；

6 或 10 的意思是大多数线缆考虑 6m 冗余量，光纤考虑 10m 冗余量；

N 是该层楼需要几根这样的线缆。

在本工程中，每一层楼都只需要一根室内光纤和一根大对数线，总垂直干线线缆长度等于各楼层垂直线缆长度之和。

干线子系统示意图如图 1-6 所示。

本次系统设计中各楼层只设置一个管理间，为考虑成本及低故障率，采用了点对点端的链路接法。在链路连接中需标出各线路属于哪一个楼层，这样的优点是可以使干线电缆轻小灵活。

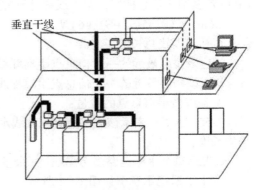

图 1-6 干线子系统示意图

在垂直线路中，所有线路均通过弱电井连接，这样的好处是规范而且容易施工。

1.3.4 设备间子系统设计

设备间子系统是整个网络设备以及建筑物配线设备的安装地点，也是进行网络管理的场所。选择设备间的时候，要考虑安装设备的数量、主干线缆的传输距离、房间的安全设施以及环境是否符合要求。

1. 配线间的设计

每一层楼都有自己的配线间，配线间温度、湿度、防火等环境条件参照相关的国家标准设计。配线间所有综合布线相关的器件都装入标准机柜，标准机柜中的常规器件包括：交换机、理线架、数据配线架、110 配线架；用于光纤连接的器件有：光纤配线架（带耦合器）、尾纤、光跳线、光电转换器。

2. 设备间的设计

我们把设备间设置在一楼，设备间应尽量保持室内无尘土，通风良好，室内照明不低于 150 lx，符合有关消防规范并配置有关消防系统。每个电源插座的容量不小于 300 W。其余的如温度、湿度、防火等环境条件参照相关的国家标准设计。

设备间子系统是整个配线系统的中心单元，它的布放、选型及环境条件的考虑是否适当都直接影响到将来信息系统的正常运行及维护和使用的灵活性。我们计划采用 GCS 色标标记方案系统，科学地规定了怎样根据参数和识别步骤查清交连场的线路和设备端接点。

设备间的具体设计如下：

1）由于该设备间还直接承担了一楼 FD 的任务，固必须安装相应的数据配线架和语音配线架，而且这一套设备必须和 BD 的设备严格区分，单独使用一个机柜。

2）BD 机柜建议采用 42U 标准机柜。

3）来自每一层楼的大对数线端接入 110 配线架，不得多层楼混用。

4）来自每一层楼的光纤必须全部熔接尾纤，并全部接入光纤配线架。

5）BD 的总交换机必须有三层交换功能。

设备间的色标方案和机架示意图如图 1-7 和图 1-8 所示。

配线间和设备间需要准确计算出各种器件的数量，以及画出对应的机柜安装图，机柜安装图要求用 Excel 绘制。配线间机架安装示意图如图 1-9 所示。

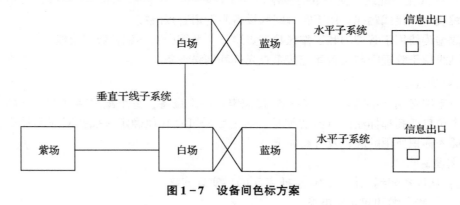

图 1-7　设备间色标方案

1U	110 型交叉语音配线架	1U
1U	光缆配线架	1U
1U	理线架	1U
1U	110 型交叉语音配线架	1U
1U	光缆配线架	1U
1U	理线架	1U
1U	110 型交叉语音配线架	1U
1U	光缆配线架	1U
1U	理线架	1U
1U	110 型交叉语音配线架	1U
1U	模块式配线架	1U
1U	理线架	1U

图 1-8　设备间机架示意图

1U	110 型交叉语音配线架	1U
1U	光缆配线架	1U
1U	数据总线配线架	1U
1U	理线架	1U

图 1-9　配线间机架安装示意图

1.3.5 管理子系统设计

管理子系统由交连或互连配线架、信息插座式配线架以及相关跳线组成。

通过卡接或插接式跳线，交叉连接可以将端接在配线架一端的通信线路与端接于另一端配线架上的线路相连。插入线为重新安排线路提供一种简易的方法，而且不需要安装跨接线时使用的专用工具。

互连可完成交连的相同目的，只是使用带插头的跳线、插座和适配器。互连和交连适用于光缆。光缆交连要求使用光缆跳线。

本系统设计包括：

100 对 110 型交叉连接配线架支持语音传输。

超 5 类 24 口模块式配线架支持数据传输。

24 口机柜式光纤配线架支持数据传输。

语音跳线为卡接式跳线，用于管理间与设备间的语音点跳接。

高速数据跳线用于管理间和工作区数据点跳接，系统中暂不配置数据跳线。

光纤跳线用于管理间与设备间连接垂直光纤和网络设备。

1．色场管理

管理子系统必须严格遵守 GCS 色标管理规定；每个设备，每个配线架都有自己的名字；配线架上每个信息插孔都标注出自己的编号，通过编号可直观地确定该插孔对应到什么位置。交连管理的插入标识所用的底色及含义如下：

（1）在设备间

l 蓝色：从设备间到工作区的信息插座（IO）实现连接。

l 白色：干线电缆和建筑群电缆。

l 灰色：端接与连接干线到计算机机房或其他设备间的电缆。

l 绿色：来自电信局的输入中继线。

l 紫色：来自 PBX 或数据交换机之类的功用系统设备连线。

l 黄色：来自交换机和其他各种引出线。

l 橙色：多路复用输入电缆。

l 红色：关键电话系统。

l 棕色：建筑群干线电缆。

（2）在主接线间

l 白色：来自设备间的干线电缆端接点。

l 蓝色：到配线间 I/O 服务的工作区线路。

l 灰色：到远程通信接线间各区的连接电缆。

l 橙色：来自卫星接线间各区的连接电缆。

l 紫色：来自系统公用设备的线路。

（3）在远程通信连线间

l 白色：来自设备间的干线电缆的点对点端接。

l 蓝色：到干线接线间 I/O 服务的站线路。

l 灰色：来自干线接线间的连接电缆端接。

l 橙色：来自卫星节点间各区的连接电缆。

紫色：来自系统公用设备的电缆。

2. 其他管理

（1）连接管理结构　水平子系统主要分为两种结构：互相连接结构用于计算机的通信；交叉连接结构用于语音通信。在本次工程设计中所有的通信结构均采用互相连接结构，所有的语音通信均采用交叉连接结构。互相连接结构和交叉连接结构如图1-10和图1-11所示。

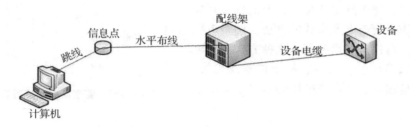

图1-10　互相连接结构

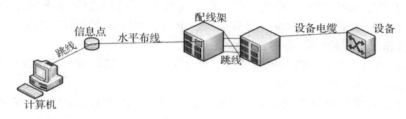

图1-11　交叉连接结构

（2）标示标注及管理　对于电缆的标示，直接贴到各种电缆上，两端都需要标示，标示应美观、清晰，并将其记录在册。对于场标识，直接贴在设备间、配线间、交接间的平整表面上。对于插入标识，用来指明电缆的源发地，由安装人员在需要时取下来使用。重要的标签建议用标签打印机打印。部分标签效果示意图如图1-12所示。

图1-12　标签效果示意图

1.3.6　建筑群布线设计

建筑群子系统也称楼宇管理子系统。一个园区存在很多建筑物，彼此之间的语音、数据、图像和监控等系统可用传输介质和各种支持设备（硬件）连接在一起。连接各建筑物之间的传输介质和各种支持设备（硬件）组成一个建筑群综合布线系统。连接各建筑物之间的缆线组成建筑群子系统。

建筑群子系统中电缆布线方法有以下4种：架空电缆布线、直埋电缆布线、管道电缆布线、隧道内电缆布线。

在本次工程设计中，因为在园区的建设中就有管道系统的敷设，对于网络的接入，考虑到实际场景与美观，采用了管道电缆布线的方法。网络电缆由接合井接入，再进入总设备间，这种方式利于电缆的安全使用以及维护，美观，易于扩建及更换。图1-13所示是建筑群子系统采用的管道系统电缆布线示意图。

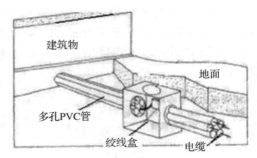

图1-13　管道系统电缆布线示意图

1.3.7　测试与验收

工程项目的验收与测试是一个系统工程，在工程设计的时候就应该考虑到需要哪些标准，其中既有综合布线方面的国际国内标准，也有建筑、电力、消防等方面的相关标准，比如以下标准就是一般综合布线测试验收必须考虑的标准。

1）综合布线系统工程的验收首先必须以工程合同、设计方案、设计修改变更单为依据，用FLUKE公司的测试仪来测试具体的参数。

2）《综合布线系统工程验收规范》（GB50312—2007），由于GB50312—2007电气性能指标来源于EIA/TIA568 B和ISO/IEC 11801—2002，电气性能测试验收也可依照EIA/TIA568 B和ISO/IEC 11801—2002标准进行。

3）工程竣工验收项目的内容和方法，应按《综合布线系统工程验收规范》（GB50312—2007）的规定执行。

4）由于综合布线工程是一项系统工程，也会同时涉及通信、机房、防雷、防火等相关问题，对于这些方面的专业验收，在综合布线里面找不到相关的验收标准，必须到相关的行业里去找出相应的国家验收标准。

1.3.8　预算

工程设计的技术方案是整个项目的核心，材料预算和定额预算是整个技术方案的核心。预算的准确与否直接关系到能否中标，也直接关系到企业的利润问题。本方案的部分材料预算见表1-4。

表1-4　材料预算表

序　号	名　称	单位	数量	单　价/元	金　额/元
一、工作区					
1	超5类信息模块	个	504	7.90	3,981.60
2	双口面板	个	252	12.000	3,024.00
3	室内超5类非屏蔽双绞线电缆	箱	60	288.00	17,280.00
小计A					24,285.60

（续）

序 号	名　　称	单 位	数 量	单价/元	金 额/元
	二、垂直及水平线缆				
4	8 芯室内光缆	m	360	7.80	2,808.00
5	5 类 50 对室内大对数电缆	m	288	3.00	864.00
6	100 对 110 型配线架	个	21	58.00	1,218.00
小计 B					4,890.00
	三、配线间				
7	ST 耦合器	个	144	28.00	4,032.00
8	ST 多模光纤尾纤（1.5m）	条	144	12.00	1,728.00
9	24 口光缆配线架	个	11	26.00	286.00
10	24 口模块式配线架	个	14	27.00	378.00
11	12U 壁挂式机柜	个	9	280.00	2,520.00
12	42U 落地式机柜	个	2	480.00	960.00
小计 C					9,904.00
合计					39,079.60

定额预算是计算整个工程当中需要多少人工的问题，需要注意两点：一是需要查询当地相关部门正在执行的本行业定额标准；二是需要安排一个工程施工经验非常丰富的人员来理出定额清单。否则很容易出现工作量考虑不全的情况，造成企业亏损，也有可能出现部分定额重复计算，造成客户的不满。本方案的部分定额预算表见表 1-5。

定额预算需要查询国家或地区劳动管理部门制定的相关行业定额标准文件，可以找网络公司咨询，也可以在网上搜索相关文件。

表 1-5　定额预算表

序 号	项目名称	单 位	数 量	单位定额值	合计值
				技工	技工
I	Ⅲ	Ⅳ	Ⅴ	Ⅵ	Ⅷ
1	超 5 类模块端接	个	504	0.6	302.4
2	布放 8 芯室内光缆	m	360	0.5	180
3	布放 5 类 50 对室内大对数电缆	m	288	1.2	345.6
4	布放室内超 5 类非屏蔽双绞线电缆	100m	183	0.7	128.1
5	光纤熔接	点	144	2	288
6	安装 100 对 110 型配线架（水平）	个	14	6	84
7	安装 100 对 110 型配线架（主干）	个	12	6	72
8	安装 24 口光缆配线架	个	11	8.58	94.38
9	安装 24 口模块式配线架	个	14	8	112
10	安装 12U 壁挂式机柜	个	9	100	900
11	安装 24U 落地式机柜	个	2	118	236
	合计				2742.48

1.3.9 进一步设计要求

以上是本项目设计的基本要求，实际上要完成整个项目还可以加入以下内容：

1）技术方案书的编写。

2）招标书。

3）投标书。

4）测试盒验收文档。

5）竣工文档。

以上内容可以根据学生项目完成情况酌情加入。

实训成果交接：

1）项目技术方案。

2）招投标书。

3）每层楼的楼层平面图和施工路由图。

4）系统拓扑图。

5）机柜安装图。

6）网络拓扑图。

7）信息点统计表。

8）水平布线、垂直布线连接示意图。

9）材料预算表（必须用到各种公式，自动计算）。

10）定额预算表。

11）竣工文档。

1.4 项目总结

本项目旨在训练学生完成一个完整的综合布线项目流程。在实训条件比较好的情况下，可以加强学生的综合布线施工技术实训环节；在学生理论掌握比较好的情况下，也可以强化学生的技术方案、招投标书、预算决算等相关的文档训练。可根据学生的实际掌握情况重点训练某几个方面的内容。

第2章

网络服务器搭建与配置

学习目标

1) Windows Server 2008 操作系统的基本操作。
2) 配置域控制器。
3) 配置文件服务器。
4) 配置 DNS 服务器。
5) 配置 Web 服务器。
6) Linux 操作系统。
7) Linux 系统的基本命令。
8) 配置 DNS 服务器。
9) 配置 DHCP 服务器。
10) 配置 Apache 服务器。
11) 配置 Samba 服务器。

2.1 Windows Server 操作系统基础知识

2.1.1 Windows Server 2008 R2 概述

1. 网络管理模式与网络操作系统

目前，办公网中常用的网络管理模式有两种：对等网模式和客户机/服务器模式。

（1）对等网模式（Peer to Peer，P2P） 如果网络连接的用户数比较少，且要共享的数据、资源不多，常采用对等网模式来组网。所谓对等网就是在网络中，每台计算机的地位是同等的，不仅能够访问网络中其他用户所提供的资源，也能为网络中其他计算机提供资源。对等网络常被称为工作组（Workgroup）。对等网模式如图2-1所示。

对等网有如下特点：

1) 网络用户较少，一般在20台计算机以内，适合人员少、应用网络较多的中小企业。

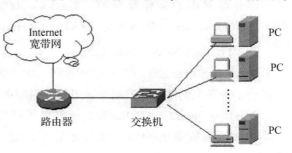

图 2-1　对等网模式

2）网络用户都处于同一区域中。

3）网络中计算机的地位都是平等的，各自分散管理自己的资源。

对等网的主要优点有：网络成本低，网络配置和维护简单。对等网的缺点也相当明显，主要有：网络性能较低、数据保密性差、文件管理分散、计算机资源占用大，并且每一台计算机都在本地存储用户的账户，一个账户只能登录到一台计算机上。

（2）客户机/服务器模式（Client/Server，C/S） 与对等网相比较，客户机/服务器模式可以提供组建大型网络的能力，它能向用户提供更大量的资源和网络服务，如图 2-2 所示。

1）服务器：实际上是一台处理能力比较强的计算机，服务器上运行的是网络操作系统（简称 NOS），并能够向客户机提供一种或多种服务。网络中可以包含不

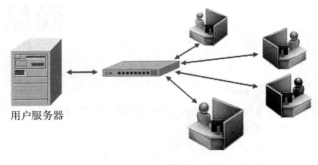

图 2-2　客户机/服务器模式

同类型的、具有专门用途的服务器，如 Web 服务器、打印服务器、邮件服务器等。

2）客户机：是能够用于本机处理和享用服务器所提供服务的计算机。

客户机/服务器模式的优点在于网络提供了对资源的集中控制，它能使用户更容易找到资源。这种模式所付出的代价是需要有专用的服务器和在其上运行的网络操作系统。

操作系统是计算机系统中最基本的系统软件。而在网络环境下，应该使用能够提供网络服务的特殊的操作系统——网络操作系统。

3）网络操作系统：是网络上各计算机能方便而有效地共享网络资源，为网络用户提供所需的各种服务的软件和有关规程的集合。网络操作系统与通常的操作系统有所不同，它除了应具有通常操作系统应具有的处理机管理、存储器管理、设备管理和文件管理外，还应具有两大功能：提供高效和可靠的网络通信能力；提供多种网络服务功能，如远程录入并进行处理的服务功能、文件传输服务功能、电子邮件服务功能、远程打印服务功能、网络管理功能，等等。

客户机常用的操作系统有：Windows 9x、Windows 2000 Professional、Windows XP、Windows Vista、Windows 7、Windows 8 等。

服务器常用的操作系统有：Windows 2000 Server、Windows Server 2003、Windows Server 2008、Windows Server 2008 R2、Red Hat Enterprise Linux、UNIX 等。

2. Windows Server 2008 R2

Windows Server 2008 R2 是微软最新版本的服务器操作系统。它基于 Windows Server 2008 基础进行了一系列的增强，使得企业更易于对服务器进行规划、部署和管理。

Windows Server 2008 R2 为企业提供了更多的安全性、可靠性和性能的选择，并扩展了对本地和远程资源的控制，这意味着可以通过增强的管理和控制为企业节省成本、增加效率。

3. Windows Server 2008 R2 版本

Windows Server 2008 R2 包含多种发行版本，每种版本都提供了作为服务器操作系统的关键

功能，以支持各种规模的企业对服务器不同的需求。

（1）Windows Server 2008 R2 Foundation（基础版）　该版本是一种成本低廉的项目级技术基础版本，面向小型企业，用于支撑小型的业务。Foundation 是一种成本低廉、容易部署、经过实践证实的可靠技术，为组织提供了一个基础平台，可以运行最常见的业务应用，共享信息和资源。

（2）Windows Server 2008 R2 Standard（标准版）　该版本是目前最健壮的 Windows Server 操作系统。它自带了改进的 Web 和虚拟化功能，这些功能可以提高服务器架构的可靠性和灵活性，同时还能帮助企业节省时间和成本。利用其中强大的工具，企业可以更好地控制服务器，提高配置和管理任务的效率。而且，改进的安全特性可以强化操作系统，保护用户的数据和网络，为企业提供一个高度稳定、可靠的基础。

（3）Windows Server 2008 R2 Enterprise（企业版）　该版本是为中小型企业的应用而设计的，可提供功能相对强大的企业应用平台，部署企业关键应用。作为一种高级服务器平台，它为企业重要应用提供了一种成本较低的高可靠性支持。它还在虚拟化、节电以及管理方面增加了新功能，使得流动办公的员工可以更方便地访问公司的资源。

（4）Windows Server 2008 R2 Datacenter（数据中心版）　该版本是一个企业级平台，可以用于部署关键业务应用程序，以及在各种服务器上部署大规模的虚拟化方案。它改进了可用性、电源管理，并集成了移动和分支位置解决方案。通过不受限的虚拟化许可权限合并应用程序，降低了基础架构的成本。它可以支持 2～64 个处理器。Windows Server R2 2008 数据中心提供了一个基础平台，在此基础上可以构建企业级虚拟化和按比例增加的解决方案。

（5）Windows Web Server R2 2008（Web 服务器版）　该版本是一个强大的 Web 应用程序和服务平台。它拥有多功能的 IIS 7.5，是一个专门面向 Internet 应用而设计的服务器。它改进了管理和诊断工具，在各种常用开发平台中使用它们，可以帮助企业降低架构的成本。在其中加入 Web 服务器和 DNS 服务器角色后，这个平台的可靠性和可量测性也会得到提升，可以管理最复杂的环境——从专用的 Web 服务器到整个 Web 服务器场。

（6）Windows HPC Server 2008 R2（HPC 版）　该版本是高性能计算（HPC，High-Performance Computing）的下一版本，为高效率的 HPC 环境提供了企业级的工具。Windows HPC Server 2008 可以有效地利用上千个处理器核心，加入了一个管理控制台，通过它可以监控及维护系统的健康状态和稳定性。利用作业计划任务的互操作性和灵活性，用户可以在 Windows 和 Linux 的 HPC 平台之间进行交互，还可以支持批处理和面向服务的应用（SOA，Service Oriented Application）。

（7）Windows Server 2008 for Itanium-Based Systems（安腾版）　该版本是一个企业级的平台，可以用于部署关键业务应用程序。可量测的数据库、业务相关和定制的应用程序可以满足不断增长的业务需求。故障转移集群和动态硬件分区功能可以提高可用性。在服务器硬件支持下，恰当地使用虚拟化部署，可以运行不限数量的 Windows Server 虚拟机。采用第三方虚拟化技术，该版本可以为高度动态变化的 IT 架构提供基础。

表 2-1 为 Windows Server 2008 R2 各版本及功能表。

表 2 - 1　Windows Server 2008 R2 各版本及功能表

功　能	基础版	标准版	Web 服务器版	HPC 版	企业版	数据中心版	安腾版
最大物理内存	8 GB	32 GB	32 GB	128 GB	2 TB	2 TB	2 TB
最大物理 CPU	1	4	4	4	8	64	64
热添加内存	NO	NO	NO	NO	YES	YES	YES
热替换内存	NO	NO	NO	NO	NO	YES	YES
热添加处理器	NO	NO	NO	NO	NO	YES	YES
热替换处理器	NO	NO	NO	NO	NO	YES	YES
容错内存同步	NO	NO	NO	NO	YES	YES	YES

2.1.2　Windows 的基本操作

例如：安全设置、系统服务、磁盘管理、账号管理等管理员常用工具；直接运行一个命令，解说其功能，而不需要详解每个参数。

在开始→所有程序→附件→命令提示符下输入以下命令的含义。

pathping：显示网络路径及丢包信息。

diskpart：管理本地或远程计算机的磁盘分区。

ftp：启动内置 FTP 客户端。

arp：查看 IP 到物理地址映射。

nslookup：DNS 解析测试。

tracert：显示到远程系统的网络路径。

net start/stop：启动/停止服务。

net use：共享资源操作。

net view：显示可用网络资源。

msconfig：系统配置。

convert：不格式化磁盘且转换 NTFS 分区。

convert c：/fs：ntfs：将 C 盘转换成 NTFS。

ipconfig /displaydns：查看客户端 DNS 缓存。

ipconfig /flushdns：清除客户端 DNS 缓存。

msconfig. ex：系统配置实用程序。

mmc：打开控制台。

dxdiag：检查 DirectX 信息。

devmgmt. msc：设备管理器。

diskmgmt. msc：磁盘管理实用程序。

netstat-an：（TC）命令检查接口。

taskmgr：任务管理器。

explorer：打开资源管理器。

regedit. exe：注册表。

regsvr32 /u ∗. dll：停止 dll 文件运行。

regsvr32 /u zipfldr. dll：取消 ZIP 支持。

cmd. exe：CMD 命令提示符。

chkdsk. exe：Chkdsk 磁盘检查。

odbcad32：ODBC 数据源管理器。

gpedit. msc：组策略。

2.2 Windows Server 操作系统服务器搭建项目描述与分析

2.2.1 项目背景

1）手工设置静态 IP 容易出现 IP 地址冲突。

2）因为和服务器在一个网段内，如果和服务器 IP 地址冲突，可能造成业务中断。

3）内部站点和业务系统使用 IP 地址访问，不方便记忆。

4）如果需要修改 IP 地址，则需要通知所有用户。

5）由于防火墙或路由器的存在，外部用户不能直接访问公司内部的业务系统和站点。

6）第三方备份软件功能强大，但收费较高，操作复杂。

7）多台 FTP 同时使用，用户、权限、文件都难以统一管理。

2.2.2 需求分析

1. 把用户要求技术化

1）企业网内可以自动分配 IP 地址。

2）内部站点和业务系统使用域名访问。

3）外部用户可以直接访问公司内部的业务系统和站点。

4）无须利用第三方备份软件即可自行备份。

5）实现企业内部用户、权限、文件的统一管理。

2. 技术方案草案

1）使用 DHCP 并配合超级作用域，可以实现 IP 地址、网关、DNS 的自动分配，同时实现多个网段，将普通员工 PC 和服务器的 IP 分离。

2）使用 DNS 系统，为内部各个站点和业务系统命名，实现域名和 IP 的映射，方便用户记忆，方便未来修改 IP，而不影响用户使用。

3）使用 IIS 发布站点，同时基于数字证书实现 SSL 加密访问，并配合 PPPOE 拨号服务，出差人员既可以直接加密访问公司站点和内部业务系统，也可以拨入公司内网后再访问，保证了数据和业务系统的安全性。

4）使用 Windows 2008 R2 自带的备份功能，可以方便地备份服务器状态、文件、文件夹，并可以实现自动定时备份功能，自动删除过期备份数据，不需要额外的资金投入。

5）使用 Windows 2008 R2 自带文件服务功能，可以和域环境结合，统一管理用户、权限、文件，并可以实现分布式文件系统、数据加密、卷影复制等高级功能，比传统的基于 FTP 的文件存储和共享更安全、可靠、方便。

2.3 Windows Server 系统服务器搭建项目实施

2.3.1 DNS DHCP FTP Web 等常用服务安装

单击"开始"菜单→管理工具→服务器管理器，打开"服务器管理器"，单击"角色"，选择"添加角色"。服务器管理器如图 2-3 所示。

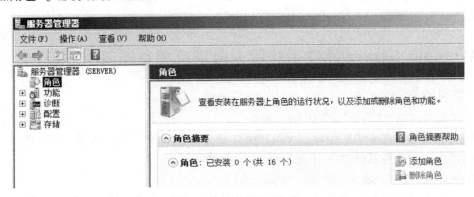

图 2-3 服务器管理器

单击"下一步"按钮，打开"添加角色向导"对话框。勾选"DHCP 服务器、DNS 服务器、Web（IIS）服务器"，如图 2-4 所示。

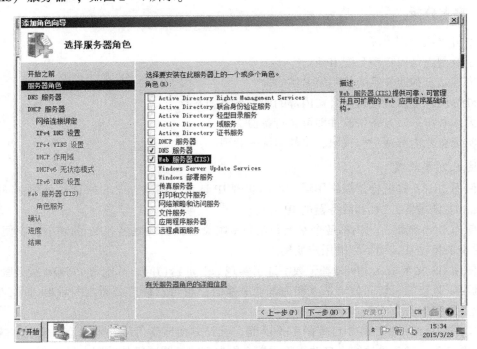

图 2-4 选择 DHCP、DNS、Web（IIS）服务器

单击"下一步"按钮，进入 DNS 服务器界面；单击"下一步"按钮，进入 DHCP 服务器界面；单击"下一步"按钮，选择用于客户端提供 DHCP 服务的网络连接绑定，如图 2-5 所示。

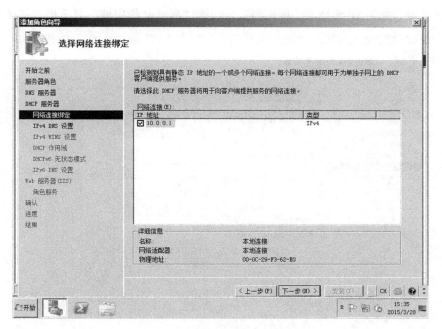

图 2-5　选择网络连接绑定

　　单击"下一步"按钮，在"指定 IPv4 DNS 服务器设置"对话框"父域"文本框输入域名，该处填写 test. com，填入"首选 DNS 服务器 IPv4 地址"。如果此配置是在域环境下进行，则按照默认设置即可，如图 2-6 所示。

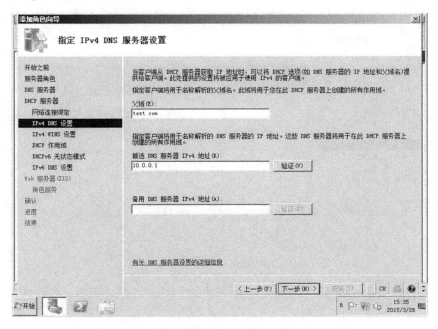

图 2-6　"指定 IPv4 DNS 服务器设置"对话框

　　IPv4 WINS 的设置。此网络上的应用程序不需要 WINS，则直接单击"下一步"按钮；在"DHCP 作用域"界面中单击"添加"按钮，指定分配给客户端的 IP 地址范围，输入作用域名称、起始 IP 地址、结束 IP 地址、子网掩码，并勾选"激活此作用域"复选框，如图 2-7 所示。

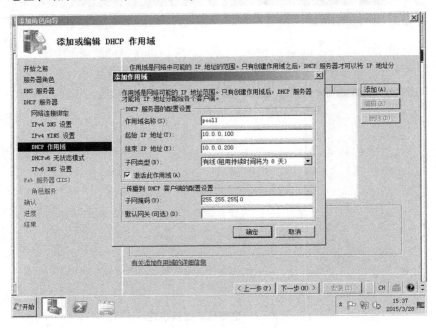

图 2-7 添加作用域

添加完作用域后，单击"确定"按钮，"添加或编辑 DHCP 作用域"窗口会显示该作用域，如图 2-8 所示。

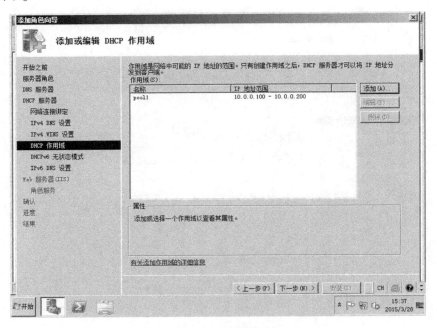

图 2-8 作用域编辑窗口

单击"下一步"按钮，单击"对此服务器禁用 DHCPv6 无状态模式"，如图 2-9 所示。

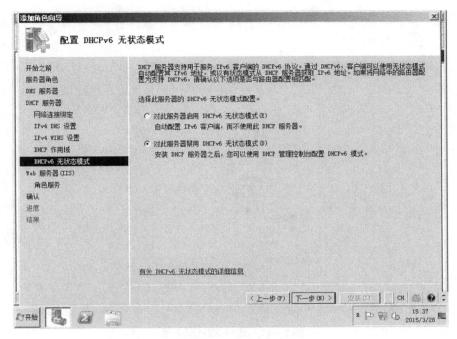

图 2 - 9　配置 DHCPv6 无状态模式

单击"下一步"按钮，进入"Web 服务器（IIS）"界面，如图 2 - 10 所示。

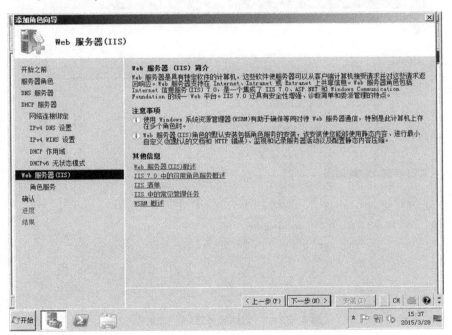

图 2 - 10　Web 服务器（IIS）

单击"下一步"按钮，在"添加角色服务"界面，勾选"FTP 服务器"复选框，如图 2 - 11 所示。

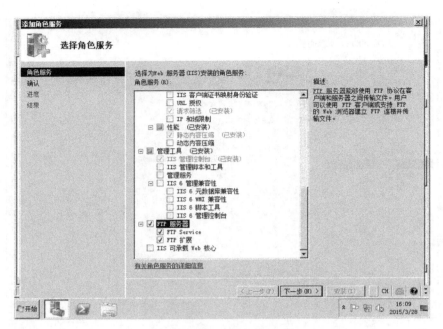

图 2 – 11   选择 FTP 服务器

单击"下一步"按钮，在"确认安装选择"，单击"安装"按钮，如图 2 – 12 所示。

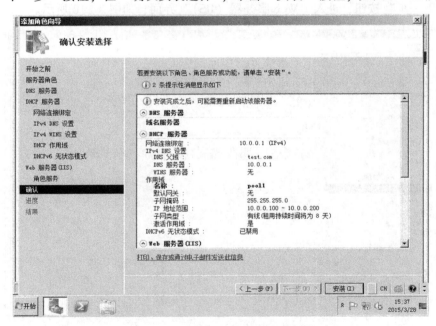

图 2 – 12   "确认安装选择"对话框

2.3.2   配置域控制器

依次单击"开始"→"管理工具"→"服务器管理器"，打开"服务器管理器"，展开"角色"对话框。在右侧子窗口中单击"添加角色"链接，如图 2 – 13 所示。打开"添加角色向

"导"对话框，如图 2-14 所示。

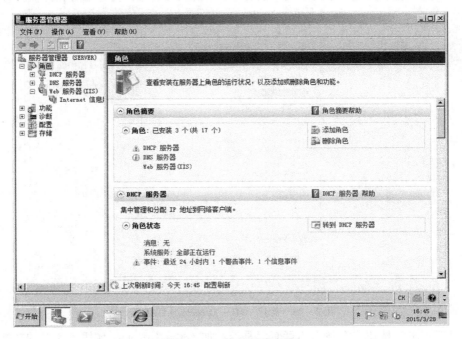

图 2-13　服务器管理器

首先出现的是"开始之前"页面，要求 Administrator 账户具有强密码、已配置网络设置、已安装 Windows Update 中的最新安全更新等。

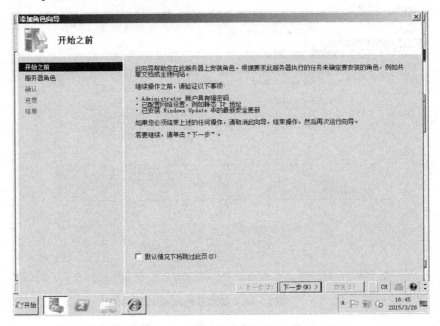

图 2-14　"添加角色向导"对话框

在"服务器角色"中，勾选"Active Directory 域服务"复选框，如图 2-15 所示。

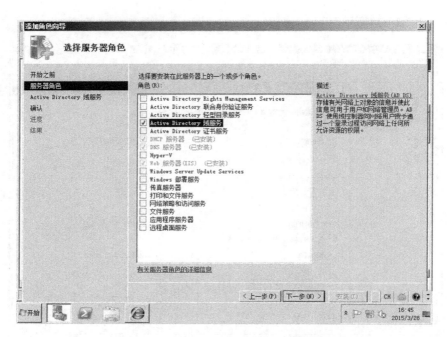

图 2-15 选择 Active Directory 服务器

单击"下一步"按钮,在弹出的页面"是否添加 Active Directory 域服务所需的功能?"的消息框内,单击"添加必需的功能"按钮,如图 2-16 所示。

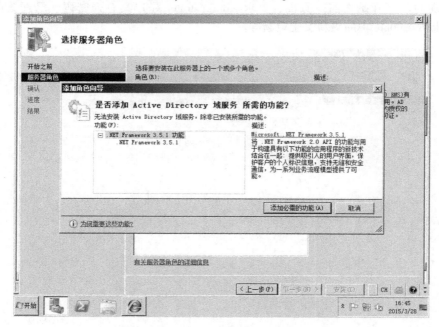

图 2-16 添加角色向导

进入"Active Directory 域服务简介"页面,介绍 AD 域服务的功能。再单击"下一步"按钮,在"确认安装选择"页面中,单击"安装"按钮,即开始安装 Active Directory 域服务;结果中显示完成安装,单击"关闭"按钮。从"安装结果"页面可以看到,要使得该服务器成为完全正常运行的域控制器，还要使用 Active Directory 域服务安装向导（dcpromo.exe）进行下一步安装，安装结果确认如图 2-17 所示。

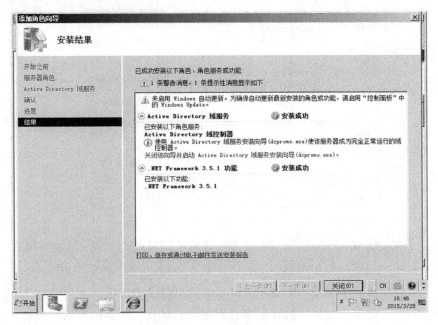

图 2-17　安装结果确认

在"服务器管理器"对话框中（见图 2-18），单击摘要中的"运行 Active Directory 域服务安装向导（dcpromo.exe）"，弹出"Active Directory 域服务安装向导"对话框；也可以单击"开始"→"运行"菜单，输入"dcpromo"命令，弹出"Active Directory 域服务安装向导"对话框，如图 2-19 所示。

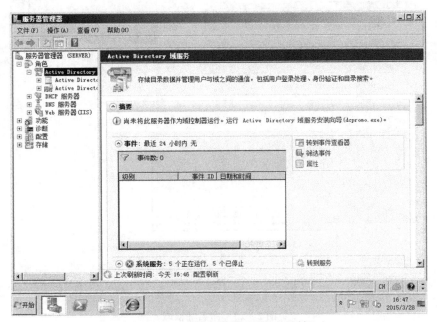

图 2-18　"服务器管理器"对话框

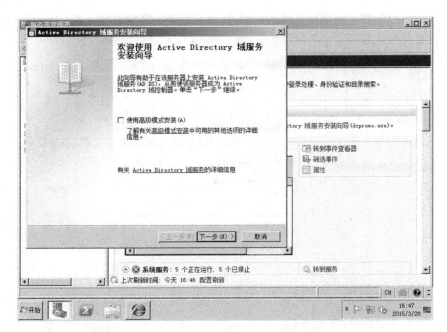

图 2 - 19　Active Directory 域服务安装向导

单击"下一步"按钮，进入"操作系统兼容性"对话框，提示操作系统兼容性信息。再单击"下一步"按钮，进入"选择某一部署配置"对话框，选择"新林中的新建域"，单击"下一步"按钮。在"命名林根域"页面的"目录林根级域的 FQDN"文本框中输入"test. com"，单击"下一步"按钮；如果是向现有林中添加服务器，可根据情况选择"向现有域中添加域控制器"或"在现有林中新建域"。命名林根域如图 2 - 20 所示。

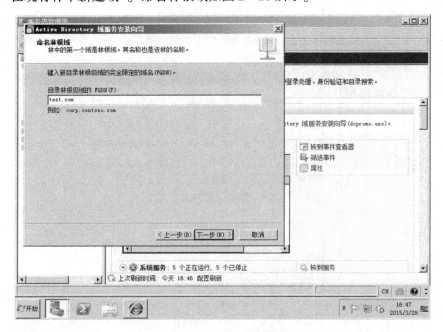

图 2 - 20　命名林根域

设置林功能级别。在林功能级别下拉列表中包含了四个等级：Windows 2000、Windows Server 2003、Windows Server 2008 和 Windows Server 2008 R2，这里我们选择 Windows Server 2008 R2，然后单击"下一步"按钮。

提示：如果网络环境中存在运行不同版本操作系统的域控制器，建议选择最低版本的操作系统。

设置"其他域控制器选项"，如图 2－21 所示。

提示：若之前未选中"DNS 服务器"，则选择"DNS 服务器"复选框，设置域控制器为 Active Directory 集成区域 DNS 服务器。

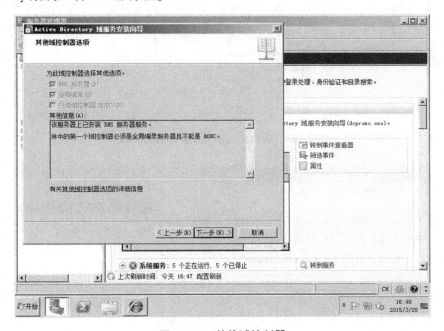

图 2－21   其他域控制器

单击"下一步"按钮，弹出一个提示对话框，单击"是"按钮，继续设置数据库、日志文件和 SYSVOL 的位置。

活动目录数据库存储有关域环境中用户、计算机和网络其他对象的信息；日志文件记录与活动目录服务有关的活动，如当前更新对象的信息；SYSVOL 存储组策略对象和脚本，默认情况下，SYSVOL 是位于％windir％目录中的操作系统文件的一部分。为了获得更好的性能和可恢复性，可将数据库和日志文件存储在不同的磁盘卷上，如图 2－22 所示。

设置目录服务还原模式的 Administrator 密码。

在图 2－23 中设置目录服务还原模式启动此域控制器时使用的账户密码。输入两次还原模式的密码，单击"下一步"按钮。

提示："目录服务还原模式"在 AD 域服务出现故障的情况下使用，并且需要密码控制。该密码不同于管理账户的密码，且目录服务还原密码必须符合强密码策略设置原则。

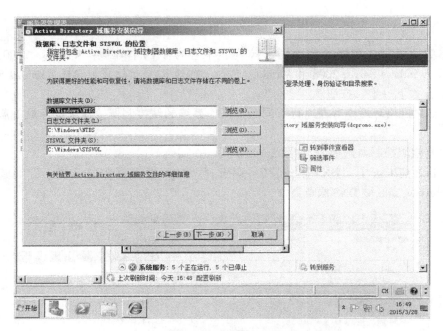

图 2 - 22　数据库、日志文件的存储位置

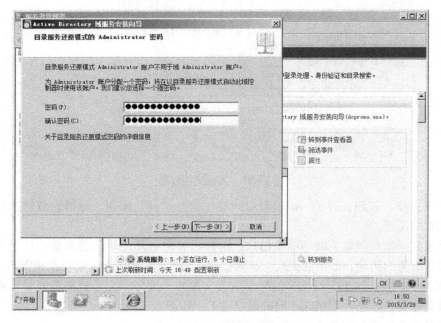

图 2 - 23　目录服务还原模式的密码

　　至此，我们已经在向导的帮助下完成了安装 AD 域服务的有关选项的设置，在图 2 - 23 中单击"下一步"按钮，弹出如图 2 - 24 所示的 AD 域服务的设置信息。其中的"导出设置"按钮，用于将当前安装向导设置的参数导出并保存成文本文件，可用来在 Server Core 模式中安装 AD 域服务。

　　确认设置无误后，单击"下一步"按钮，即可启动 AD 域服务的安装。

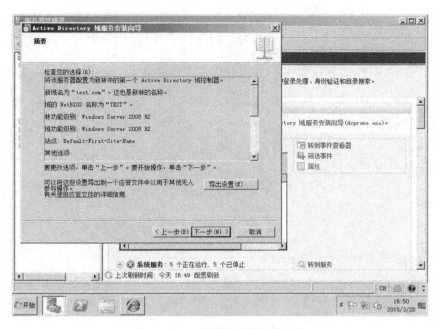

图 2 - 24　AD 域服务的设置信息

安装完成后，出现如图 2 - 25 所示的完成 AD 域服务的安装信息。单击"完成"按钮，将显示一个消息框。单击"立即重新启动"按钮，重新启动计算机，以使得 AD 域服务生效。

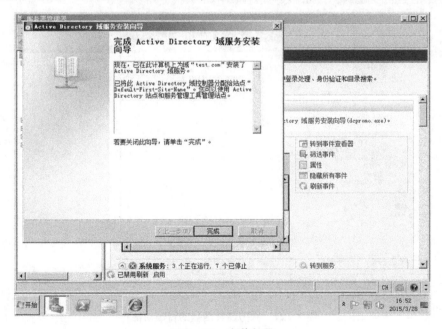

图 2 - 25　安装向导

计算机重启完成后，可以看到登录界面增加了登录到域的信息。使用管理员账号登录域，如图 2 - 26 所示。

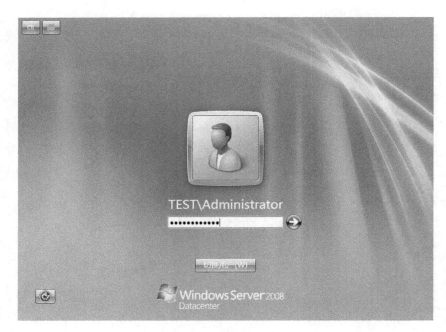

图 2 - 26　登录域

在服务器管理器中可以管理域中的用户、计算机、站点和服务，如图 2 - 27 所示。

图 2 - 27　服务器管理器的管理功能

2.3.3　配置文件服务器

依次单击"开始"→"管理工具"→"服务器管理器"，打开"服务器管理器"，展开"角色"节点，如图 2 - 28 所示。在右侧子窗口中单击"添加角色"链接，打开"添加角色向导"对话框，如图2－29所示。

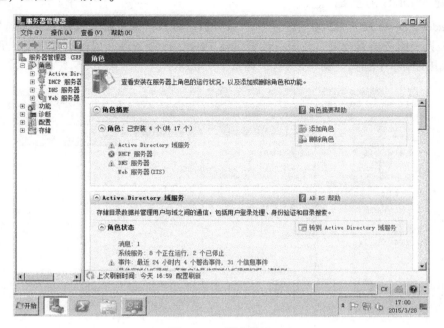

图2－28　服务管理

单击"下一步"按钮，在"服务器角色"中，勾选"文件服务"复选框；单击"下一步"按钮，在"角色服务"中勾选"文件服务器"复选框；单击"下一步"按钮，在"确认"中，单击"安装"按钮。

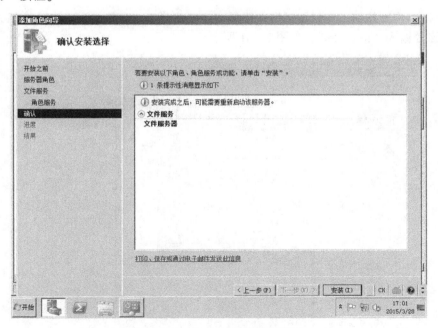

图2－29　安装文件服务器

2.3.4 配置 DNS 服务器

以 Windows Sever 2008 R2 为例配置 DNS 服务器。打开"服务器管理器",单击"开始"菜单→管理工具→服务器管理器,在服务器管理器中的 DNS 服务器,鼠标右键单击"正向查找区域",在弹出的菜单中选择"新建区域",如图 2-30 所示。

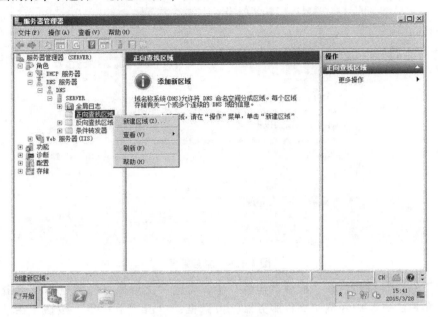

图 2-30 选择"新建区域"

单击"下一步"按钮,在区域类型中选择"主要区域";单击"下一步"按钮,输入"区域名称",该处输入"test. com",如图 2-31 所示。

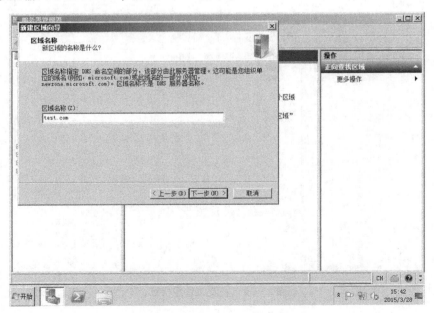

图 2-31 输入"区域名称"

保持默认，单击"下一步"按钮，如图 2 - 32 所示。

图 2 - 32　区域文件

保持默认，单击"下一步"按钮，如图 2 - 33 所示。

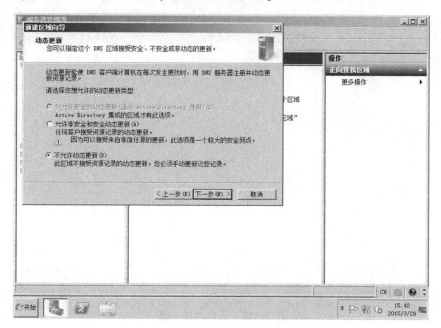

图 2 - 33　动态更新

单击"完成"按钮，如图 2 - 34 所示。

网络工程实践教程

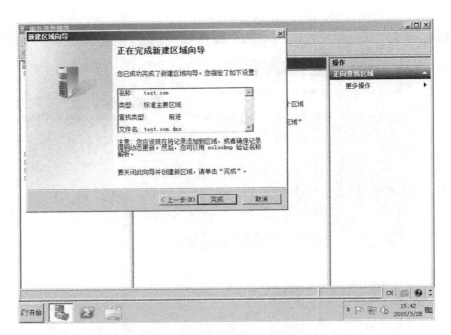

图 2-34　完成区域向导

test.com 区域创建完成，在左侧"正向查找区域"中出现"test.com"，单击它右侧即显示具体设置内容，如图 2-35 所示。

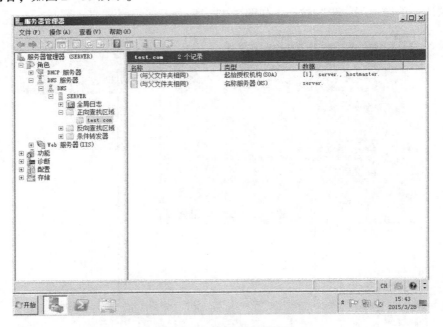

图 2-35　正向查找区域

鼠标右键单击"test.com"，在弹出的菜单中选择"新建主机"。在"新建主机"对话框中输入名称，该处输入"dns"，输入 IP 地址"10.0.0.1"，单击"添加主机"按钮，如图 2-36 所示。

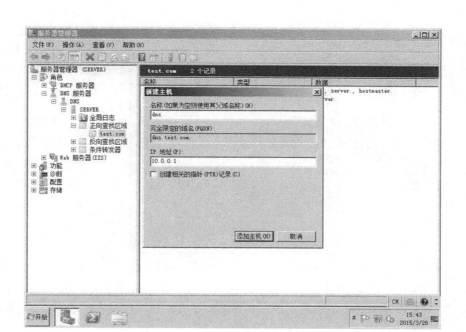

图 2－36　主机配置

单击"服务器管理器"对话框左侧 test. com，右侧则显示主机 dns 的 A 记录添加完成，如图 2－37 所示。

图 2－37　A 记录添加成功

鼠标右键单击"test. com"，在弹出的菜单中选择"新建别名"；在"新建资源记录"对话框中输入别名"web"，如图 2－38 所示。

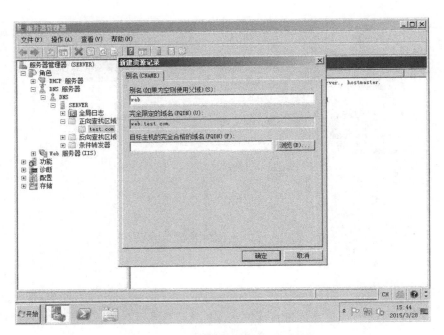

图 2 - 38 "新建资源记录"对话框

输入目标主机的完全合格的域名 "dns. test. com"，如图 2 - 39 所示。

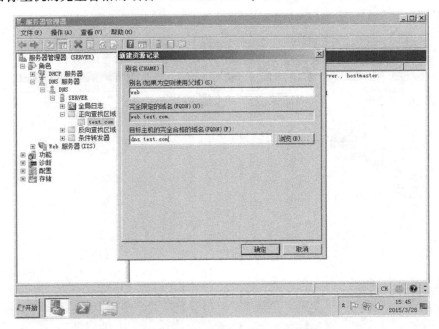

图 2 - 39 输入目标主机的完全合格的域名

单击 "服务器管理器"对话框左侧 "test. com"，右侧则显示已完成 dns 主机别名 web 的创建，如图 2 - 40 所示。

图 2 - 40　查看上述创建

2.3.5　配置 Web 服务器（IIS）

创建存放网页文件的文件夹，此处以 c：\ Web 为例，如图 2 - 41 所示。

图 2 - 41　Web 文件夹

在该路径下创建网页文件 "index. html"，输入网页内容 "helloworld" 并保存。

在服务器管理器中展开 Web 服务器，单击 Internet 信息服务，鼠标右键单击 "网站"，在弹出的菜单中选择"添加网站",如图 2-42 所示。

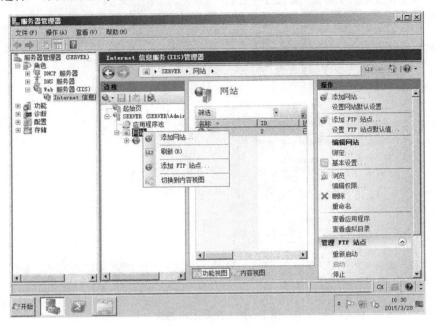

图 2-42 添加网站

输入"网站名称""物理路径",勾选"立即启动网站"复选框,其他保持默认,如图 2-43 所示。单击"确定"按钮。

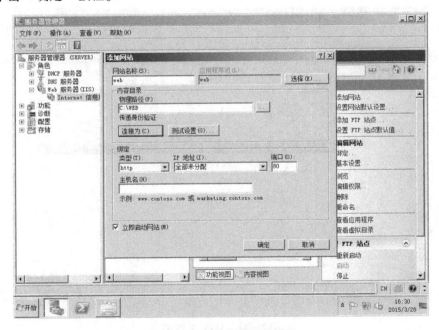

图 2-43 输入网站相关信息

在客户端浏览器中使用 HTTP 访问 Web 服务器 IP,查看网页内容,如图 2-44 所示。

图 2－44　访问网站

但在实际操作中，我们使用的是域名访问网址，而非 IP 地址访问，所以还需要进行 IP 地址的域名绑定。鼠标右键单击新建的 web 站点，在弹出的菜单中选择"编辑绑定"，如图 2－45 所示。

图 2-45　编辑绑定

单击"编辑"按钮，在"主机名"文本框中输入 Web 服务器的域名"web.test.com"，如图 2-46 所示。

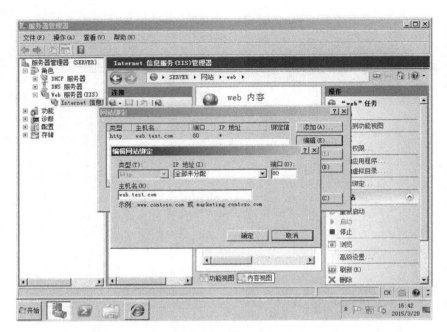

图 2 - 46　输入域名

在浏览器中使用 HTTP 访问 Web 服务器域名，查看网页内容，如图 2 - 47 所示。

图 2 - 47　查看网页内容

2.4　Linux 操作系统基础命令

2.4.1　Linux 操作系统简介

Linux 最初由一名芬兰人 Linus Torvalds 编写。1990 年，Linus 在郝尔辛基大学计算机科学系读二年级时，他利用 Minix 操作系统（简化的 UNIX 操作系统）作为开发平台，编写了一个几乎完整的操作系统。1991 年 10 月 5 日，Torvalds 在 Internet 上公布了最早的 Linux 版本的源码。到目前 Linux 是世界上最大的自由免费、源代码开放的软件。

Linux 自诞生后，一些公司或组织就有计划地收集有关 Linux 的软件，基于 Linux 某一稳定的版本，组合成一套完整的 Linux 套件发行，如 Red Hat、Slackware 等。各大著名的软件厂商，如 IBM、Oracle、Sybase 均发布了基于 Linux 的产品。许多硬件厂商也推出了预装 Linux 操作系统的 PC 和服务器产品。

2.4.2 Linux 操作系统的特点

Linux 具有良好特性，所以在较短的时间内得到了非常迅猛的发展。Linux 包含了 UNIX 的全部功能和特性。简单地说，Linux 具有以下主要特性：

1）开放性。
2）多用户。
3）多任务。
4）良好的用户界面。
5）设备独立性。
6）丰富的网络功能。
7）可靠的系统安全。
8）良好的可移植性。

2.4.3 Linux 操作系统的版本

1. Linux 操作系统的内核版本

Linux 内核版本是在 Linus 领导下的开发小组开发出的操作系统内核的版本号。内核版本号由 3 个数字组成，即 r.x.y。

r：内核的主版本号。

x：次版本号。偶数表示稳定版本，奇数表示未测试版本。

y：错误修补的次数。

2. 常见的 Linux 发行版本

市场上目前已经有 300 多种发行版本，而且还在不断地增加。在选择 Linux 操作系统时，除了要看发行版本号，还要看内核版本号，如 SUSE Linux Enterprise 10 的内核版本是 2.6.16，Ubuntu 9.04 的内核版本是 2.6.28。

本实训以商业上运作最成功的、普及程度较高 Linux 发行套件 Red Hat Enterprise Linux 5.4 为例，介绍 Linux 操作系统的实现与使用。

3. Red Hat Enterprise Linux

红帽（Red Hat）公司在 1994 年创建，是目前世界上最资深的 Linux 和开放源代码提供商，同时也是最获认可的 Linux 品牌。基于开放源代码模式，红帽为全球企业提供专业技术和服务。Red Hat 公司的每一位员工都有一顶红色的礼帽。

Red Hat Enterprise Linux（简称 RHEL）又称 Linux 企业版，这是个收费的操作系统。Red Hat 公司于 2003 年推出 RHEL3，2005 年推出 RHEL4，2007 年推出 RHEL5。RHEL5 采用的 Linux 内核版本是 2.6.18。为了能及时为系统添加新的功能和修补错误，Red Hat 在企业 Linux 版推出后，会不定期地推出 Update（升级）版，如 Red Hat Enterprise Linux 5.4 是 Red Hat Enterprise Linux 5 推出后的第四次更新。目前最新版本为 RHEL7.1。

2.5　Linux 操作系统的基本命令

我们具体介绍 Linux 命令的使用方法。

Linux Shell 命令格式：

命令［选项］［参数］

2.5.1　基本命令与命令格式

1. date 命令

功能：显示或设置系统时间与日期。

格式：date［选项］［日期/时间］

2. cal 命令

功能：显示日历。

格式：cal［选项］［月份［年份］］

3. echo 命令

功能：用于显示一行指定的文本，或者显示一些系统中的环境变量。echo 命令如果配合重定向功能来使用，有时可以达到一些特殊的效果。

格式：echo［-n］字符串

4. clear 命令

功能：清除屏幕，并将系统提示符定位在屏幕左上角。当屏幕上有太多的内容以至显得杂乱时，可用该命令进行清屏。

格式：clear

5. --help 选项

功能：显示命令的用法、功能和参数列表。如果通过--help 显示的信息超出了一屏，可用 more 或 less 命令进行分屏显示，帮助信息显示结束后，按"Q"键退出，如下所示。

```
#ls --help | less
```

6. man 命令

功能：用来提供在线帮助。

格式：man［<章节>］<命令>

2.5.2　Linux 文件及目录命令

1. pwd 命令

功能：显示当前工作目录的绝对路径。

格式：pwd

2. cd 命令

功能：改变工作目录。

格式：cd［目录名］

3．ls 命令

功能：列出当前目录或指定目录的内容。

格式：ls［选项］［目录］

4．mkdir 命令

功能：创建目录。

格式：mkdir［-p］［-m ＜目录属性＞］［目录名］

5．rmdir 命令

功能：删除一个或多个空的目录。

格式：rmdir［-p］［目录……］

6．touch 命令

功能：touch 命令有两个功能。如果文件存在，touch 命令改变文件最近一次修改的时间；如果文件不存在，touch 命令创建此文件。

格式：touch［选项］filename

7．cp 命令

功能：将源文件或目录复制到目标文件或目录中。

格式：cp［选项］源文件或目录目标文件或目录

8．mv 命令

功能：移动文件或目录，或者对文件或目录改名。

格式：mv［选项］源文件或目录目标文件或目录

9．ln 命令

功能：创建文件链接。

格式：ln［选项］目标［链接名］

10．rm 命令

功能：删除一个或多个文件。链接文件只删除整个链接文件，而原来文件保持不变。

格式：rm［选项］［文件名］

2.5.3　文本处理工具

1．cat 命令

功能：显示文本文件的内容。可以显示多个文件，多个文件将被连接在一起。

格式：cat 文件名

2．more 命令

功能：分页显示文本文件的内容。

格式：more［选项］文件名

3．less 命令

功能：与 more 命令一样，用来分屏显示文件的内容，功能比 more 更强。

格式：less［选项］文件名

4．head 命令

功能：显示文本文件的前 n 行内容。

格式：head ［-n］文件名

5. tail 命令

功能：显示文本文件的后 n 行内容。

格式：tail ［-nf］文件名

6. wc 命令

功能：统计指定文件中的字节数、字数、行数。

格式：wc ［选项］［文件名］

7. locate 命令

功能：locate 让使用者可以很快速地搜寻文件系统内是否有指定的文件。

格式：locate ［选项］文件名

8. find 命令

功能：在某个目录及其子目录中查找特定的文件。

格式：find ［选项］［路径］［表达式］

2.5.4　用户、组、权限命令

1. chown 命令

功能：更改文件或目录的属主。

格式：chown ［-R］新属主文件或目录

2. chgrp 命令

功能：更改文件或目录的属组。

格式：chgrp ［-R］新组文件或目录

3. chmod 命令

功能：更改文件或目录的操作权限。

格式：chmod ［ugoa］［ +-= ］［rwxugo］＜文件名或目录名＞

4. useradd 命令

功能：添加新的用户。

格式：useradd ［选项］＜新用户名＞

5. usermod 命令

功能：修改已经存在的指定用户。

格式：usermod ［选项］＜新用户名＞

6. userdel 命令

功能：删除已经存在的指定用户。

格式：userdel ［选项］＜新用户名＞

7. passwd 命令

功能：指定和修改用户口令。

格式：passwd ［选项］＜新用户名＞

8. groupadd 命令

功能：添加新组。

格式：groupadd［选项］＜新用户组＞

9．groupmod 命令

功能：修改已经存在的指定组。

格式：groupmod［选项］＜用户组＞

10．groupdel 命令

功能：删除已经存在的指定组。

格式：groupdel ＜用户组＞

11．umask 掩码

功能：用户使用 umask 命令设置文件的默认生成掩码。

格式：umask［u1u2u3］

其中，u1 表示不允许属主有的权限，u2 表示不允许同组人有的权限，u3 表示不允许其他人有的权限。

2.5.5　网络管理命令

1．IP 配置

ifconfig 命令有以下两种格式：

　　ifconfig［网络接口］

　　ifconfig ＜网络接口＞ ＜IP 地址＞ ［＜子网掩码＞ ＜广播地址＞］

2．查看主机名

使用 hostname 命令查询目前的主机名。

3．ping 命令

ping 命令是一个最常用的检测是否能够与远端机器建立网络通信连接的命令。它是通过 Internet 控制报文协议 ICMP 来实现的。

2.5.6　服务与软件包管理命令

服务是指执行指定系统功能的程序、例程或进程，以便支持其他程序，尤其是低层（接近硬件）程序。

1．setup 命令

RHEL 提供了图形化的服务管理器，在终端中输入命令 setup 即可启动。

2．chkconfig 命令

chkconfig 命令用来更新和查询不同运行级上的系统服务。chkconfig 命令不是立即自动禁止或激活一个服务，它只是简单地改变了符号连接。

格式：chkconfig［选项］［服务名］

3．service 命令

service 命令用于管理 Linux 操作系统中的服务。

格式：service［服务名］［选项］

4．ntsysv 命令

ntsysv 命令用于进行服务的自动启动配置。在命令行执行 ntsysv 命令，就会打开服务配置窗口，其中列出了当前 Linux 系统中所提供的各种服务。移动光标找到所要设置的服务，用空格键在其前面打上星号"＊"，然后单击"确定"按钮。

2.5.7　文件打包与压缩命令

1．tar 命令

Linux 下最常用的打包工具是 tar 命令，使用 tar 命令打出来的包称为 tar 包。

格式：tar［选项］［＜文件列表＞］

2．创建 tar 包

格式：tar-cvf ＜tar 包文件名＞ ＜要备份的目录或文件名＞

3．创建压缩的 tar 包

在 tar 命令中增加使用-z 或-j 参数，以调用 gzip 或 bzip2 程序对其进行压缩，压缩后的文件扩展名分别为.gz、.bz 或.bz2。

格式：tar-［z l j］cvf ＜压缩的 tar 包文件名＞ ＜要备份的目录或文件名＞

4．查询 tar 包中文件列表

格式：tar-t［z l j］［v］f　＜tar 包文件名＞

5．释放 tar 包

格式：tar-xvf　＜tar 包文件名＞

格式：tar-［z l j］xvf　＜压缩的 tar 包文件名＞

6．RPM 命令

功能：RPM 最初的全称是 Red Hat Package Manager，现在是 RPM Package Manager 的缩写，是由 Red Hat 公司提出的一种软件包管理标准，可用于软件包的安装、查询、更新升级、校验、卸载已安装的软件包以及生成.rpm 格式的软件包等，其功能均是通过 rpm 命令结合使用不同的命令参数来实现的。

RPM 软件包的名称具有特定的格式，其格式：

软件名称—版本号（包括主版本号和次版本号）.包的类型.rpm

1）软件包。查询 rpm 软件包使用-q 参数，要进一步查询软件包中的其他方面的信息，可结合使用一些相关的参数。

格式：rpm［选项］ ＜包名/文件名＞

2）验证软件包。验证软件包使用-V 选项，再配合其他选项，查询详细信息。

格式：rpm［选项］ ＜包名/文件名＞

3）装软件包。

格式：# rpm-ivh ＜包文件名＞

4）直接安装软件包。

格式：# rpm-Uvh ＜包文件名＞

2.6　Linux 系统服务器搭建项目描述与分析

2.6.1　项目背景

1．公司概况

无锡艾斯科技有限公司是一家专业从事软件服务的 IT 企业，现有员工 200 余人，主营业务是对日软件外包项目，年销售额达到 5000 万元，公司业务有 50% 以上经过网络完成，因此需要建成完整的网络保障公司业务顺利进行。

公司的网络中心聘请了网络工程师维护网络，公司网络服务现有 DNS 服务、DHCP 服务、MAIL 服务、HTTP 服务等，服务运行在 RedHat 9 系统。为了保障公司业务顺利进行，对现有网络服务器进行升级，网络平台选用 RHEL 5.4，移植现有服务器到新平台上，新增加 FTP 服务和 Nginx 服务。

2. 存在问题

因公司业务拓展需要更新现有服务器硬件，同时对现有网络服务进行升级并增加两个网络服务，所以需要网络管理员提出需求方案。

2.6.2 需求分析

艾斯科技的局域网址为 192.168.1.0/24，该企业建有内部网站，公司员工希望通过域名来进行访问，同时员工也需要访问 Internet 上的网站。

该公司申请的域名为 wfx.com，公司需要 Internet 上的用户通过域名访问公司的网页。为了保证可靠，不能因为外部 DNS 的故障，导致企业内部不能访问，同时要求快速解析，需要架设 DNS 服务器。

为提高网络管理的效率，在局域网中搭建 DHCP 服务器，为客户机分配地址池中的地址，对网络中的服务器使用固定 IP 地址。

公司域名为 www.wfx.com，端口 80 为公司的主页，另开启 8080 和 8800 两个端口的主页，分别用于公司的 ERP 系统和办公系统。

公司计划构建一台 FTP 服务器，为网络管理员更新公司的主页等功能。

公司计划构建一台 SAMBA 服务器，使局域网中的 Windows 和 Linux 共享网络资源。

2.6.3 技术方案草案

1. 虚拟环境

虚拟机搭建：RedHat Linux 作为以上所有服务的服务器，配置两块网卡，IP 分别为 192.168.1.1、192.168.10.1。Win2003 作为客户机验证，IP 地址为 192.168.1.8，保证网络连通，用于测试服务。

2. 任务描述

在企业内部构建一台 DNS 服务器（dns.wfx.com），为局域网中计算机提供域名解析。DNS 服务器管理 wfx.com 域的域名解析，IP 地址为 192.168.1.1。所有服务域名（dns.wfx.com、dhcp.wfx.com、www.wfx.com、ftp.wfx.com、smb.wfx.com）的 IP 地址均为 192.168.1.1。

为方便网络管理，企业要求搭建 DHCP 服务器（dhcp.wfx.com）。DHCP 服务器地址范围为 192.168.1.10 ~ 192.168.1.100 和 192.168.10.110 ~ 192.168.10.160，掩码为 255.255.255.0。

企业开通 WWW 服务器（www.wfx.com），8080、8800 主页服务，要求实现如下功能：

1）使用 192.168.1.1:80 和 192.168.10.1:80 两个 IP 地址，创建基于 IP 地址的虚拟主机。

2）使用 192.168.1.1:8080 和 192.168.1.1:8800 两个端口，创建基于端口的虚拟主机。

3）创建基于 www.mlx.com 和 www.wxstc.com 两个域名的虚拟主机。

设置本地用户可以访问 FTP 服务器（ftp.wfx.com）。设置将本地用户都锁定在 Web 主页目录中并修改主页。

配置 SAMBA 服务器（smb.wfx.com），实现不同系统间网络资源共享。

2.7 Linux 系统服务器搭建项目实施

2.7.1 常用服务器配置介绍

1. DNS

(1) BIND 简介 BIND 全称为 Berkeley Internet Name Domain，是由美国加州大学伯克利分校开发的一个域名服务器软件包。目前 Internet 上绝大多数的 DNS 服务器主机都是使用 BIND 来进行域名解析的。

(2) 安装 DNS 服务

1) 查看是否安装了 DNS 服务。如果不清楚是否安装了 DNS 服务，可以执行以下命令查看 DNS 服务是否已经安装。

```
#rpm – qa |grep bind
```

如果 DNS 服务已经安装，将会显示 BIND 软件包的信息。

2) 安装 DNS 服务。如果未安装 DNS 服务，则可将安装盘加载后，在光盘的 Server 目录下可以找到 DNS 服务的 RPM 安装包（包含多个文件）。

使用下面的 rpm 命令安装该软件包。

```
#rpm – ivh /mnt/cdrom/Server/bind – libs – 9.3.3 – 7. P1. e15. i386. rpm
# rpm – ivh /mnt/cdrom/Server/bind – 9.3.3 – 7. P1. e15. i386. rpm
# rpm – ivh /mnt/cdrom/Server/bind – utils – – 9.3.3 – 7. P1. e15. i386. rpm
```

3) 选装 chroot 软件包。chroot 就是 Chang Root，称为监牢技术，用于改变程序执行时的根目录位置。这种技术在程序运行时可以对使用的系统资源、用户权限和所在目录进行严格控制，程序只在这个虚拟的根目录下具有权限，一旦跳出该目录就无任何权限。

chroot 功能的优点：如果有黑客通过 BIND 侵入系统，也只能被限定在 chroot 目录及其子目录中，其破坏力也仅局限在该虚拟目录中，不会威胁到整个服务器的安全。

安装 chroot 软件包的方法：

```
#rpm – ivh bind – chroot – 9.3.3 – 7. el5. i386. rpm
```

(3) DNS 服务的启动与停止

1) 检查 DNS 服务是否被启动。使用 chkconfig 命令：

```
#chkconfig – – list  named
```

若为 ON，说明已启动，若为 OFF，则说明未启动。

2) 启动 DNS 服务，命令如下：

```
#service named start
```

3) 停止 DNS 服务，命令如下：

```
#service named stop
```

4) 重启 DNS 服务，命令如下：

```
#service named restart
```

5）自动运行 DNS 服务。用 chkconfig 命令设置各个运行级别的启动 DNS 服务：

```
#chkconfig  -- level 2345  named  on
```

2. DHCP

（1）DHCP 简介   DHCP（Dynamic Host Configuration Protocal）就是动态主机配置协议。DHCP 可以有效地降低客户端 IP 地址配置的复杂度和网络的管理成本，特别适用于局域网中存在大量计算机和较多移动办公设备的情况。

（2）安装 DHCP 服务   在 Linux 中 DHCP 服务默认并不会安装，默认只会安装 DHCP 的客户端。

1）查看是否安装了 DHCP 服务。如果不清楚是否安装了 DHCP 服务，可以执行以下命令查看 DHCP 服务是否已经安装：

```
#rpm  - qa | grep dhcp
```

如果 DHCP 服务已经安装，将会显示 DHCP 软件包的信息。

2）安装 DHCP 服务。如果未安装 DHCP 服务，则可将安装盘放入光驱，加载光驱后，找到 DHCP 服务的 RPM 安装包。使用下面的 rpm 命令安装该软件包：

```
#rpm  - ivh dhcp - 2.0pl5 - 8. i386. rpm
```

（3）DHCP 服务的启动与停止

1）检查 DHCP 服务是否被启动，使用 chkconfig 命令：

```
#chkconfig -- list dhcpd
```

若为 ON，说明已启动，若为 OFF，则说明未启动。

2）启动 DHCP 服务，命令如下：

```
#service dhcpd start
```

3）停止 DHCP 服务，命令如下：

```
#service dhcpd stop
```

4）重启 DHCP 服务，命令如下：

```
#service dhcpd restart
```

5）自动运行 DHCP 服务。通过 chkconfig 命令来完成自动启动设置。

3. FTP

（1）FTP 简介   Linux 中内置了 vsftpd，它的使用方法简单，安全性也很高。

（2）安装 vsftpd 软件   Linux 中的 vsftpd 服务默认并不会自动安装，安装之前可以先查看一下它是否已经安装了，命令如下：

```
#rpm  - q vsftpd
```

如果已经安装了 vsftpd 软件，则会显示相关的软件包信息。

如果没有安装，则可以在安装光盘上找到 vsftpd 软件的 RPM 安装包，并执行如下命令安装。

```
#rpm  - ivh vsftpd - 2.0.5 - 10. el5. i386. rpm
```

（3）启动 vsftpd 服务　可以使用如下命令来启动、停止和重启 vsftpd 服务，并检查 vsftpd 服务状态。

```
#service vsftpd start
#service vsftpd stop
#service vsftpd restart
#service vsftpd status
```

以上命令相当于执行如下命令：

```
#/etc/init. d/vsftpd start
#/etc/init. d/vsftpd stop
#/etc/init. d/vsftpd restart
#/etc/init. d/vsftpd status
```

可以使用 ntsysv 让 vsftpd 服务在开机时自动加载，或使用以下命令：

```
#chkconfig – level 35 vsftpd on
```

这样，FTP 服务在启动级别为 3 或 5 时自动加载了。

4. Sendmail

Linux 安装盘中内置了 Sendmail 和 Postfix 两种软件包，在安装时，如果选择了 Email 服务，Linux 则会安装 Sendmail，并且会进行一些最基本的配置。

（1）Sendmail 软件包　安装 Sendmail 软件包主要会涉及如下 RPM 包。

1）sendmail-8. 13. 8-2. el5. i386. rpm：sendmail 服务的主程序包，默认已安装。

2）m4-1. 4. 5-3. el5. 1. i386. rpm：包括了配置 sendmail 服务器的必要工具，默认已安装。

3）procmail-3. 22 – 17. 1. i386. rpm：邮件过滤工具，默认已安装。

4）sendmail-cf-8. 13. 8-2. el5. i386. rpm：包含了重新配置 sendmail 服务器的必要配置文件，默认未安装。

5）sendmail-doc-8. 13. 8-2. el5. i386. rpm：包含了 sendmail 服务器的说明文档，默认未安装。

6）sendmail-devel-8. 13. 8-2. el5. i386. rpm：sendmail 服务器开发工具软件包，默认未安装。

7）dovecot-1. 0-1. 2. rc15. el5. i386. rpm：接收邮件软件包，默认未安装。

（2）检查 Sendmail 软件包的安装情况　如果不清楚 Sendmail 软件包的安装情况，可以使用如下命令查看：

```
#rpm – qa| grep sendmail
```

如果已经安装了 Sendmail，则会显示安装包信息。

（3）安装必要的软件包　按照默认的方式安装 Sendmail 软件包，虽然也可以正常启动，但只能为本机用户发送邮件，要想成为邮件服务器，还要进行配置，开启为其他计算机发送邮件的功能。

需要手动安装以下两个 RPM 包才能配置 sendmail 服务器，即 sendmail-cf-8. 13. 8-2. el5. i386. rpm 和 sendmail-doc-8. 13. 8-2. el5. i386. rpm，命令如下：

```
#rpm – ivh sendmail – cf – 8. 13. 8 – 2. el5. i386. rpm
#rpm – ivh sendmail – doc – 8. 13. 8 – 2. el5. i386. rpm
```

5. Apache

（1）Apache 简介　Apache 是世界上使用排名第一的 Web 服务器软件，它可以运行在几乎所有广泛使用的计算机平台上，由于其跨平台和安全性被广泛使用，是最流行的 Web 服务器端软件之一。它快速、可靠并且可通过简单的 API 扩充，将 Perl/Python 等解释器编译到服务器中。

（2）安装 Apache　Linux 安装光盘中带有 Apache 的 RPM 安装包，但默认并不会自动安装。

1）检查 Apache 是否已经安装。可以执行以下命令，检查 Apache 是否已经安装。

```
#rpm  – qa|grep httpd
```

如果已经安装了 Apache，则会显示安装包信息。

2）安装 Apache。如果系统还没有安装 Apache 程序，则在安装 Apache 之前，需要在 Linux 的安装光盘中找到 RPM 包，并进行安装，命令如下：

```
#rpm  – ivh httpd – 2. 2. 15 – 39. el6. centos. x86_64. rpm
```

然后再在安装光盘中找到 MySQL 的安装包：

httpd-2. 2. 15-39. el6. centos. x86_ 64. rpm

httpd-devel-2. 2. 15-39. el6. centos. i686. rpm

httpd-devel-2. 2. 15-39. el6. centos. x86_ 64. rpm

httpd-manual-2. 2. 15-39. el6. centos. noarch. rpm

httpd-tools-2. 2. 15-39. el6. centos. x86_ 64. rpm

执行安装：

```
#rpm  – ivh httpd – 2. 2. 15 – 39. el6. centos. x86_64. rpm
```

3）启动、停止与重启 Apache，命令如下：

```
#service httpd start
#service httpd stop
#service httpd restart
```

6．Nginx

Nginx 是一款轻量级的 Web 服务器/反向代理服务器及电子邮件（IMAP/POP3）代理服务器，并在一个 BSD – like 协议下发行。Nginx 由俄罗斯的程序设计师 Igor Sysoev 所开发，供俄国大型的入口网站及搜索引擎 Rambler 使用，其特点是占用内存少，并发能力强，Nginx 的并发能力在同类型的网页服务器中表现较好，我国使用 Nginx 的网站用户有新浪、网易、腾讯等。

Nginx 使用的软件：pcre-8. 36. tar. gz、nginx-1. 7. 11. tar. gz。

1）安装 pcre，命令如下：

```
tar xzvf pcre – 8. 36. tar. gz

cd pcre – 8. 36

. /configure  – – enable – utf8

make

make install
```

2）安装 nginx，命令如下：

```
tar xzvf nginx-1. 7. 11. tar. gz

cd nginx – 1. 7. 11

. /configure

make
```

make install

3）配置服务

添加用户 nginx：

groupadd nginx

$$useradd - r - g\ nginx - s\ /sbin/nologin - M\ nginx$$

创建相应目录：

$$mkdir - pv\ /var/tmp/nginx/client$$

$$mkdir - pv\ /var/tmp/nginx/proxy$$

$$mkdir - pv\ /var/tmp/nginx/fcgi$$

配置系统环境变量：

$$PATH = \$PATH：/usr/local/nginx/sbin/$$

$$ldd\ \$(which\ /usr/local/nginx/sbin/nginx)$$

$$ln - s\ /usr/local/lib/libpcre.\ so.\ 1\ /lib$$

7. Samba

（1）Samba 简介　Samba 是在 Linux 和 UNIX 系统上实现 SMB 协议的一个免费软件，由服务器及客户端程序构成。SMB 是在局域网上管理共享文件和打印机的一种通信协议，它为局域网内的不同计算机之间提供文件及打印机等资源的共享服务。SMB 是客户机/服务器型协议，客户机通过该协议可以访问服务器上的共享文件系统、打印机及其他资源。

（2）安装 Samba　Linux 安装光盘中带有 Samba 的 RPM 安装包，但默认并不会自动安装。

1）检查 Samba 是否已经安装。可以执行以下命令，检查 Apache 是否已经安装：

```
#rpm  - qa|grep samba
```

如果已经安装了 Samba，则会显示安装包信息。

2）安装 Samba。如果系统还没有安装 Samba 程序，则在安装 Samba 之前，需要在 Linux 的安装光盘中找到 RPM 包，并进行安装：

```
#rpm  - ivhsamba - 3. 6. 23 - 12. el6. x86_64. rpm
#rpm  - ivh samba4 - client - 4. 0. 0 - 64. el6. rc4. x86_64. rpm
#rpm  - ivh samba4 - common - 4. 0. 0 - 64. el6. rc4. x86_64. rpm
```

然后再在安装光盘中找到 samba 的安装包：

samba-3. 6. 23-12. el6. x86_ 64. rpm

samba4-4.　0.　0-64. el6. rc4. x86_ 64. rpm

samba4-client-4. 0. 0-64. el6. rc4. x86_ 64. rpm

samba4-common-4. 0. 0-64. el6. rc4. x86_ 64. rpm

执行安装：

```
#rpm  - ivhsamba - 3. 6. 23 - 12. el6. x86_64. rpm
#rpm  - ivh samba4 - client - 4. 0. 0 - 64. el6. rc4. x86_64. rpm
#rpm  - ivh samba4 - common - 4. 0. 0 - 64. el6. rc4. x86_64. rpm
```

3）启动、停止与重启 Apache。

```
#service samba start
#service samba stop
#service samba restart
```

2.7.2　配置 DNS 服务器

DNS 服务器配置步骤：

ifconfig eth0 192. 168. 1. 1	/＊配置网卡 IP 地址＊/
cp −r /usr/share/doc/bind −9. 3. 6/sample/ ＊ /var/named/chroot/	/＊复制示例文件＊/
vi /var/named/chroot/etc/named. conf	/＊修改配置文件＊/

```
options
{
listen − on port 53 {any;};
    directory "/var/named"; // the default
    dump − file           "data/cache_dump. db";
    statistics − file        "data/named_stats. txt";
    memstatistics − file          "data/named_mem_stats. txt";
allow − query {any;};
allow − transfer {192. 168. 10. 1;};
};
view "localhost_resolver"
{
    match − clients          { any; };
    match − destinations        { any; };
    recursion yes;
    include "/etc/named. root. hints";
    include "/etc/named. zones";
};
```

cp named. rfc1912. zones named. zones	/＊复制区域示例文件＊/
vi named. zones	/＊根据需要配置区域文件＊/

```
zone "wfx. com" IN {
    type master;
    file "wfx. com. zone";
    also − notify {192. 168. 10. 1;};
};
zone "1. 168. 192. in − addr. arpa" IN {
    type master;
    file "192. 168. 1. arpa";
    also − notify {192. 168. 10. 1;};
};
```

cd /var/named/chroot/var/named/	/＊切换工作目录＊/
cp named. local 192. 168. 1. arpa	/＊复制反向解析示例文件＊/
cp localhost. zone wfx. com. zone	/＊复制正向解析示例文件＊/
vi 192. 168. 1. arpa	/＊编辑反向解析文件＊/

```
$ TTL     86400
@    IN    SOA    localhost. root. localhost. (
1997022700 ; Serial
                28800      ;Refresh
                14400      ;Retry
                3600000     ;Expire
```

```
86400);Minimum
        IN      NS      wfx. com.
1       IN      PTR     dns. wfx. com.
2       IN      PTR     dhcp. wfx. com.
3       IN      PTR     www. wfx. com.
4       IN      PTR     ftp. wfx. com.
5       IN      PTR     samba. wfx. com.
```

vi wfx. com. zone   /＊编辑正向解析文件＊/

```
$ TTL           86400
@       IN      SOA@        root@ wfx. com (
                                42              ; serial (d. adams)
                                3H              ; refresh
                                15M             ; retry
                                1W              ; expiry
                                1D )            ; minimum
        IN NS                   @
dns. wfx. com.          IN A        192. 168. 1. 1
dhcp. wfx. com.         IN A        192. 168. 1. 2
www. wfx. com.          IN A        192. 168. 1. 3
ftp. wfx. com.          IN A        192. 168. 1. 4
samba. wfx. com.        IN A        192. 168. 1. 5
```

service named restart   /＊重新启动 DNS 服务器＊/
vi /etc/resolv. conf   /＊配置 DNS 客户端＊/

nameserver 192. 168. 1. 1

nslookup/＊测试＊/

图 2－48 所示为测试正向解析，图 2－49 所示为测试反向解析。

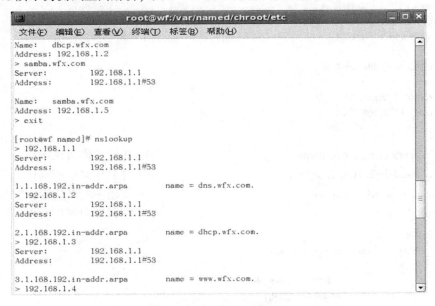

图 2－48　测试正向解析

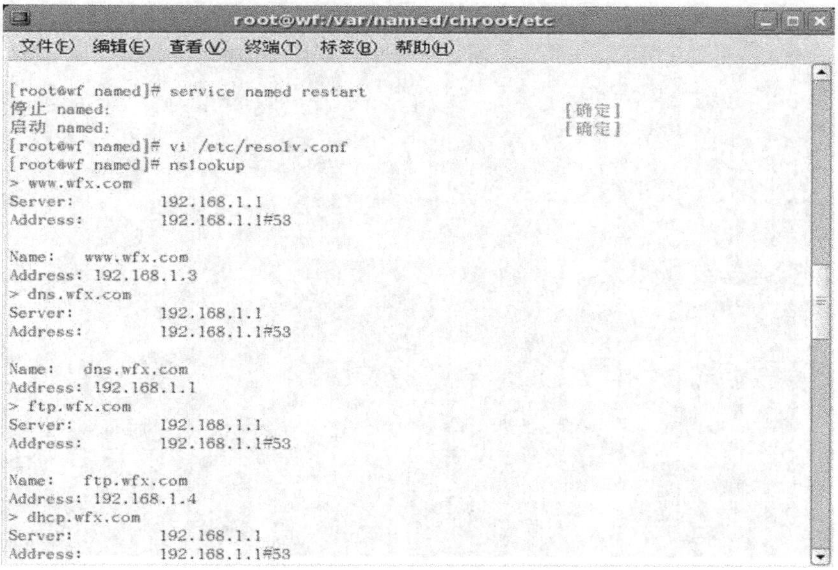

图 2-49　测试反向解析

2.7.3　配置 DHCP 服务器

cp /usr/share/doc/dhcp-3.0.5/dhcpd. conf. sample /etc/dhcpd. conf /＊复制配置示例文件＊/
vi /etc/dhcpd. conf　　　　　　　　　　　　　　　　　/＊修改配置文件＊/

```
ddns – update – style interim;
ignore client – updates;
    option nis – domain          "wfx. com";
    option domain – name         "wfx. com";
    option domain – name – servers  192.168.1.1;
    default – lease – time 21600;
    max – lease – time 43200;
subnet 192.168.1.0 netmask 255.255.255.0 {
    option routers          192.168.1.1;
    option subnet – mask       255.255.255.0;
    range dynamic – bootp 192.168.1.10192.168.1.100;
}
subnet 192.168.10.0 netmask 255.255.255.0 {
    option routers          192.168.1.1;
    option subnet – mask       255.255.255.0;
    range dynamic – bootp 192.168.10.100   192.168.10.160;
}
host ns {
        next – server marvin. redhat. com;
        hardware ethernet 12:34:56:78:AB:CD;
        fixed – address 207.175.42.254;
}
```

DHCP 服务器测试结果如图 2-50 所示。

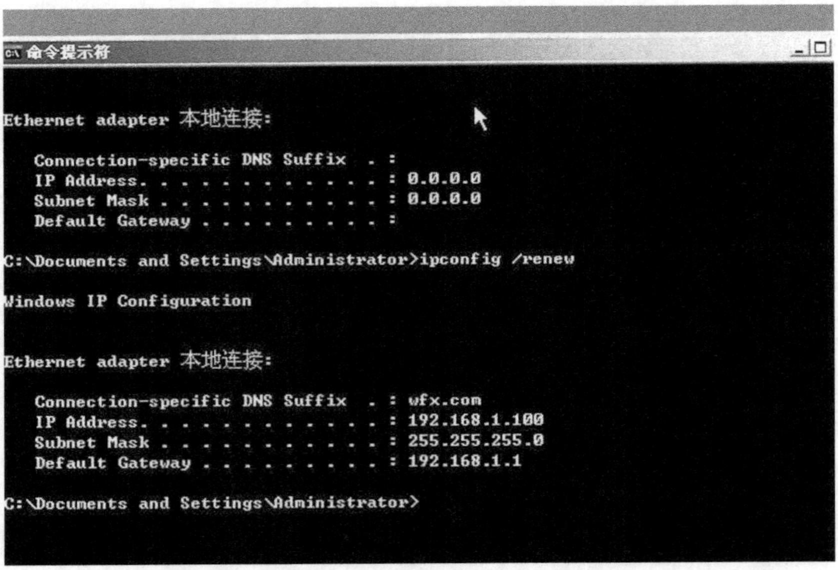

图 2-50   DHCP 服务器测试结果

2.7.4   配置 Apache 服务器

先切换到 DHCP 配置文件进行基本的配置。

cd /etc/httpd/conf

```
< VirtualHost 192.168.1.1 >
  ServerAdmin webmaster@ dummy – host. example. com
  DocumentRoot /www/docs/11
  ServerName dummy – host. example. com
</VirtualHost >
< VirtualHost 192.168.10.1 >           ServerAdmin webmaster@ dummy – host. example. com
  DocumentRoot /www/docs/101
  ServerName dummy – host. example. com
</VirtualHost
```

分别创建两个文件夹保存相应的文件。

mkdir-p /www/docs/11

mkdir-p /www/docs/101

分别创建两个 inde. html 网页

cat > /www/docs/11/index. html

cat > /www/docs/101/index. html

service httpd restart

vi /etc/httpd/conf/httpd. conf / * 修改配置文件 * /

分别创建两个文件夹用来保存 8080 和 8800 端口的文件。

mkdir-p /www/docs/8080

mkdir-p /www/docs/8800

分别创建两个 index. html 网页。

cat ＞ /www/docs/8080/index. html

cat ＞ /www/docs/8800/index. html

service httpd restart

```
Listen 8080
Listen 8800
 < VirtualHost 192.168.1.1:8080 >
   ServerAdmin webmaster@ dummy – host. example. com
   DocumentRoot /www/docs/8080
   ServerName dummy – host. example. com
 </VirtualHost >
 < VirtualHost 192.168.1.1:8800 >
   ServerAdmin webmaster@ dummy – host. example. com
   DocumentRoot /www/docs/8800
   ServerName dummy – host. example. com
 </VirtualHost >
```

vi /etc/hosts

vi /etc/httpd/conf/httpd. conf

```
NameVirtualHost 192.168.1.1:80
 < VirtualHost 192.168.1.1:80 >
   ServerAdmin root@ mlx. com
   DocumentRoot /www/docs/mlx. com
   ServerName www. mlx. com
 </VirtualHost >
 < VirtualHost 192.168.1.1:80 >
   ServerAdmin root@ wxstc. com
   DocumentRoot /www/docs/wxstc. com
   ServerName www. wxstc. com
#  ErrorLog logs/dummy – host. example. com – error_log
#  CustomLog logs/dummy – host. example. com – access_log common
 </VirtualHost >
```

service httpd restart

分别创建两个文件夹。

　　　mkdir-p /www/docs/mlx. com

　　　mkdir-p /www/docs/wxstc. com

分别创建两个网页。

　　cat ＞ /www/docs/mlx. com/index. html

　　cat ＞ /www/docs/wxstc. com/index. html

　　　service httpd restart

配置 Apache 服务器测试结果如图 2-51 所示。

wxstc.com

图 2-51　配置 Apache 服务器测试结果

2.7.5　配置 Samba 服务器

cp　/etc/samba/smb. conf　/etc/samba/smb. conf. bak　　　／＊备份 Samba 的配置文件＊／

vi　/etc/samba/smb. conf　　　／＊编辑配置文件＊／

```
[koorey]
Comment = smbuser
Path = /opt/koorey
Writable = yes
Browseable = yes
```

／＊添加用户 Smbuser 到 Samba 用户数据库中，并设置密码＊／

```
[root@ʅocaʅhost ~]#　smbpasswd -a koorey
New SMB pas sword:
Retype new SMB password:▇
```

Service smb restart／＊重启服务＊／

Vi　/etc/sysconfig/iptables／＊修改防火墙＊／

```
iptabʅes -ʅ RH-Firewaʅʅ-1-INPUT 5 -m state --state NEW -m tcp -p tcp --dport 139 -j ACCEPT
iptabʅes -ʅ RH-Firewaʅʅ-1-INPUT 5 -m state --state NEW -m tcp -p tcp --dport 445 -j ACCEPT
iptabʅes -ʅ RH-Firewaʅʅ-1-INPUT 5 -m state --state NEW -m tcp -p udp --dport 138 -j ACCEPT
iptabʅes -ʅ RH-Firewaʅʅ-1-INPUT 5 -m state --state NEW -m tcp -p udp --dport 137 -j ACCEPT
```

Vi　/etc/selinux/config　　　／＊关闭 Selinux 的强制访问控制策略＊／

```
#SELINUX = enforcing
#SELINUXTYPE = targeted
SELINUXTYPE = DISABLED
```

在系统中访问，如图 2－52 所示。

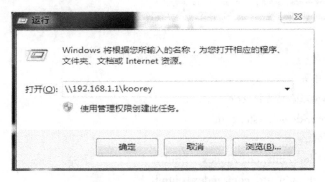

图 2－52　在系统中访问

访问结果如图 2－53 所示。

.gnome2　　.mozilla　　.bash_log out　　.bash_prof ile　　.bashrc　　koorey　　koorey.txt

图 2－53　访问结果

2.8 项目总结

2.8.1 DNS 域名解析技术

DNS 域名解析技术是为客户端计算机提供 IP 地址和域名间对应关系的一个解释。

网络中为了区别各个主机，必须为每台主机分配一个唯一的地址，这个地址即称为 "IP 地址"。但这些数字难以记忆，所以就采用 "域名" 的方式来取代这些数字。

当某台主机要与其他主机通信时，就可以利用主机名称向 DNS 服务器查询该主机的 IP 地址。整个 DNS 域名系统由以下 4 个部分组成。

1）DNS 域名空间。

2）资源记录。

3）DNS 服务器。

4）DNS 客户端。

2.8.2 Web 站点技术

WWW 的目的就是使信息更易于获取，而不管这些信息的地理位置在哪里。当使用超文本作为 WWW 文档的标准格式后，人们开发了可以快速获取这些超文本文档的协议——HTTP，即超文本传输协议。Web 对企业的宣传提供了良好的平台，廉价和长效是无可比拟的，因此任何企业都不会放过对 Web 站点的利用。在本试验环境中，要求架设一个基于虚拟 IP 的 Web 站点，即基于域名的虚拟主机。当 Web 服务器收到访问请求时，就可以根据不同的 DNS 域名来访问不同的网站，它的优势就是不需要更多的 IP 地址，容易配置。

2.8.3 FTP 服务器技术

FTP 就是文件传输控制协议。它可以使文件通过网络从一台主机传送到同一网络的另一台主机上，而不受计算机类型和操作系统类型的限制。无论是 PC、服务器、大型机，还是 DOS 操作系统、Windows 操作系统、Linux 操作系统，只要双方都支持 FTP，就可以方便地传送文件，快速地为企业内部员工存储文件资料，提高了工作效率。

2.8.4 DHCP 动态主机配置技术/DHCP 中继代理项目应用

Linux 提供 DHCP 服务获取 IP 地址，极大地解决了管理员静态配置容易出错的问题，在一定程度解决了 IP 地址分配和规划的问题，这和 Windows DHCP 服务器获取 IP 地址唯一的区别是 Linux DHCP 服务器分配 IP 地址是从后往前开始分配的，而 DHCP 基于客户/服务器模式。当 DHCP 客户端启动时，它会自动与 DHCP 服务器通信，由 DHCP 服务器为 DHCP 客户端提供自动分配 IP 地址的服务。安装了 DHCP 服务软件的服务器称为 DHCP 服务器，而启用了 DHCP 功能的客户机则称为 DHCP 客户端。

网络需要配置一台 DHCP 服务器，DHCP（Dynamic Host Configuration Protocol，动态主机配置协议）是 TCP/IP 网络中，动态为 Client 计算机分配指定范围、规定时间的 IP 地址的服务。DHCP 中继代理在图示拓扑环境中，DHCP 服务器与 DHCP 客户端分别位于不同的网段内，因为 DHCP 信息是以广播形式传播，所以 DHCP 广播无法穿过能够隔离广播域的路由设置。

2.8.5　Samba 服务器技术

Linux 使用一个被称为 Samba 的程序集来实现 SMB 协议。通过 Samba，可以把 Linux 系统变成一台 SMB 服务器，使 Windows 95 以上的 Windows 用户能够使用 Linux 的共享文件和打印机，同样的 Linux 用户也可以通过 SMB 客户端使用 Windows 上的共享文件和打印机资源，从而实现了跨平台操作系统之间的通信问题。

2.8.6　Sendmail 服务器技术

Sendmail 是最重要的邮件传输代理程序。一般情况下，我们把电子邮件程序分解成用户代理、传输代理和投递代理。用户代理用来接受用户的指令，将用户的信件传送至信件传输代理，如 Outlook Express、Foxmail 等。而投递代理则从信件传输代理取得信件传送至最终用户的邮箱，如 Procmail。

第 3 章

网络设备的基本配置

📖 学习目标

1）IP 地址的概念和使用

2）子网和子网掩码

3）本项目基本设计要求

4）IP 地址以及 Vlan 规划

5）交换机和路由器的基础配置

3.1 基础知识

3.1.1 IP 地址

IP 是英文 Internet Protocol 的缩写，意思是"网络之间互连的协议"，也可以叫作"因特网协议"，也就是网络上的通信地址。一个 IP 地址是用来标识网络中的一个通信实体，如一台主机，或者路由器的某一个端口。而基于 IP 网络中传输的数据包，也都必须使用 IP 地址来进行标识。

IP 地址具有三大特性：

1）唯一性。在 Internet 上，每一台微机或是设备，每一个设备的 IP 地址都是唯一仅有的。网络号由因特网权力机构分配，目的是为了保证网络地址的全球唯一性。主机地址由各个网络的管理员统一分配。

2）明确性。IP 地址都明确标识一台微机、路由器的某一个端口、网络上的一个机器。

3）通用性。在 Internet 上通信必须有一个 32 位的二进制地址，采用这种 32 位（bit）的通用地址格式，才能保证 Internet 网成为向全世界开放的、可互操作的通信系统，才能正确地标识信息的收与发地址。

IPv4 是互联网协议（Internet Protocol，IP）的第四版，是构成现今互联网技术的基石的协议。IPv4 可以运行在各种各样的底层网络上，如端对端的串行数据链路（PPP 和 SLIP），卫星链路等。目前的全球因特网所采用的协议族是 TCP/IP 协议族。IP 是 TCP/IP 协议族中网络层协议，是 TCP/IP 协议族的核心协议。目前 IP 的版本号是 4（简称为 IPv4，v 为 version 版本的简写），它的下一个版本是 IPv6。IPv6 正处于不断发展和完善的过程中，它在不久的将来将取代目前被广泛使用的 IPv4。

网络中的每台设备都必须具有唯一定义的网络层地址。在网络层，需要使用通信两端系统的源地址和目的地址来标识该通信的数据包。采用 IPv4，每个数据报的第三层报头中都有一个

32 位源地址和一个 32 位目的地址。

数据网络中以二进制形式使用这些地址，即一个 32 位的二进制数，通常被分割为 4 个"8 位二进制数"（也就是 4 个字节），并且用点分十进制数表示成（a. b. c. d）的形式，其中，a、b、c、d 都是 0~255 之间的十进制整数。

1. 点分十进制

以点分十进制表示 IPv4 地址的二进制形式时，用点分号分隔二进制形式的每个字节（称为一个二进制八位组），并且方便人们使用和记忆地址。例如，

二进制地址：10101100　00010000　00000100　00010100

十进制地址：172. 16. 4. 20

2. 网络部分和主机部分

IPv4 地址分为两个部分：网络地址和主机地址。每个 IPv4 地址都会用某个高阶比特位部分来代表网络地址，主机地址用来标识主机本身。

3. 网络分类

IP 地址分成五类，即 A、B、C、D、E，它们适用的类型分别为：大型网络、中型网络、小型网络。常用的是 B 和 C 两类。

其中 A、B、C 3 类由 Internet NIC 在全球范围内统一分配，D、E 类为特殊地址。

（1）A 类地址　一个 A 类地址使用第一个 8 位组表示网络地址。剩下的 3 个 8 位组表示主机地址。网络地址的最高位必须是"0"，A 类 IP 地址范围 1.0.0.0 ~ 127.255.255.255。有 127 个可能的 A 类网络，而 0.0.0.0 地址又没有分配，因而实际上只有 126 个 A 类网。技术上讲，127.0.0.0 也是一个 A 类地址，但是它已被保留作环回（LoopBack）测试之用而不能分配给一个网络。IP 把全 0 保留为表示网络，而全 1 则表示网络内的广播地址。

（2）B 类地址　一个 B 类 IP 地址使用前两个 8 位组表示网络地址。网络地址的最高位必须是"10"，B 类 IP 地址范围 128.0.0.0 ~ 191.255.255.255，支持中到大型的网络。最后的 16 位（两个 8 位组）标识可能的主机地址。每一个 B 类地址能支持 64534 个唯一的主机地址，B 类网络有 16382 个。

（3）C 类地址　一个 C 类地址使用三个 8 位组表示网络地址。C 类地址的前 3 位数为 110，C 类 IP 地址范围 192.0.0.0 ~ 223.255.255.255。每一个 C 类地址可支持最大 256 个主机地址（0~255），但是仅有 254 个可用，因为 0 和 255 不是有效的主机地址。0 和 255 是保留的主机地址。可以有 2097150 个不同的 C 类网络地址。C 类地址用于支持大量的小型网络。

注意：IP 地址中所有的主机地址为 0 用于标识局域网，全为 1 表示在此网段中的广播地址。

（4）D 类地址　D 类地址用于在 IP 网络中的组播（Multicasting）。D 类地址最高位必须为 1110，范围从 224.0.0.0 ~ 239.255.255.255。一个组播地址是一个唯一的网络地址，它能指导报文到达预定义的 IP 地址组。因此，一台机器可以把数据流同时发送到多个接收端，它有效地减小了网络流量。

（5）E 类地址　E 类地址被定义为保留研究之用，因此 Internet 上没有可用的 E 类地址。E 类地址的前 4 位为 1，因此有效的地址范围从 240.0.0.0 ~ 255.255.255.255。

3.1.2 子网和子网掩码

1. 基本子网

网络中使用的地址需要被分成网络，每个网络使用这些地址的一部分，称为子网。通过子网划分可以从一个地址块创建多个逻辑网络。由于路由器将这些网络连接在一起，因此路由器上的每个接口都必须有唯一的网络 ID。该链路上的每个节点都位于同一个网络中。

可以使用一个或多个主机位作为网络创建子网。子网划分是通过借用 IP 地址的若干位主机位来充当子网地址，划分子网时，随着子网地址借用主机位数的增多，子网的数目随之增加，而每个子网中的可用主机数逐渐减少。例如，借用 2 位地址可以定义 4 个子网，每个子网有 62（2 的 6 次方 −2）个主机地址。但是，每借用一位地址，每个子网可用的主机地址就会减少。此外，每个子网还有两个地址——网络地址和广播地址不能分配给主机。

2. 子网掩码

可以把基于每类的 IP 网络进一步分成更小的网络，每个子网由路由器界定并分配一个新的子网网络地址，子网地址是借用基于每类的网络地址的主机部分创建的。划分子网后，通过使用掩码把子网隐藏起来，使得从外部看网络没有变化，这就是子网掩码。子网掩码是一个 32 位的二进制数，其对应网络地址的所有位置都为 1，对应于主机地址的所有位置都为 0。

3.1.3 常见交换设备品牌及其生产企业

思科公司是全球领先的网络解决方案供应商。图 3−1 所示为思科公司 Logo。

华为于 1987 年在中国深圳正式注册成立，是一家生产销售通信设备的民营通信科技公司，总部位于中国广东省深圳市龙岗区坂田华为基地。华为的产品主要涉及通信网络中的交换网络、传输网络、无线及有线固定接入网络和数据通信网络及无线终端产品，为世界各地通信运营商及专业网络拥有者提供硬件设备、软件、服务和解决方案。图 3−2 所示为华为公司 Logo。

锐捷网络成立于 2000 年 1 月，是中国网络解决方案领导品牌。图 3−3 所示为锐捷公司 Logo。

图 3−1　思科公司 Logo　　图 3−2　华为公司 Logo　　　　图 3−3　锐捷公司 Logo

1. 集线器

集线器的英文称为"Hub"，"Hub"是"中心"的意思，集线器的主要功能是对接收到的信号进行再生整形放大，以扩大网络的传输距离，同时把所有节点集中在以它为中心的节点上。它工作于 OSI（开放系统互联参考模型）的第一层，即"物理层"。集线器与网卡、网线等传输介质一样，属于局域网中的基础设备，采用 CSMA/CD（一种检测协议）介质访问控制机制。集线器每个接口进行简单的收发比特，收到 1 就转发 1，不进行碰撞检测。集线器属于纯硬件网络底层设备，基本上不具有类似于交换机的"智能记忆"能力和"学习"能力，它也不具备交换机所具有的 MAC 地址表，所以它发送数据时都是没有针对性的，而是采用广播方式发送。也就是说当它要向某节点发送数据时，不是直接把数据发送到目的节点，而是把数据包发送到与集线器相连的所有节点。

Hub 是一个多端口的转发器，当以 Hub 为中心设备时，网络中某条线路产生了故障，并不影响其他线路的工作。所以 Hub 在局域网中得到了广泛的应用。

（1）信号转发原理　集线器工作于 OSI/RM 的物理层和数据链路层的 MAC（介质访问控制）子层。物理层定义了电气信号、符号、线的状态和时钟要求，是数据编码和数据传输用的连接器。因为集线器只对信号进行整形、放大后再重发，不进行编码，所以是物理层的设备。10MB 集线器在物理层有 4 个标准接口可用，那就是 10BASE－5、10BASE－2、10BASE－T、10BASE－F。10MB 集线器的 10BASE－5（AUI）端口用来连接层 1 和层 2。10MB 集线器作为一种特殊的多端口中继器，它在联网中继扩展中要遵循 5－4－3 规则，即一个网段最多只能分 5 个子网段，一个网段最多只能有 4 个中继器，一个网段最多只能有三个子网段含有 PC。

（2）集线器的工作过程　首先是节点发信号到线路，集线器接收该信号，因信号在电缆传输中有衰减，集线器接收信号后将衰减的信号整形放大，最后集线器将放大的信号广播转发给其他所有端口。

2. 常见集线器

Hub 按照对输入信号的处理方式，可分为无源 Hub、有源 Hub、智能 Hub 和其他 Hub。

（1）无源 Hub　无源 Hub 是品质最差的一种，不对信号做任何的处理，对介质的传输距离没有扩展，并且对信号的强弱有一定的影响。连接在这种 Hub 上的每台计算机，都能收到来自同一 Hub 上所有其他计算机发出的信号。

（2）有源 Hub　有源 Hub 与无源 Hub 的区别就在于它能对信号放大或再生，这样就延长了两台主机间的有效传输距离。

（3）智能 Hub　智能 Hub 除具备有源 Hub 所有的功能外，还有网络管理及路由功能。在智能 Hub 网络中，不是每台机器都能收到信号，只有与信号目的地址相同地址端口的计算机才能收到。有些智能 Hub 可自行选择最佳路径，这就对网络有很好的管理。

（4）其他 Hub　按其他方法 Hub 还有很多种类，如 10MB、100MB、10MB/100MB 自适应 Hub 等。总之，市场价格适中，尽量择优选择。

3. 二层交换机和三层交换机

（1）二层交换机　图 3－4 所示为二层交换机。二层交换技术发展比较成熟。二层交换机属数据链路层设备，可以识别数据包中的 MAC 地址信息，再根据 MAC 地址进行转发，并将这些 MAC 地址与对应的端口记录在自己内部的一个地址表中。

二层交换机的工作过程具体如下：当交换机从某个端口收到一个数据报，先读取报头中的源 MAC 地址，这样就知道源 MAC 地址在哪个端口上。再去读取报头中的目的 MAC 地址，并在地址表中查找相应的端口。如果表中有与目的 MAC 地址相应的端口，就把数据报直接复制到这端口上。

（2）三层交换机　如图 3－5 所示为三层交换机。三层交换机技术是将路由技术与交换技术合二为一的技术。在对第一个数据流进行路由后，它将产生一个 MAC 地址与 IP 地址的映射表，当同样的数据流再次通过时，将根据此表直接从二层通过而不是再次路由，从而消除了路由器进行路由选择而造成的网络延迟，提高了数据报转发的效率。三层交换机就是在有二层交换机的功能上通过添加一个路由模块实现三层的路由转发功能。三层交换机就是具有部分路由器功能的交换机，三层交换机的最重要目的是加快大型局域网内部的数据交换，所具有的路由功能也是为达到这个目的服务的，能够做到一次路由，多次转发。对于数据报转发等规律性的过程由硬件高速实现，而像路由信息更新、路由表维护、路由计算、路由确定等功能由软件实现。传统交换技术是在 OSI 网络标准模型第二层——数据链路层进行操作的，而三层交换技术是在网络模型中的第三层实现了数据报的高速转发，既可实现网络路由功能，又可根据不同网络状况做到最优网络性能。

图 3-4　二层交换机

图 3-5　三层交换机

（3）二层交换机与三层交换机的区别　三层交换机使用了三层交换技术。三层交换技术就是二层交换技术＋三层转发技术，它解决了局域网中网段划分之后，网段中子网必须依赖路由器进行管理的局面，解决了传统路由器低速、复杂所造成的网络瓶颈问题。二层交换机只有二层的功能，实现一个广播域内的主机间的通信。在 OSI 七层里，三层交换机设备工作在数据链路层。不过三层交换机在路由的性能方面肯定没有真正的路由器性能好。我们常见的交换机设备目前以思科、华为以及锐捷为主流。

3.2　设备配置描述与分析

3.2.1　项目背景

当今时代，随着信息技术及电子政务相关技术的发展和普及，网络已呈现商业化、全民化、全球化的趋势。利用网络传递商业信息，进行商业活动，而采用分层的信息交换模型进行跨部门、跨地域的信息共享将是趋势。如今网络已成为企业进行竞争的战略手段。

3.2.2　需求分析

1．用户需求

近年来，学校的教学和管理工作不断向着信息处理计算机化、信息交流网络化、信息管理数据库化、信息服务电子化方向发展。为了实现校园网络的可靠性以及稳定性，准备建设一个以办公自动化为目的，以现代网络技术为依托，技术先进、扩展性好、可靠性强、安全性高，能覆盖校园办公楼的主干网络，并与 Internet 广域网相连，形成结构合理，内外沟通，经济实用的新型校园计算机网络系统。

在此基础上建设能满足教职工工作需要和教职工访问需要的软硬件环境，为教职工提供网络信息服务。分配出足够的网络地址以供使用，并实现设备之间的互联互通。

2．目的

建设办公自动化网络系统的目的是，教师可以方便地浏览和查询网上资源，进行教学和科研工作；学生可以方便地浏览和查询网上资源实现远程学习；通过网上学习学会信息处理技能。学校的管理人员可方便地对教务、行政事务、学生学籍、财务、资产等进行综合管理，同时可以实现各级管理层之间的信息数据交换，实现网上信息采集和处理的自动化，实现信息和设备资源的共享。

3．技术方案草案

把用户需求和具体技术对应起来，提出技术方案。综合布线主要表现在实用性、功能性、灵活性、扩展性等方面。除信息中心到汇聚层的连接采用光纤外，其他线路多采用六类双绞线。

（1）实用性　实施后的校园网络系统，其所有的子系统都满足标准要求，并且网络管理功能完善且方便使用。

（2）功能性　为用户提供快捷、开放、易于管理的语音和数据信息传输平台。布线系统能适应各种计算机网络体系结构的需要，并能支持语音、监控、视频等系统的应用。为用户及时传递可靠、准确的各类重要信息，最终实现自动化办公。

（3）灵活性　系统中的任一部分的连接都应是灵活的，从物理接线到数据传输与通信都应不受或少受物理位置的影响。

（4）扩展性　适应未来网络的发展需要，系统的扩充升级容易。无论计算机设备、通信设备、控制设备随技术如何发展，将来都可以很方便地将这些设备连到系统中去。

3.2.3　网络设备选型

根据需求完成设备搭配：

（1）厂商的选择　所有网络设备尽可能选用同一厂家的产品，这样设备具有互连性、协议互操作性、技术支持和价格等优势。从这个角度看，产品线齐全，技术认证队伍力量雄厚，产品市场占有率高的厂商是网络设备品牌的首选。其产品经过更多用户的检验，产品成熟度高，而且这些厂商出货频繁，生产量大，质保体系完备。作为系统集成商，不应依赖于任何一家的产品，应能够根据需求和费用公正地评价各种产品，选择最优的。在制定网络方案之前，应根据用户承受能力来确定网络设备的品牌。

（2）方案选型　主要是在参照整体网络设计要求的基础上，根据网络实际带宽性能需求、端口类型和端口密度来选型。如果是旧网改造项目，应尽可能保留并延长用户对原有网络设备的投资，减少在资金投入方面的浪费。

为使资金的投入产出达到最大值，能以较低的成本、较少的人员投入来维持系统运转，网络开通后，会运行许多关键业务，因而要求系统具有较高的可靠性。全系统的可靠性主要体现在网络设备的可靠性，尤其是 GBE（主干交换机）的可靠性以及线路的可靠性。作为骨干网络节点，中心交换机、汇聚交换机和厂区交换机必须能够提供完全无阻塞的多层交换性能，以保证业务的顺畅。

（3）扩展性　在网络的层次结构中，主干设备选择应预留一定的能力，以便将来扩展，而低端设备则够用即可，因为低端设备更新较快，且易于扩展。由于企业网络结构复杂，需要交换机能够接续全系列接口，如光口和电口、百兆、千兆和万兆端口，以及多模光纤接口和长距离的单模光纤接口等，其交换结构也应能根据网络的扩容灵活地扩大容量，其软件应具有独立知识产权，应保证其后续研发和升级，以保证对未来新业务的支持。

（4）可靠性　由于网络设备升级的往往是核心和骨干网络，其选型的可靠性不言而喻，一旦瘫痪则影响巨大。

（5）可管理性　一个大型网络可管理程度的高低直接影响着运行成本和业务质量。因此，所有的节点都应是可网管的，而且需要有一个强有力且简洁的网络管理系统，能够对网络的业务流量、运行状况等进行全方位的监控和管理。

（6）安全性　随着网络的普及和发展，各种各样的攻击也在威胁着网络的安全。设备选型不仅是接入交换机，对于骨干层次的交换机选型也应考虑到安全防范的问题，如访问控制、带宽控制等，从而有效控制不良业务对整个骨干网络的侵害。

（7）QoS控制能力　随着网络上多媒体业务流（如语音、视频等）越来越多，人们对核心交换节点提出了更高的要求，不仅能进行一般的线速交换，还能根据不同的业务流的特点，对它们的优先级和带宽进行有效的控制，从而保证重要业务和时间敏感业务的顺畅。

（8）标准性和开放性　由于网络系统是一个具有多种厂商设备的环境，因此，所选择的设备必须能够支持业界通用的开放标准和协议，以便能够与其他厂商的设备有效地互通。

3.3　项目实施

根据学校行政楼的网络需求，总的信息点80个左右，而需要连接网络的有办公室，会议室和信息中心，信息中心设在一楼。根据标准设计的布线方案，要求系统能适应和支持现有的或将来的通信和计算机网络需求，能适应语音、数据计算机局域网、光纤分布数据接口、图像和其他连接的需要。智能化楼宇的结构化布线系统不仅为现代化的信息通信铺设了信息高速公路，而且也为楼宇的智能管理提供了集中的控制通路。

为满足行政楼各部门对通信和网络的需求，基于对结构化布线系统的要求，本大楼布线系统的设计主要满足通信和计算机网络以及视频会议、安全、语音等。该布线系统将为用户提供集语音、数据、文字、图像于一体的多媒体信息网络，帮助用户实现多功能网络互联互通的应用。

图3-6所示是本方案中一楼的平面示意图，也是信息点的分布图。图3-7所示是行政楼一楼楼层信息点示意图。

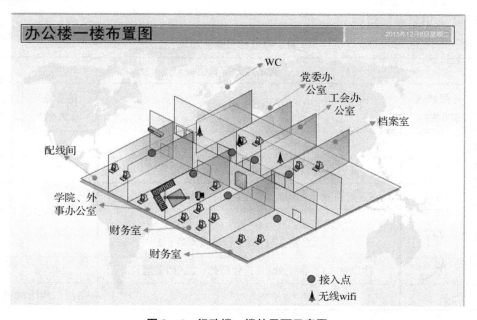

图3-6　行政楼一楼的平面示意图

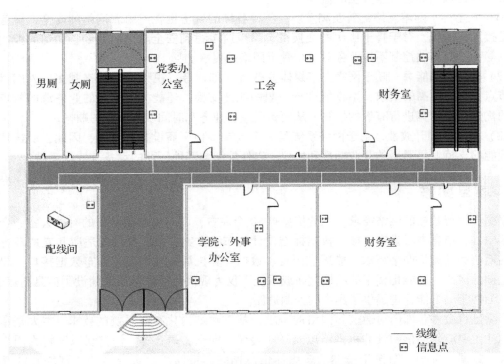

图 3-7　行政楼一楼楼层信息点示意图

　　图 3-8 所示为行政楼二楼楼层信息点。图 3-9 所示为行政楼三楼层信息点。图 3-10 所示为行政楼四楼楼层信息点。

　　表 3-1 为信息点分布表

表 3-1　信息点分布表

信息点分布表格				
楼层	每层楼层房间数/个	每个房间信息点/个	信息点总数/个	接入层交换机
一楼	9	学院（外事）办公室：4；办公室：3	19	1 台
二楼	7	院领导办公室：3；会议室：1；接待室：1	13	1 台
三楼	8	院领导（党委）办公室：3；信息中心：3	14	1 台
四楼	13	教务处：3；人事处：4；科研处：3；办公室：3；教学设备管理处：2	20	1 台
五楼	7	休息室：1；保卫处：2；管理处：2；档案室：2	14	1 台
			备注：共计 80 个信息点	

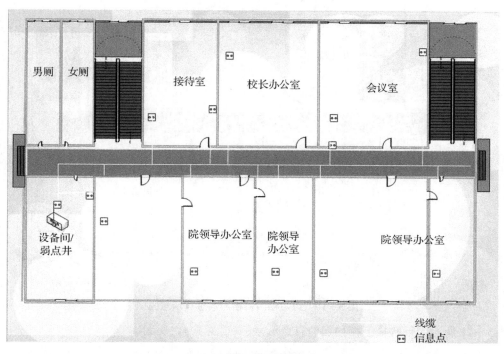

图 3-8　行政楼二楼楼层信息点示意图

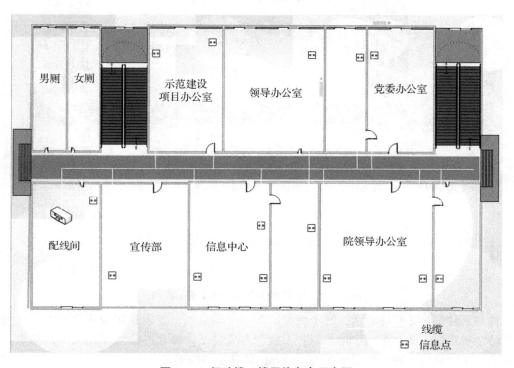

图 3-9　行政楼三楼层信息点示意图

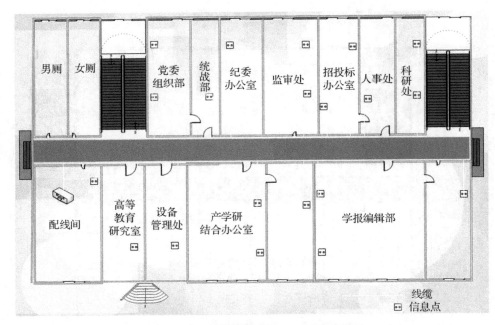

图 3 – 10　行政楼四楼楼层信息点示意图

图 3 – 11 所示为行政楼五楼楼层信息点示意。

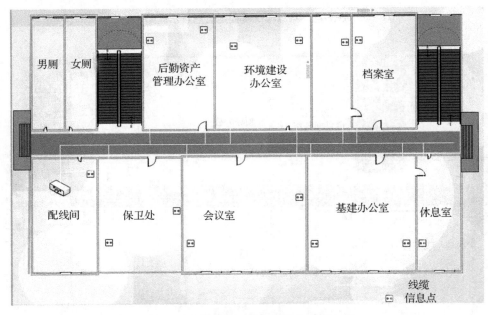

图 3 – 11　行政楼五楼楼层信息点示意图

　　一楼和五楼都是多媒体教室，每个教室安装一个信息点；二楼和四楼变化不大，只是每层楼多了两个机房，每个机房两个信息点；三楼为办公楼层，每个办公室预设三个信息点，每个教休室有一个信息点。在平面图中，为了美观，信息点都画的是一个。

　　图 3 – 12 所示为行政楼网络拓扑图。

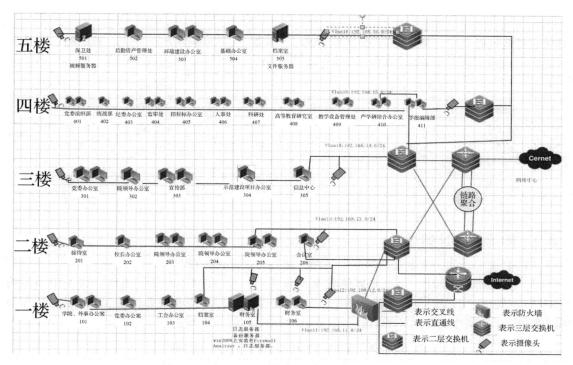

图 3-12 行政楼网络拓扑图

表 3-2 为行政楼综合布线材料预算表。

表 3-2 行政楼综合布线材料预算表

序号	设备名称	型号	生产商	单位	数量	单价/元	总金额	备注
1	路由器	cisco2800		台	1	7,199.00	7199.00	
2	三层交换机	cisco3560		台	2	4,396.00	8792.00	
3	二层交换机	cisco2960		台	5	2,339.00	11695.00	
4	防火墙	cisco5505		台	1	2,799.00	2799.00	
5	信息插座	超五类		个	50	39.5	1975.00	
6	信息模块			个	100	7.90	790.00	
7	光纤线缆	室内多模		米	300	2.80	840.00	
8	理线架	1u24 口		个	6	45.00	270.00	
9	机架	22u		个	1	650.00	650.00	
10	报警器			对	2	24.00	48.00	
11	摄像头	海康威视莹石 c3c		个	12	12.00	144.00	
12	线槽	塑料 30×15		米	150	12.00	1800.00	
13		塑料 20×10		米	300	39.00	11700.00	
14	计算机	联想 c400		台	100	3,399.00	339,900.00	
15	投影仪	爱普生 cb-a04		台	3	2,449.00	7347.00	

(续)

序号	设备名称	型号	生产商	单位	数量	单价/元	总金额	备注
16	双绞线	非屏蔽超五类		箱	2	288.00	576.00	
17		屏蔽超五类		箱	1	439.00	439.00	
18	水晶头			盒	3	28.90	86.70	
19	指纹锁	亚太天能		个	2	2,898.00	5,796.00	
20	机柜	22u		个	3	370.00	1110.00	
	施工费						96043.30	
小计							500000.00	

3.3.1 IP 及 VLAN 的规划

（1）IP 规划设计 全企业同属一个 B 网，统一一个 Internet 出口。

（2）VLAN 规划设计 每个多媒体教室划分在同一个 VLAN，4 个机房划分在 4 个不同的 VLAN 方便管理，三楼的办公室属于同一个 VLAN，管理 VLAN 我们设置的是 VLAN99。表 3-3 中详细介绍了方案中的 VLAN 的划分，IP 地址的分段及接口的分配。

表 3-3 行政楼 IP 地址分段及 VLAN 划分表

设备名称	接口	IP 地址	子网掩码	VLAN	备注
S1	F0/2				
	F0/3	192.168.17.1	255.255.255.0		0/3 与 0/4 聚合
S2	F0/2				
	F0/3	192.168.17.2	255.255.255.0		0/3 与 0*4 聚合
	F0/5	192.168.10.2	255.255.255.0	10	网络中心
S3	F0/2				
	F0/3	192.168.11.1	255.255.255.0	11	
	F0/4	192.168.12.1	255.255.255.0	12	
	F0/5	192.168.13.1	255.255.255.0	13	
	F0/6	192.162.13.2	255.255.255.0	13	
	F0/7	10.127.1.1	255.255.255.0		
S4	F0/2				
	F0/3	192.168.14.2	255.255.255.0	14	
	F0/4	192.168.15.2	255.255.255.0	15	
	F0/5	192.168.16.2	255.255.255.0	16	
R1	F0/0	10.127.1.2	255.255.255.0		
	F0/1	10.127.2.1	255.255.255.0		
F1	E0/0	192.168.12.5	255.255.255.0	12	

3.3.2 交换机和路由器的基础配置

1. 基本配置命令

3560 – 1：

（1）配置 VTP 域

ip routing	// 启用三层交换机
vtp domain benet	// 创建 VTP 域
vtp password 123	// VTP 域的密码
vtp pruning	// 启用 VTP
vtp mode server	// 配置交换机为 vtp

（2）配置 VLAN

3550-1#vlan database	// 进入 vlan 数据库
3550-1 < vlan >#vlan 1 name vlan1	// 创建 vlan 1
3550-1 < vlan >#vlan 2 name vlan2	// 创建 vlan 2

（3）配置 VLAN IP 地址

config terminal

interface vlan11

ip address 192. 168. 10. 1 255. 255. 255. 0

interface vlan12

ip address 192. 168. 20. 1 255. 255. 255. 0

（4）配置 RIP

config terminal

ip routing

router rip

network 192. 168. 10. 0

network 192. 168. 20. 0

（5）配置 PVST

spanning-tree vlan vlan10 root primary	//配置 vlan1 的根网桥
spanning-tree vlan vlan20 root secondary	//配置 vlan2 的根网桥
interface range fastEthernet 0/5-6	//进入一定端口
channel-group 1 mode on	//配置以太网通道

（6）配置 DHCP 中继

interface vlan vlan1

ip helper-address 192. 168. 1. 3

interface vlan vlan2

ip helper-address 192. 168. 1. 3

3560-2：

（7）配置 VTP 域

ip routing	// 启用三层交换机
vtp domain benet	// 创建 VTP 域

```
vtp password 123          // VTP 域的密码
vtp pruning               // 启用 VTP
vtp mode server           // 配置交换机为 vtp
```

（8）配置 VLAN

```
3550-2#vlan database                    // 进入 vlan 数据库
3550-2 < vlan >#vlan 1 name vlan1       // 创建 vlan 1
3550-2 < vlan >#vlan 2 name vlan2       // 创建 vlan 2
```

（9）配置 VLAN IP 地址

```
config terminal
interface vlan10
ip address 192. 168. 10. 2 255. 255. 255. 0
interface vlan20
ip address 192. 168. 20. 2 255. 255. 255. 0
```

（10）配置 RIP

```
config terminal
ip routing
router rip
network 192. 168. 10. 0
network 192. 168. 20. 0
```

（11）配置 PVST

```
spanning-tree vlan vlan20 root primary      //配置 vlan1 的根网桥
spanning-tree vlan vlan10 root secondary     //配置 vlan2 的根网桥
interface range fastEthernet 0/5-6          //进入一定端口
channel-group 1 mode on                     //配置以太网通道
```

（12）配置 DHCP 中继

```
interface vlan vlan1
ip helper-address 192. 168. 1. 3
interface vlan vlan2
ip helper-address 192. 168. 1. 3
```

2960-1：

（13）配置 VTP 域

```
vtp domain benet          // 创建 VTP 域
vtp password 123          // VTP 域的密码
vtp mode client           // 配置交换机为 vt
vtp pruning               // 启用 VTP
interface f0/1
switchport mode trunk
interface f0/2
switchport mode trunk
interface f0/3
```

switchport access vlan 11

spanning-tree portfast   //端口速链路

exit

spanning-tree uplinkfast   //上行速端口

2960-2：

（14）配置 VTP 域

vtp domain benet   // 创建 VTP 域

vtp password 123   // VTP 域的密码

vtp mode client   // 配置交换机为 vtp

vtp pruning   // 启用 VTP

interface f0/1

switchport mode trunk

interface f0/2

switchport mode trunk

interface f0/3

switchport access vlan12

spanning-tree portfast   //端口速链路

exit

spanning-tree uplinkfast   //上行速端口

2. 使用链路聚合增加带宽和可靠性

图 3-13 所示为链路聚合示意图。

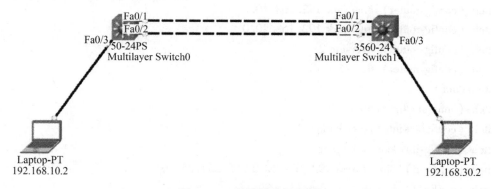

图 3-13　链路聚合示意图

可以充分利用所有设备的端口及端口处理能力，增加设备间的带宽，并且在其中一条链路出现故障时，可以快速地将流量转移到其他链路。总之，链路聚合增加了带宽和可靠性。

基本配置：

Multilayer Switch0

Switch > en

Switch#conf t

Switch（config）#ip routing

Switch（config）#inter port-channel 1

（1）创建以太通道 1

Switch（config-if）#no switchport

Switch（config-if）#ip address 192. 168. 20. 1 255. 255. 255. 0

Switch（config-if）#no shutdown

Switch（config-if）#exit

Switch（config）#inter f0/1

Switch（config-if）#no switchport

Switch（config-if）#channel-group 1 mode on

（2）把物理接口 1 指定到已创建的通道中

Switch（config-if）#inter f0/2

Switch（config-if）#no switchport

Switch（config-if）#channel-group 1 mode on

（3）把物理接口 2 指定到已创建的通道中

Switch（config-if）#

Switch（config-if）#inter f0/3

Switch（config-if）#no switchport

Switch（config-if）#ip address 192. 168. 10. 1 255. 255. 255. 0

Switch（config-if）#no shutdown

Switch（config-if）#

Switch（config-if）#exit

Switch（config）#route rip

Switch（config-router）#network 192. 168. 10. 0

Switch（config-router）#network 192. 168. 20. 0

Switch（config-router）#version 2

Switch（config-router）#

Switch#conf t

Switch（config）#ip routing

Switch（config）#inter port-channel 1

Switch（config-if）#no switchport

Switch（config-if）#ip address 192. 168. 20. 2 255. 255. 255. 0

Switch（config-if）#no shutdown

Switch（config-if）#exit

Switch（config）#inter f0/1

Switch（config-if）#no switchport

Switch（config-if）#inter f0/2

Switch（config-if）#no switchport

Switch（config-if）#channel-group 1 mode on

Switch（config-if）#exit

Switch（config）#route rip

Switch（config-router）#network 192. 168. 20. 0

Switch （config-router） #network 192. 168. 30. 0

Switch （config-router） #version 2

3．工作区子系统设计

工作区子系统在施工时要考虑的因素较多，因为不同的环境要求不同的信息墙座与其配合。在施工设计时，应尽可能考虑布局的需要，同时又要考虑从信息墙座连接应用设备（如计算机、电话等）的方便和安全。多媒体教室及办公室都是工作区子系统，信息点由标准 RJ45 插座构成，采用的是标准的 86 型墙盒。该墙盒为正方形，规格 80mm×80mm，螺丝孔间距 60 mm。信息墙盒与电源墙座的间距应大于 30cm。

（1）垂直干线子系统设计　垂直干线子系统用于跨越楼层的传输，其功能主要是把各分层配线架与主配线架相连，每个楼层配线间均需采用垂直主干线缆连接到大楼主设备间。垂直主干线采用 25 对大对数线缆时，每条 25 对大对数线缆对于某个楼层而言是不可再分的单位。

（2）管理子系统设计　由于各个楼层的信息点数比较多，故在每层楼都要设有管理区子系统。管理区子系统是由配线架、跳线以及相关的有源设备服务器及交换机等组成。

（3）布线子系统设计　水平布线子系统是从工作区的信息插座开始到管理间系统的配线架。一般采用六类双绞线来进行布线。在双绞线布线链路中，水平线缆的最大长度为 80m。

（4）进线间子系统设计　一个建筑物设置一个进线间，宜靠近外墙及在地下层设置。进线间入口管道所有布放线缆和空闲的管孔等应采用防火材料封堵，做好防水防火处理。

（5）建筑群子系统设计　建筑群子系统可实现建筑物之间的相互连接，为建筑物之间通信设施提供所需硬件。传输介质可以采用室外六芯多模光纤。

4．遵循的原则

计算机网络系统的建设既要立足于现在又要着眼于未来。它所采用的技术不仅要成熟、稳定、可靠，还要具有相当的先进性和独到的优点。根据建设目标，模拟该校一教学楼计算机网络系统总体设计原则，以学校计算机网络需求及信息流量、流向为依据，并紧密结合校园网的特点，兼顾学校教学管理和行政管理两大体系。

为达到上述要求，在该校一教学楼计算机网络系统总体设计中，将依据如下系统设计原则进行系统设计。

（1）开放性原则　校园网的建设应遵循国家标准，采用大多数厂家支持的协议和标准接口，为操作系统的互联提供便利。

（2）先进性原则　以先进成熟的网络通信技术进行组网，支持数据、语音和视频图像等多媒体应用。

（3）可管理性与维护性原则　网络建设的一项重点任务是网络的管理，网络的建设必须保证网络运行的可管理性。在网络出故障时能迅速简便地进行网络故障的诊断。

（4）安全性与保密性原则　信息系统安全问题是信息中心的任务。保证网络的通畅，确保经过该网络安全地获取信息，并保证该信息的完整和可靠，保证系统可靠运行。在网络设计时，将从内部访问控制和外部防火墙两方面保证校园网网络系统的安全。

（5）稳定性和可靠性原则　可靠性对于一个网络拓扑结构是至关重要的。在局域网中经常发生节点故障或传输介质故障，一个可靠性高的网络拓扑结构除了可以使这些故障对整个网络的影响尽可能小以外，同时还应具有良好的故障诊断和故障隔离功能。

3.3.3　搭建 ASA 日志服务器

对于任何防火墙产品，最重要的功能之一就是对事件进行日志记录。ASA 使用同步日志

（syslog）来记录在防火墙上发生的所有事件。

1. 日志信息的安全级别

日志信息的安全级别分为八个等级。表3-4为日志信息安全等级。

表3-4　日志信息安全等级

级别号	关键字	说明
0	emergencies （非常紧急）	系统无法使用
1	alert （紧急）	需要立即处理
2	critical （临界）	临界状态
3	error （错误）	错误状态
4	warning （警告）	警告状态
5	notification （注意）	正常但不良好状态
6	informational （提醒）	提醒信息
7	debugging （调试）	调试阶段信息

信息的紧急程度按照重要性从高到低排列，emergencies （非常紧急）的重要性最高，而 debugging （调试）的重要性最低。

2. 配置日志

日志信息可以输出到 Log Buffer （日志缓冲区）、ASDM 和日志服务器。

在配置日志前，一般需要先配置时区和时间，具体配置如下。

（1）配置时区　命令如下：

```
asa(config)# clock  timezone  peking  8
```

其中，peking 用来指明所在时区的名字，8 是指相对于国际标准时间的偏移量，这个值的取值范围为-23~23。

（2）配置时间　命令如下：

```
asa(config)# clock  set  10:30:00  21  June  2013
```

其中，10 对应小时，30 对应分钟，00 对应秒，21 对应日，June 对应月，2013 对应年。然后可以分别配置 Log Buffer、ASDM 和日志服务器。

（3）配置 Log Buffer　命令如下：

```
asa(config)# logging  enable
```

```
asa（config）# logging buffered informational        //配置 Informational 级别的日志，也可以写
```
6，表示6以上的级别（0~6 级别）。

注：Log Buffer 的默认大小是 4KB。

查看 Log Buffer 的命令：

```
asa(config)# show logging
```

清除 Log Buffer 的命令：

```
asa(config)# clear logging buffer
```

（4）配置 ASDM 日志　命令如下：

```
asa(config)# logging enable
asa(config)# logging asdm informational
```

清除 ASDM 的命令：

```
asa(config)# clear logging asdm
```

（5）配置日志服务器　目前，有很多日志服务器软件。Firewall Analyzer 是一款基于 Web 的防火墙日志分析软件，利用该软件能够监控网络周边安全设备，收集和归档日志，并生成报表。Firewall Analyzer 能够帮助网络安全管理员有效监控带宽和防火墙安全事件，全面了解网络的安全状况；监控使用/未使用的防火墙策略并优化策略；通过趋势分析规划网络容量等。Firewall Analyzer 支持多种设备/厂商，支持 Windows 和 Linux 平台。

3.3.4　服务质量 Qos

1. 实现要求

将总部与分公司的 Site-to-Site VPN 放入优先级队列，使 VPN 的流量能够得以优先转发。将自己用的计算机放入优先级队列，让自己上网更快一些。

2. 实现方案

按 VPN 的流量放入优先级队列比较好实现，对流量进行分类，直接匹配 VPN 的流量，然后放入到优先级队列中，应用到外部接口。

而对于将指定的地址放入到优先级队列，就不能采用和 VPN 一样的方式了。首先要建立一条访问列表，分类时匹配这条访问列表，这种情况下就不能应用到外部接口。因为在防火墙上做了 PAT 转换，内部地址到达外部接口时，IP 地址已经进行了转换，转换为外部接口的公网地址，用于分类的访问列表就永远匹配不了了，指定计算机的 IP 地址也就永远无法放入优先级的队列了，那么就只有将策略应用到内部接口。在写访问列表时一定要注意方向，否则也不会产生效果。

3. 具体配置

（1）设置 VPN 的 Qos

```
ASA# config t
ASA（config）# class-map vpn-qos                          //建立名为 vpn-qos 的分类
ASA（config-cmap）# match tunnel-group toggvpn           //匹配名字为 toggvpn 的 vpn 隧道
ASA（config-cmap）# match flow ip destination-address
//匹配基于流的策略，将 vpn 的流量看做为流
ASA（config-cmap）# exit
ASA（config）# policy-map vpn-qos                          //建立名为 vpn-qos 的策略
ASA（config-pmap）# class vpn-qos                         //应用前面定义的 vpn-qos 分类
ASA（config-pmap-c）# priority                            //将这个类设定为高优先级
ASA（config-pmap-c）# exit
ASA（config-pmap）# exit
ASA（config）# priority-queue outside                     //在外部接口启用优先级队列
ASA（config-priority-queue）# queue-limit 2048            //设定优先级队列的大小
```

ASA（config-priority-queue）# tx-ring-limit 256

//设定在给定时间内允许等待的最大的包的数量

ASA（config-priority-queue）# exit

ASA（config）#service-policy vpn-qos interface outside

//将策略应用到外部接口

（2）设置指定 IP 地址的 Qos

ASA（config）# access-list aclqos permit ip any host 192.168.16.148

//建立访问列表，注意方向性

ASA（config）# class-map aclqos   //建立名为 aclqos 的分类

ASA（config-cmap）# match access-list aclqos   //匹配前面建立的访问列表

ASA（config-cmap）# exit

ASA（config）# policy-map aclqos

ASA（config-pmap）# class aclqos

ASA（config-pmap-c）# priority   //将前面建立的基于访问列表的分类设定为高优先级

ASA（config-pmap-c）# exit

ASA（config-pmap）# exit

ASA（config）# priority-queue inside   //在内部接口启用优先级队列

ASA（config-priority-queue）# queue-limit 2048

ASA（config-priority-queue）# tx-ring-limit 256

ASA（config-priority-queue）# exit

ASA（config）# service-policy aclqos interface inside   //将策略应用到内部接口

3.4 项目总结

1. 交换机、路由器的几种配置模式及模式转换

（1）用户模式　登录到交换机（路由器）时会自动进入用户模式，提示符为"switchname >"。在该模式下只能够查看相关信息，对 IOS 的运行不产生任何影响。

（2）特权模式　用户模式下，键入"enable"命令即可进入特权模式，提示符为"switchname#"。在该模式下可以完成任何操作，包括检查配置文件、重启交换机等，它是命令集在用户模式下的超集。

（3）全局配置模式　在特权模式下键入"config terminal"命令进入全局配置模式，提示符为"switchname（config）#"。

（4）局部（子）配置模式　在全局模式下键入特定配置命令（如"interface ethernet0/1"等），即可进入以太网端口等局部配置模式，提示符为"switchname（config-xx）"。该模式用于单独对组件、端口、进程等进行配置。

2. 基本配置

（1）口令与主机名

（2）IP 地址与网关设置

（3）端口配置参数

3. VLAN 的基本配置（划分方式、配置步骤和基本配置命令）

VLAN 即虚拟局域网，是网络设备上连接的不受物理位置限制的用户的一个逻辑组。VLAN

创建了不限于物理段的单一广播域，并可以像一个子网一样对待该广播域。

VLAN 的划分方式：基于端口（静态划分）、基于 MAC、基于网络协议、基于 IP 组播、按策略划分、非用户定义或非用户授权划分。

4．VTP 与 STP 概念及配置命令

（1）VLAN 中继协议（VLAN TrunkingProtocol，VTP）　　VTP 是指在同一域的交换机与交换机（或者交换机与路由器）之间的物理链路上传输多个 VLAN 信息的技术，通过 VTP 可以保证整个网络 VLAN 信息的一致。VTP 有三种工作模式：服务模式（server）、客户模式（client）和透明模式（transparent）。交换机默认工作在 VTP 服务模式。Trunk 在路由与交换领域，Trunk 是指 VLAN 的端口聚合，用来在不同交换机之间进行连接，以保证在跨越多个交换机上建立的同一个 VLAN 的成员能够互相通信。

（2）生成树协议（STP）　　STP 是一个数据链路层的协议，其主要功能是允许有多条交换或桥接的路径，而不会对网络产生环路延时的影响。通常交换机默认的 STP 优先级为 32768。

5．路由选择协议的相关概念及配置命令

路由器可以用两种方式进行路由选择，即静态和动态。动态选择协议又有距离矢量路由（RIP、IGMP）、链路状态路由（OSPF）和混合路由（EIGRP）三种类型。

路由器的设置方式：Console 端口是虚拟操作台端口，通过该端口可直接实施配置操作。AUX 端口是用于远程调试的端口，一般连接在 Modem 上，设备安装维护人员通过远程拨号进行设备连接，实施设备的配置。

第4章

网络交换与路由交换

📖 **学习目标**

1）掌握基本的网络交换技术，网络端口安全，网络转发。

2）掌握基本的路由技术，NAT 技术，网络设备管理技术，VPN 技术，VRRP 技术。

4.1 基础知识

4.1.1 路由器

1．路由

路由是所有数据网络的核心所在，它的用途是通过网络将信息从源传送到目的地。路由器是负责将数据报从一个网络传送到另一个网络的设备。

2．路由器的基本功能

路由器是用于网络互连的计算机设备。路由器的核心作用是实现网络互连，数据转发。

（1）路由（寻经） 路由表建立、刷新。

（2）交换 在网络之间转发分组数据。

（3）功能 隔离广播，指定访问规则。

（4）异种网络互连 路由器是互联网的主要节点设备。路由器通过路由决定数据的转发。转发策略称为路由选择（Routing），这也是路由器名称的由来（Router，转发者）。

作为不同网络之间互相连接的枢纽，路由器系统构成了基于 TCP/IP 的国际互联网络 Internet 的主体脉络。也可以说，路由器构成了 Internet 的骨架。它的处理速度是网络通信的主要瓶颈之一，它的可靠性则直接影响着网络互连的质量。因此，在园区网、地区网乃至整个 Internet 研究领域中，路由器技术始终处于核心地位，其发展历程和方向成为整个 Internet 研究的一个缩影。

3．路由器的主要作用

（1）实现网络的互联和隔离 路由器工作在 OSI 中的第三层，即网络层。路由器利用网络层定义的"逻辑"上的网络地址（即 IP 地址）来区别不同的网络，实现网络的互联和隔离，保持各个网络的独立性。路由器不转发广播消息，而把广播消息限制在各自的网络内部。发送到其他网络的数据先被送到路由器，再由路由器转发出去。

IP 路由器只转发 IP 分组，把其余的部分挡在网内（包括广播），从而保持各个网络具有相对的独立性，这样可以组成具有许多网络（子网）互连的大型的网络。由于是在网络层的互联，路由器可方便地连接不同类型的网络，只要网络层运行的协议是 IP，通过路由器就可互连起来。

（2）根据 IP 地址来转发数据　网络中的设备用它们的网络地址（TCP/IP 网络中为 IP 地址）互相通信。IP 地址是与硬件地址无关的"逻辑"地址。路由器只根据 IP 地址来转发数据。IP 地址的结构有两部分：一部分定义网络号，另一部分定义网络内的主机号。目前，在 Internet 中采用子网掩码来确定 IP 地址中的网络地址和主机地址。子网掩码与 IP 地址一样也是 32 位，并且两者是一一对应的，并规定，子网掩码中数字为"1"所对应的 IP 地址中的部分为网络号，为"0"所对应的则为主机号。网络号和主机号合起来，才构成一个完整的 IP 地址。同一个网络中的主机 IP 地址其网络号必须是相同的，这个网络称为 IP 子网。

通信只能在具有相同网络号的 IP 地址之间进行，要与其他 IP 子网的主机进行通信，则必须经过同一网络上的某个路由器或网关（Gateway）出去。不同网络号的 IP 地址不能直接通信，即使它们接在一起，也不能通信。

路由器有多个端口，用于连接多个 IP 子网。每个端口的 IP 地址的网络号要求与所连接的 IP 子网的网络号相同。不同的端口有不同的网络号，对应不同的 IP 子网，这样才能使各子网中的主机通过自己子网的 IP 地址把要求出去的 IP 分组送到路由器上。

（3）选择数据传送的线路　在网络通信过程中，选择通畅快捷的近路，能大大提高通信速度，减轻网络系统通信负荷，节约网络系统资源，提高网络系统畅通率，从而让网络系统发挥出更大的效益。

路由器的主要工作就是为经过路由器的每个数据帧寻找一条最佳传输路径，并将该数据有效地传送到目的站点。由此可见，选择最佳路径的策略即路由算法是路由器的关键所在。为了完成这项工作，在路由器中保存着各种传输路径的相关数据。

路由表（Routing Table）供路由选择时使用。路由表中保存着子网的标志信息、网上路由器的个数和下一个路由器的名字等内容。路由表可以由系统管理员固定设置好的，可以由系统动态修改，可以由路由器自动调整，也可以由主机控制。在路由器中涉及两个有关地址的名字概念：静态路由表和动态路由表。由系统管理员事先设置好固定的路由表称之为静态（Static）路由表，一般是在系统安装时就根据网络的配置情况预先设定的，它不会随未来网络结构的改变而改变。动态（Dynamic）路由表是路由器根据网络系统的运行情况而自动调整的路由表。路由器根据路由选择协议（Routing Protocol）提供的功能，自动学习和记忆网络运行情况，在需要时自动计算数据传输的最佳路径。

事实上，路由器除了上述功能外，还具有数据包过滤、网络流量控制、地址转换等功能。另外，有的路由器仅支持单一协议，但大部分路由器可以支持多种协议的传输，即多协议路由器。由于每一种协议都有自己的规则，要在一个路由器中完成多种协议的算法，势必会降低路由器的性能。因此，用户购买路由器时，需要根据自己的实际情况，选择自己需要的网络协议的路由器。

4.1.2　三层交换机模拟路由接口（trunk、vlan 模拟、f 口模拟）

1. PC 上的配置

```
PC1(config)#int f0/0
PC1(config-if)#ip add 192.168.10.2 255.255.255.0
PC1(config-if)#no shut
PC1(config)#ip default-gateway 192.168.10.1//再配置 ip default-gateway：
PC1(config)#no ip routing //去掉路由功能：
```

PC2 和 PC1 的配置基本类似，就是端口的 IP 地址不一样。

2. 交换机上的配置

```
SW(config)#int range fastEthernet 0/1 –4//启用 1–4 号端口：
SW(config–if–range)#no shut
SW#vlan da //创建 VLan：
SW(vlan)#vlan 10
name vlan10
VLAN 10 modified：
Name：vlan10
SW(vlan)#vlan 20
name vlan20
VLAN 20 modified：
Name：vlan20
SW(vlan)#exit
APPLY completed.
Exiting....
```

3. 对 VLAN 进行设置

```
SW(config)#int vlan 10
SW(config–if)#ip add 192.168.10.1 255.255.255.0
SW(config–if)#no shut
SW(config–if)#int vlan 20
SW(config–if)#ip add 192.168.20.1 255.255.255.0
SW(config–if)#no shut
SW(config–if)#exit
```

4. 分配端口到 VLAN 中

```
SW(config)#int range fastEthernet 0/1 –2
SW(config–if–range)#switchport mode access
SW(config–if–range)#switchport access vlan 10
SW(config–if–range)#exit
SW(config)#int range fastEthernet 0/3 –4
SW(config–if–range)#switchport mode access
SW(config–if–range)#switchport access vlan 20
SW(config–if–range)#exit
```

启用三层交换机的路由功能（默认启动的，这里再配一下）：

```
SW(config)#ip routing
```

4.1.3 交换机安全设置（端口数绑定、IP 绑定、MAC 绑定）

1. 交换机端口安全概述

交换机最重要的作用就是转发数据。在黑客攻击和病毒侵扰下，交换机要能够继续保持其高效率的数据转发，这是网络对交换机的最基本的安全需要。

利用交换机端口的安全功能可以防止局域网大部分的内部攻击对用户、网络设备造成的破坏，如 MAC 地址攻击、ARP 攻击、IP/MAC 地址欺骗等。

2. 交换机端口安全地址绑定

交换机作为网络的接入设备，能对接入网络的用户进行区分，利用交换机端口这个特性，可以实现网络用户安全接入。通过在交换机某个端口上限制接入设备 MAC 地址或者 IP 地址，从而控制对该端口的接入访问功能。

交换机配置了安全端口功能后，即配置安全地址。除了源地址为安全地址的数据信息外，这个端口将不转发其他任何数据信息。

如果该端口收到源地址不是安全地址的数据，即发现主机的 MAC 地址与交换机上指定的 MAC 地址不同时，交换机相应的端口将关闭，不转发该数据包，并产生一个安全违例。

当安全违例产生时，用户可以选择多种方式来处理安全违例，如丢弃接收到的数据包，发送安全违例通知或关闭相应端口。

3．限制端口安全地址个数

为了增强网络更严格的安全，还可以将 MAC 地址和 IP 地址绑定起来作为安全地址，限制接入用户的混乱连接。

交换机端口安全还表现在可以限制一个端口上能包含的安全地址的最大个数，以防止利用交换机端口的广播传输功能，私自连接设备扩展网络，造成网络流量负载过大的现象。

当交换机端口上接收到安全地址的数目，已经达到该端口允许的最大个数后，交换机将丢弃接收到的不安全数据包，或者发送安全警告通知，或者关闭相应端口等。

如果将某个端口最大个数设置为 1，就为该端口配置一个安全地址，则连接到这个端口的工作站（其地址为配置的安全地址）个数只能为一个，该端口将独享该端口的全部带宽。

4．1．4　VRRP 技术

VRRP（Virtual Router Redundancy Protocol）即是虚拟路由冗余协议的简称，是一个容错协议。在该协议中，对共享多存取访问介质（如以太网）上终端 IP 设备的默认网关（Default Gateway）进行冗余备份，从而在其中一台设备关机时，备份路由设备及时接管转发工作，向用户提供透明的切换，提高了网络服务质量。

使用 VRRP 创建的虚拟路由器被称为 VRRP 组，它代表一组路由器。

在 VRRP 组中是通过优先级来决定主虚拟路由器。优先级范围：1～255。如果优先级设置为 0，那么主路由器和任何路由器将不再是 VRRP 组中的路由器。（通过将优先级设置为 0 来让主路由器自动辞职。）

VRRP 的配置与验证及主要命令。

1．配置主要命令

（1）定义 VRRP 组

```
Vrrp group – number ip virtual – ip – address
```

（2）配置指定 VRRP 路由器的优先级

```
Vrrp group – number priority priority – value
```

（3）允许主虚拟路由器失效的情况下切换到备用虚拟路由器

```
Vrrp group – number preempt
```

2．验证命令

（1）查看 VRRP 详细配置信息

```
Show vrrp all
```

（2）查看 VRRP 简要配置信息

```
Show vrrp brief
```

（3）查看 VRRP 接口配置信息

Show vrrp interface F ＊／＊

4.1.5 VPN 专题（IPSec 原理和操作、L2TP 原理和操作、PPTP 原理）

1. VPN 定义以及原理

Internet 是全球性 IP 网络，可供人们公开访问。由于互联网全球范围内的迅猛发展，访问网站的安全性是人们关心的问题。为了得到安全保障，VPN 提供了非常节省费用的解决方案。

VPN（Virtual Private Network）指的是虚拟专用网络，其功能是在公用网络上建立专用网络，进行加密通信，为企业提供一个高安全、高性能，简便易用的网络环境。当远程的 VPN 客户端通过 Internet 连接到 VPN 服务器时，它们之间所传送的信息会被加密，即使在 Internet 传送的过程中信息被拦截，也会因为信息已被加密而无法识别，因此可以确保信息的安全性。

在家里或者旅途中工作的用户可以使用 VPN 连接建立到组织服务器的远程访问连接，方法是使用公共网络（如 Internet）提供的基础结构。从用户的角度来讲，VPN 是一种在计算机（VPN 客户端）与团体服务器（VPN 服务器）之间点对点的连接。VPN 与共享或者公用网络的具体基础结构无关，这是因为在逻辑上数据的传输就像是通过专用的私有连接发送的。

组织也能使用 VPN 连接来为地理位置分开的办公室建立路由连接，或者在保持安全通信的同时通过公共网络，如 Internet 连接到其他单位。通过 Internet 被路由的 VPN 连接在逻辑上作为专用的 WAN 连接来操作。

通过远程访问和路由连接，组织可以使用 VPN 连接将长途拨号或租用线路换成本地拨号或者 Internet 服务提供商（ISP）的租用线路，如图 4-1 所示。

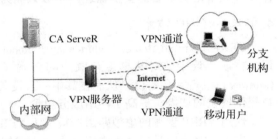

图 4-1　VPN 的构成

（1）远程访问 VPN 服务器　用于接收并响应 VPN 客户端的连接请求，并建立 VPN 连接。它可以是专用的 VPN 服务器设备，也可以是运行 VPN 服务的主机。

（2）VPN 客户端　用于发起 VPN 连接请求，通常为 VPN 连接组件的主机。

隧道协议：VPN 的实现依赖于隧道协议。通过隧道协议，可以将一种协议用另一种协议或相同的协议封装，同时还可以提供加密、认证等安全服务。VPN 服务器和客户端必须支持相同的隧道协议，以便建立 VPN 连接。目前最常用的隧道协议是 PPTP 和 L2TP。IPSec 是第三层隧道协议。

2. PPTP

PPTP（Point to Point Tunneling Protocol）即点对点隧道协议，是一种支持多协议虚拟专用网络的网络技术，它工作在第二层。通过该协议，远程用户能够通过 Microsoft Windows NT 工作站、Windows XP、Windows 2000 和 Windows 2003、Windows7 操作系统以及其他装有点对点协议的系统安全访问公司网络，并能拨号连入本地 ISP，通过 Internet 安全地连接到公司网络。PPTP 只能通过 PAC 和 PNS 来实施，其他系统没有必要知道 PPTP。拨号网络可与 PAC 相连接而无须知道 PPTP。标准的 PPP 客户机软件可继续在隧道 PPP 连接上操作。

PPTP 是在 PPP 的基础上开发的一种新的增强型安全协议，支持多协议虚拟专用网络（VPN），可以通过密码验证协议（PAP）、可扩展认证协议（EAP）等方法增强安全性。PPTP 客户端支持内置于 WindowsXP 的远程访问客户端。只有 IP 网络（如 Internet）才可以建立 PPTP

的 VPN。两个局域网之间若通过 PPTP 来连接，则两端直接连接到 Internet 的 VPN 服务器必须要执行 TCP/IP、IPX 或 NetBEUI 通信协议，因为当它们通过 VPN 服务器与远程计算机通信时，这些不同通信协议的数据包会被封装到 PPP 的数据包内，然后经过 Internet 传送。信息到达目的地后，再由远程的 VPN 服务器将其还原为 TCP/IP、IPX 或 NetBEUI 的数据包。PPTP 利用 MPPE（Micriosoft Point-to-Point Encryption）将信息加密。PPTP 的 VPN 服务器支持内置于 Windows Server 2003 家族成员。PPTP 与 TCP/IP 一同安装，根据运行"路由和远程访问服务器安装向导"时所做的选择，PPTP 可以配置为 5 个或 128 个 PPTP 端口。

3. 创建 Windows7 系统 PPTP 的 VPN 拨号连接

1）选择"开始"→"控制面板"命令，依次单击"网络和 Internet"→"网络和共享中心"如图 4-2、图 4-3 所示。

图 4-2　网络和 Internet

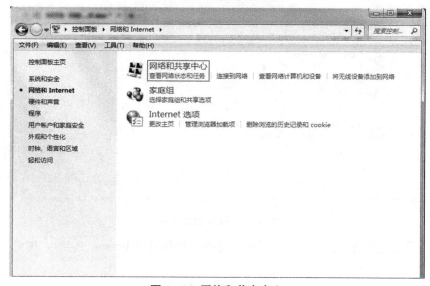

图 4-3　网络和共享中心

2）单击"设置新的连接或网络"进行 VPN 拨号方式的创建，如图 4 - 4 所示。

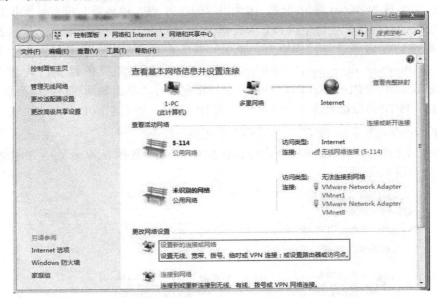

图 4 - 4　连接到网络

3）在弹出的"设置连接或网络"的选项卡中选择"连接到工作区"，如图 4 - 5 所示。

图 4 - 5　连接到工作区

4）单击"下一步"按钮，如图 4 - 6 所示选择"使用我的 Internet 连接（VPN）"，双击后进入下一步。

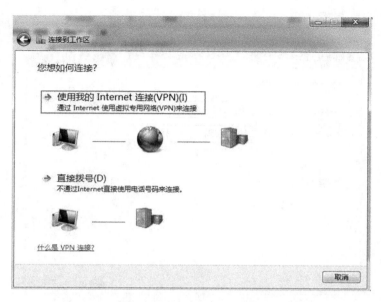

图 4 - 6 选择"使用我的 Internet 连接（VPN）"

5）填写 VPN 服务器的 IP 地址信息后输入 VPN 服务器名称，如图 4 - 7 所示，完成后单击"下一步"按钮。

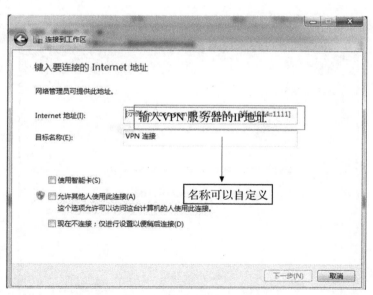

图 4 - 7 输入 VPN 服务器的 IP 地址

6）输入 VPN 服务器管理员分配的用户名和密码后，单击"记住密码"复选框以防止重新输入用户名和密码。完成以上所有操作后单击"创建"按钮，如图 4 - 8 所示。

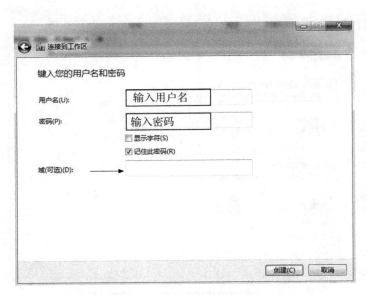

图 4 - 8　输入用户名和密码

7）默认情况下系统会对 VPN 的服务一个一个地进行尝试，直到连接成功为止，如图 4 - 9、图 4 - 10 所示。

图 4 - 9　连接 WAN Miniport

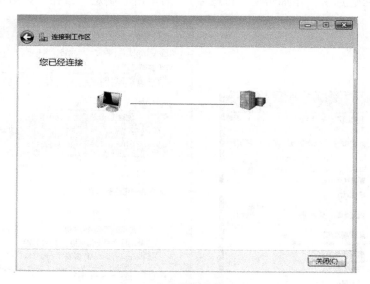

图4-10　连接到工作区

4. 进行 PPTP 连接

1）打开控制面板，单击"设置新的连接或网络"，如图4-11所示。

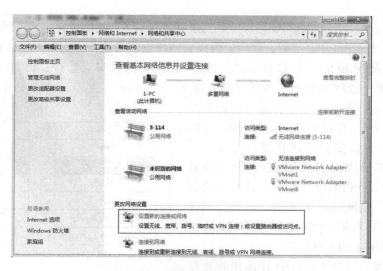

图4-11　设置新的连接或网络

2）鼠标右键单击刚建立好的 VPN 连接图标，先建立一个快捷方式放置到桌面上方便进行 VPN 拨号连接，然后单击"属性"，如图4-12所示。

3）在"安全"选项卡"VPN 类型"的下拉菜单中选择"点对点隧道协议（PPTP）"，"数据加密"选择"可选加密（不加密也进行连接）"后单击"确定"按钮，如图 4-13 所示。

图 4-12　单击"属性"

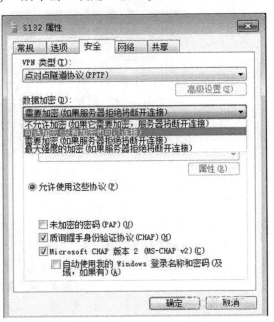

图 4-13　选择"可选加密"

5. L2TP

L2TP（Layer Two Tunneling Protocol，第二层隧道协议）。该协议是一种工业标准的 Internet 隧道协议，功能大致和 PPTP 类似，如同样可以对网络数据流进行加密。不过也有不同之处，如 PPTP 要求网络为 IP 网络，而 L2TP 则要求面向数据报的点对点连接；PPTP 使用单一隧道，L2TP 使用多隧道；L2TP 提供报头压缩、隧道验证，而 PPTP 不支持。L2TP 是由 IETF 起草，微软、Ascend、Cisco、3COM 等公司参与制定的二层隧道协议，它结合了 PPTP 和 L2F 两种二层隧道协议的优点，为众多公司所接受，已经成为 IETF 有关二层隧道协议的工业标准。基于微软的点对点隧道协议（PPTP）和思科二层转发协议（L2F）之上的，被 Internet 服务提供商和公司使用，使这个虚拟私有网络的操作能够通过 Internet。架构如图 4-14 所示。

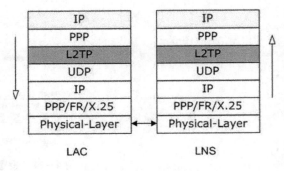

图 4-14　L2TP 架构

图 4-14 说明了 L2TP 在整个 TCP/IP 层次结构中的位置，也指明了 IP 数据报在传输过程中所经过的协议栈结构和封装过程。

下面以一个用户侧的 IP 报文的传递过程来描述 VPN 工作原理，左侧的 IP 为需要传递的用户数据。

在 LAC 侧，链路层将用户数据报文加上 PPP 封装，传递给 L2TP，L2TP 再封装成 UDP 报文，UDP 再次封装成可以在 Internet 上传输的 IP 报文，此时的结果就是 IP 报文中又有 IP 报文，但两个 IP 地址不同。一般用户报文的 IP 地址是私有地址，而 LAC 上的 IP 地址为公有地址，至此完成了 VPN 的私有数据的封装。

在 LNS 侧，收到 L2TP/VPN 的 IP 报文后将 IP、UDP、L2TP 报文头去掉后就恢复了用户的 PPP 报文，将 PPP 报文头去掉就可以得到 IP 报文，至此用户 IP 数据报文得到，从而实现用户 IP 数据的透明隧道传输，而且整个 PPP 报头/报文在传递的过程中也保持未变，这也验证了 L2TP 是一个二层 VPN 隧道协议。L2TP 网络构成如图 4 - 15 所示。

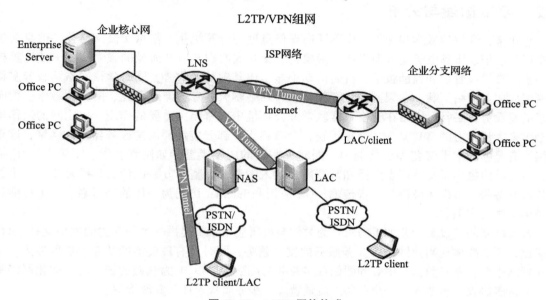

图 4 - 15　L2TP 网络构成

6. IPSec 安全协议

IPSec（IP Security）是一种由 IETF 设计的端到端的确保 IP 层通信安全的协议。IPSec 不是一个单独的协议，而是一组协议，这一点对于认识 IPSec 是很重要的。IPSec 协议的定义文件包括了 12 个 RFC 文件和几十个 Internet 草案，已经成为工业标准的网络安全机制。

有两种主要的 IPSec 框架协议：

（1）AH（Authentication Header，认证报头）　设计 AH 协议的目的是用来增加 IP 数据报的安全性。AH 为两个系统之间传输的 IP 分组提供数据验证和完整性以及抗重放保护服务，但是 AH 不提供任何保密服务。IPSec 认证报头（AH）是一个用于提供 IP 数据报完整性、身份认证和可选的抗重传攻击的机制，但不提供数据机密性保护。认证报头的认证算法有两种：一种是基于对称加密算法（如 DES），另一种是基于单向哈希算法（如 MD5 或 SHA-1），其工作方式有传输模式和隧道模式。隧道模式对整个 IP 数据报提供认证保护。

（2）ESP（encapsulate security payload，封装安全负载）　封装安全负载用于提高 Internet IP 的安全性。通过加密 IP 分组提供机密性和身份验证。IP 分组加密隐藏了数据及源主机和目标主机的身份。ESP 可认证内部 IP 分组和 ESP 报头，从而提供数据来源验证和数据完整性以及抗重放等安全服务。虽然加密和身份认证在 ESP 中都是有可选功能的，但必须至少选择其中一个。

IPSec 依赖现有算法来实现加密、身份认证和密钥交换。下面是 IPSec 使用的一些标准算法。

1）DES：加密和解密分组数据。

2）3DES：提供的加密强度比 56 位 DES 高。

3）AES：提供更强大的加密（取决于使用的密钥长度）和更快的加密速度。

4）MG5：使用 128 位共享密钥验证分组数据的真实性。

5）SHA-1：使用 160 位共享密钥验证分组数据的真实性。

6）Diffie-Hellman（DH）：让双方能够通过不安全的通信信道协商加密算法和算列算法（如 DES 和 MD5）使用的共享密钥。

4.2　项目描述与分析

近年来，学校的教学和管理工作不断向着信息处理计算机化、信息交流网络化、信息管理数据库化、信息服务电子化方向发展。形象化、交互式的教学以及海量的教学资源，使计算机网络技术在学校管理和辅助教学、科研活动中显示出其独特的优势，同时学校网络承载着多样的网络应用：网络下载、视频监控、视频会议、网络聊天、专项课题研究、网络化教学。校园网络的建设势在必行。网络在学校日常教学办公环境中起着至关重要的作用，校园网的运作模式会带来大量动态的 WWW 应用数据传输，会有相当一部分应用要求主服务器接入网络，这要求网络有足够的主干带宽和扩展能力，同时一些新的应用类型，如网络教学、视频直播/广播等，也对网络提出了支持多点广播和带宽高速接入的要求，整个方案设计的目标是建设一个数据传输和备份、多媒体应用、语音传输、OA 应用和 Internet 访问为一体的高可靠性、高性能的宽带多媒体校园网。

校园网络的建设要适合如下需求：为教学与科研应用系统提供一个强有力的网络支撑平台；网络设计不仅要体现当前网络多业务服务的发展趋势，同时具有最灵活的适应、扩展能力；一体化网络平台；整合数据、语音和图像等多业务的端到端、以 IP 为基础的统一的一体化网络平台，支持多协议、多业务、安全策略、流量管理、服务质量管理、资源管理。

4.2.1　设计原则

校园网络系统的建设既要立足于现在又要着眼于未来。所采用的网络技术不仅要成熟、稳定、可靠，还要具有相当的先进性和独到的功能性。根据建设目标，模拟学校的计算机网络系统，总体设计原则：以学校计算机网络需求及信息流量、流向为依据，并紧密结合校园网的特点，兼顾学校教学管理和行政管理两大体系。主要达到的要求就是通信保密和数据安全。

1．开放性原则

校园网的建设应遵循国家标准，采用大多数厂家支持的协议及标准接口，为操作系统的互联提供便利。

2．先进性原则

以先进成熟的网络通信技术进行组网，支持数据、语音和视频图像等多媒体应用。

3．可管理性与维护性原则

网络建设的重点在于网络管理，网络的建设必须保证网络运行的可管理性。在网络出故障时能迅速简便地进行故障诊断。校园网络系统的节点数目大，分布范围广，通信介质多种多样，采用的网络技术也较先进，应有效地管理好网络关系，充分有效地利用网络系统资源。项目设计采用图形化的管理界面和简洁的操作方式、合理的网络规划策略，可以提供强大的网络管理功能，使网络日常的维护和操作变得直观、简便和高效。

4．安全性与保密性原则

信息系统安全问题是信息中心的任务，确保经过该网络安全地获取信息，并保证该信息的完整和可靠。在网络设计时，将从内部访问控制和外部防火墙两方面保证校园网网络系统的安全。

5．稳定性和可靠性原则

可靠性对于一个网络拓扑结构是至关重要的，在局域网中经常发生节点故障或传输介质故障，一个可靠性高的网络拓扑结构除了可以使这些故障对整个网络的影响尽可能小以外，同时还应具有良好的故障诊断和故障隔离功能。

4.2.2 现有的设备

1. 2960 系列交换机

2960 系列交换机可为入门级企业、中型公司和分支机构网络提供增强的 LAN 服务。Catalyst 2960 系列交换机适合供电不便、空间有限的接入层方案。CCNA Exploration 3 LAN 交换和无线交换均基于 Catalyst 2960 交换机的功能，如图 4-16 所示。

2. Cisco Catalyst 3560 系列交换机

Cisco Catalyst 3560 系列交换机是一组支持 PoE、QoS 和 ACL 之类高级安全功能的企业级交换机。这些交换机非常适合小企业 LAN 接入或分支机构融合网络环境中的交换机，如图 4-17 所示。

图 4-16　Catalyst 2960 交换机　　　　图 4-17　Cisco Catalyst 3560 交换机

Cisco Catalyst 3560 系列交换机支持的转发速率为 32Gbit/s~128Gbit/s。

3. Cisco 2800 路由器

Cisco 2800 路由器，如图 4-18 所示，何系列集成多业务路由提供更高的性能、更高的安全性和语音性能、全新内嵌服务选项，以及更高的插槽性能。能够在多个 T1/E1/xDSL 连接上以线速提供多项高质量同步服务，拥有广泛的局域网和广域网选择。网络接口能够现场升级便于采用未来的技术；拥有若干类型的插槽，可根据"随发展随集成"的模式，在未来添加连接和服务。

4. Cisco ASA 5505 防火墙

Cisco ASA 5505 自适应安全设备是下一代功能全面的网络安全设备，专门用于小型企业、分支机构和大型企业远程办公人员环境。Cisco ASA 5505 在模块化"即插即用"的设备中，提供了高性能防火墙、SSL 和 IPSec VPN 以及丰富的网络服务。利用集成的思科 ASDM，Cisco ASA 5505 能够进行快速部署和轻松管理，从而使企业能够最大限度地降低运营成本。

Cisco ASA 5505 具有一个灵活的 8 端口 10MB/100MB 快速以太网交换机，该交换机的端口能够动态组合，创建出多达三个独立的 VLAN 来支持家庭、企业和互联网数据传输，从而改进网络分段和安全性。Cisco ASA 5505 提供有两个以太网供电（PoE）端口，支持通过零接触安全 IP 语音（VoIP）功能简化思科 IP 电话的部署，同时还支持部署外部无线接入点来进一步扩展网络移动性。Cisco ASA 5505 采用类似于其他 Cisco ASA 5500 系列产品的模块化设计，具有外部扩展插槽和多个 USB 端口，支持在未来增添服务，从而提供了卓越的可扩展性和投资保护功能，如图4-19所示。

图4-18　Cisco 2800 路由器

图4-19　Cisco ASA 5505 防火墙

5. 无线 AP AIR-CAP3502I-C-K9

思科无线 AP AIR-CAP3502I-C-K9 采用 Cisco CleanAir 技术，支持 IEEE 802.11n 标准，可用于创建自行恢复、自行优化的无线网络。CleanAir technology 技术是思科统一无线网络的一个系统范围功能，可检测其他系统无法识别的 RF 干扰、识别干扰源、在地图上确定干扰源位置、进行自动调整来优化无线覆盖，从而提高空气介质质量，如图4-20所示。

思科无线 AP AIR-CAP3502I-C-K9 具有卓越的射频性能，支持双频段无线使产品能以智能方式避免干扰，提升用户的无线网络表现。它具有部署灵活、扩展性架构，可实现对移动服务和应用程序的安全访问，通过与现有有线网络无缝集成来实现最低总拥有成本，并提供投资保护。

图4-20　无线 AP AIR-CAP3502I-C-K9

4.2.3　楼层平面结构图

项目设计所用楼层平面结构图，如图4-21所示。

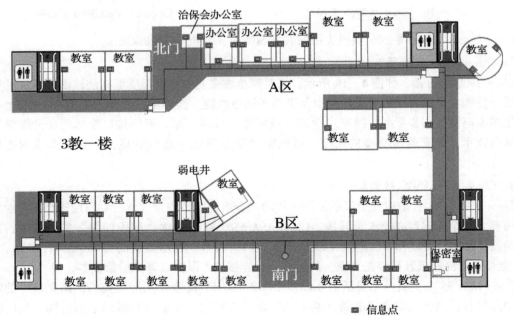

图4-21　楼层平面结构图（续）

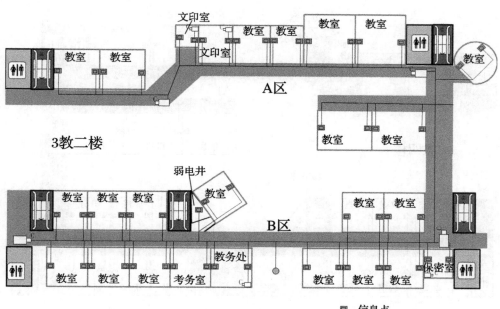

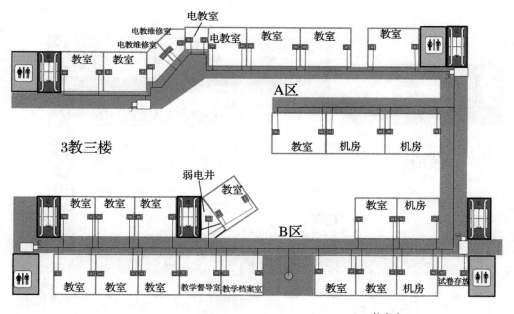

图 4－21　楼层平面结构图（续）

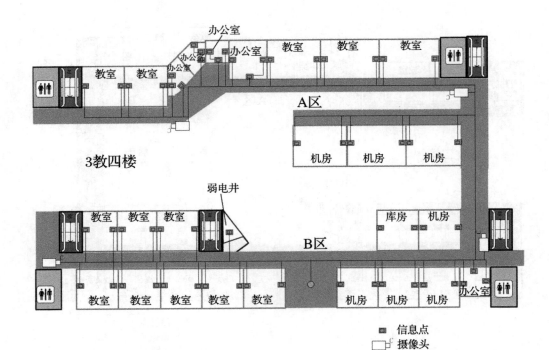

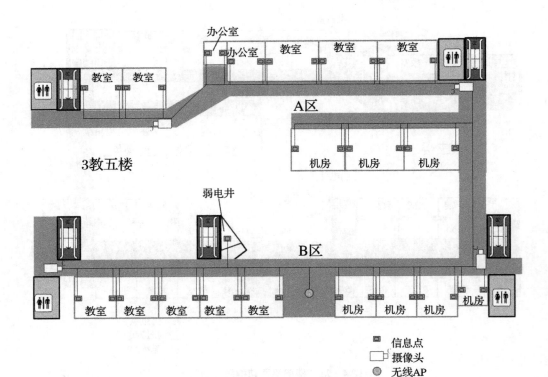

图 4 - 21   楼层平面结构图（续）

4.2.4 技术方案

3号教学楼建设的总目标：以高性能综合布线系统作支撑，建成一个包含多用途的办公自动化系统，适用于现代化、智能化楼宇。实现资源共享与外界信息交流。

设计范围包括整个大楼的办公区间和管理区间及其他公用区间，采用先进、成熟、可靠、实用的结构化布线系统，将建筑物内的程控交换机系统、计算机网络系统统一布线、统一管理，使整个大楼成为能满足未来高速信息传输的、灵活的、易扩展的智能建筑系统。3号教学楼信息点分布见表4-1。

表4-1 3号教学楼信息点分布

分类	房间数目	单间信息点数/个	信息点总数/个	备注
教室	86	2	10	
办公室	10	3	9	
治保会办公室	1	2	2	
教务库房	1	2	2	
弱电井	5	1	4	
文印室	2	2	2	
教务处	2	2	2	
保密室	1	2	2	
机房	18	2	6	
试卷存放室	1	2	2	
教学档案室	1	2	2	
教学督导室	1	2	2	
库房	1	2	2	

4.2.5 网络拓扑图

3号教学楼网络拓扑图如图4-22所示。3号教学楼U形墙如图4-23所示。

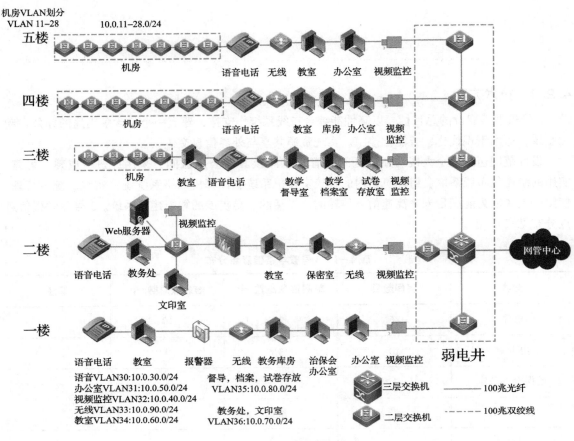

图 4 - 22　网络拓扑图

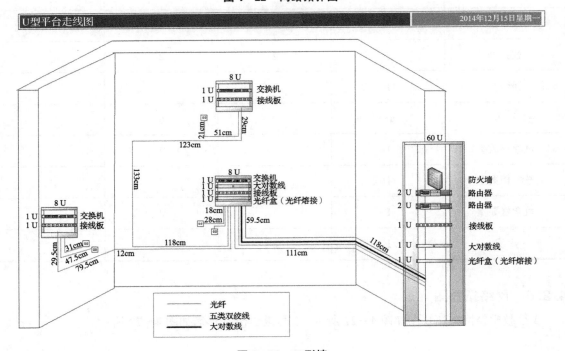

图 4 - 23　U 形墙

4.3 技术分析

4.3.1 交换部分设计

1. VLAN 基础配置

```
interface FastEthernet0/1
switchport access Vlan 30
switchport trunk encapsulation dotlq
switchport mode access !

interface FastEthernet0/2
switchport trunk encapsulation dotlq
switchport mode trunk !

interface FastEthernet0/3
switchport access Vlan 10
switchport trunk encapsulation dotlq
switchport mode trunk
ip dhcp snooping trust !

interface FastEthernet0/4
switchport access Vlan 20
switchport trunk encapsulation dotlq
switchport mode trunk
ip dhcp snooping trust !

Switch1 (config)#int fa0/1
Switch1 (config - if)#switchport access    vlan 30
Switch1 (config - if)#switchport trunk encapsulation dot1q
Switch1 (config - if)#switchport mode access
Switch1h(config)#int fa0/2
Switch1 (config - if)#switchport trunk encapsulation dot1q
Switch1 (config - if)#switchport mode trunk
Switch1 (config)#int fa0/3
Switch1 (config - if)#switchport mode trunk
Switch1 (config - if)#switchport trunk encapsulation dot1q
Switch1 (config - if)#ip dhcp snooping trust
Switch1 (config - if)#switchport access vlan 10
Switch1 (config - if)#exit
Switch1 (config)#int fa0/4
Switch1 (config - if)#switchport mode trunk
Switch1 (config - if)#switchport trunk encapsulation dot1q
Switch1 (config - if)#ip dhcp snooping trunk
Switch1 (config - if)#switchport access vlan 20

interface Vlan10
ip address 192.168.10.1 255.255.255.0 !
interface Vlan20
ip address 192.168.20.1 255.255.255.0 !
interface Vlan24
ip address 172.16.1.1 255.255.255.0 !
ip classless!
ip http server!
ip http secure - server!
line con 0
logging synchronous
line vty 0 4
login
line vty 5 15
login
```

2. 为交换机添加管理 VLAN

(1) 为交换机添加管理 VLAN

```
Switch1(config)#interface vlan 10
Switch1(config-if)#ip address 192.168.10.1 255.255.255.0
Switch1(config)#interface vlan 20
Switch1(config-if)#ip address 192.168.20.1 255.255.255.0
Switch1(config)#interface vlan 24
Switch1(config-if)#ip address 172.16.1.1 255.255.255.0
Switch1(config-if)#no shutdown
Switch1(config-if)#exit
```

(2) 为交换机添加 VLAN：VLAN10 和 VLAN20

```
Switch1#vlan database
Switch1(vlan)#vlan 10
Switch1(vlan)#vlan 20
```

(3) 在两交换机间配置 VLAN 中继链路

```
Switch1(config)#int fa0/2
Switch1(config-if)#switchport mode trunk
Switch1(config-if)#switchport trunk allowed vlan add 10
Switch1(config-if)#switchport trunk allowed vlan add 20
Switch1(config)#exit

interface FastEtherne
switchport mode access
switchport port-security mac-address 7427.ea10.77f3 vlan access------mac 地址绑定的端口必须使用 access 模式
```

4.3.2 三层交换机路由接口配置

```
ip access-list extended jiankong
deny    ip 10.3.11.0 0.0.0.255 10.3.88.0 0.0.0.255
deny    ip 10.3.99.0 0.0.0.255 10.3.88.0 0.0.0.255
deny    ip 10.3.21.0 0.0.0.255 10.3.88.0 0.0.0.255
deny    ip 10.3.31.0 0.0.0.255 10.3.88.0 0.0.0.255
permit ip any any
access-list 100 deny    tcp 10.3.11.0 0.0.0.255 host 10.3.11.254 eq telnet
access-list 100 deny    tcp 10.3.99.0 0.0.0.255 host 10.3.11.254 eq telnet
access-list 100 deny    tcp 10.3.21.0 0.0.0.255 host 10.3.11.254 eq telnet
access-list 100 deny    tcp 10.3.31.0 0.0.0.255 host 10.3.11.254 eq telnet
interface Vlan10
ip address 10.3.88.254 255.255.255.0
ip access-group jiankong out
interface Vlan**（这里**代表所有 VLAN 的 IP 地址,因为每个 IP 地址都可以被用来登录）
ip address 10.3.11.254 255.255.255.0
ip access-group 100 in
```

4.3.3 路由器接口

1. 进入特权模式 Enable

```
router>enable
router#
```

2. 进入全局配置模式 Configuret

```
router > enable
router#configure t
router (config)#
```

3. 重命名 Hostname RouterA 以 RouterA 为例

```
router > enable
router #configure terminal
router(config)#hostname routerA
routerA (config)#
```

4. 配置使能口令 Enable Password Cisco 以 Cisco 为例

```
router > enable
router #configure terminal
router(config)#hostname routerA
routerA (config)# enable password cisco
interface lookback0
ip address 1.1.1.1 255.255.255.0
interface fatherent0/0
ip address 10.10.12.2 255.255.255.0
ip access – group 101 in
duplex auto
speed auto
vrrp 1 ip 10.10.12.254
vrrp 1 priority 120
vrrp 2 ip 10.10.12.253
interface fasterent0/1
ip address 10.10.11.2 255.255.255.0
duplex auto
speed auto
interface serial0/3/0
ip address 202.100.1.1 255.255.255.0
no fair – queue
crypto map cry – map
```

5. 配置使能密码 Enable Secret Ciscolab 以 Cicsolab 为例

```
router > enable
router #configure terminal
router(config)#hostname routerA
routerA (config)# enable secret ciscolab
```

6. 进入路由器某一端口 interface fastethernet 0/1

```
router > enable
router #configure terminal
router(config)#hostname routerA
routerA (config)# interface fastethernet 0/1
routerA (config – if)#
```

7. 进入路由器的某一子端口 interface fastethernet 0/1.1
以 1 端口的 1 子端口为例

```
router > enable
router # configure terminal
router(config)#hostname routerA
routerA(config)#interface fastethernet
0/1.1
routerA(config-subif)#
```

8. 设置端口 IP 地址信息

```
router > enable
router #configure terminal
router(config)#hostname routerA
routerA(config)# interface fastethernet 0/1        以 1 端口为例
routerA(config–if)#ip address 192.168.1.1 255.255.255.0    配置交换机端口 IP 和子网掩码
routerA(config–if)#no shut                          启动此接口
routerA(config–if)#exit
```

9. 查看命令 Show

```
router > enable
router # show version 察看系统中的所有版本信息
show controllers serial + 编号查看串口类型
show ip route 查看路由器的路由表
```

10. CDP 相关命令

```
router > enable
router # show cdp                          查看设备的 CDP 全局配置信息
show cdp traffic                          查看有关 CDP 包的统计信息
show cdp neighbors                        列出与设备相连的 Cisco 设备
router > enable
router#copy startup – config running – config
router#configure terminal
router(config)#enable password cisco
router(config)#config – register 0 ×2102
保存当前配置到 startup – config，重新启动路由器
router #copy running – config startup – config
router #reload
```

11. Csico2600 的密码恢复
重新启动路由器，在启动过程中按"Ctrl + Break"键，使路由器进入 Rom Monitor 模式。

```
rommon1 > confreg 0 ×2142
rommon2 > reset
```

在提示符下输入命令修改配置寄存器的值，然后重新启动路由器。重新启动路由器后进入
Setup 模式，选择"No"，退回到 Exec 模式，此时路由器原有的配置仍然保存在 startup-config
中。为使路由器恢复密码后配置不变，则需要把 startup-config 配置保存到 running-config 中，然
后重新设置 Enable 密码，并把配置寄存器的值改回 0 ×2102。

12. 路由器 Telnet 远程登录设置

```
router > en
router #configure terminal
router（config）#hostname routerA
routerA（config）#enable password cisco                以 cisco 为特权模式密码
routerA（config）#interface fastethernet 0/1
routerA（config－if）#ip address 192.168.1.1 255.255.255.0
routerA（config－if）#no shut
routerA（config－if）#exit
routerA（config）line vty 0 4                          设置0~4个用户可以 Telnet 远程登录
routerA（config－line）#password 123
routerA（config－line）#login
```

13. 配置路由器的标识 Banner

```
router #configure terminal
router（config）#hostname routerA
routerA(config)#banner motd $ This is aptech company' router！Please don't change the configuration without permission！ $
```

在全局配置的模式下利用"banner"命令可以配置路由器的提示信息，所有连接到路由器的终端都会收到。

14. 配置接口标识 Description

接口标识用于区分路由器的各个接口。用 show run 命令可以查看到这些标识。

```
router > router > en
router #configure terminal
router（config）#hostname routerA
routerA（config）#interface fastethernet 0/1            以 0/1 接口为例
routerA（config－if）# description this is a fast Ethernet port used to connecting the company's intranet！
```

15. 超时配置

```
router > en
router #configure terminal
router（config）#hostname routerA
routerA（config）#line console 0
routerA（config－line）#exec－timeout 0 0              第一个"0"代表分钟,第二个"0"代表秒
```

超时配置用于设置在多长时间没有对 Console 进行配置，自动返回 Exec 会话时间。默认为10分钟。

16. 配置串口参数

```
router > en
router #configure terminal
router（config）#hostname routerA
routerA（config）#interface serial 0/0
routerA（config－if）#clock rate 64000                提供时钟频率为64000Hz
routerA（config－if）#bandwidth 64                    提供带宽为64MB
routerA（config－if）#no shut
routerB（config－if）#no shut
```

17. 静态路由的配置

配置路由器 R1 的名称和接口参数。

```
router > enable
router#configure terminal
router(config)#hostname routerA
routerA(config)#interface fastethernet 0/0
routerA(config – if)#ip address 192.168.2.1 255.255.255.0
routerA(config – if)#no shutdown
routerA(config – if)#exit
```

18. DTE 的配置

两台路由器通过串口连接需要一个作为 DTE，一个作为 DCE。DCE 设备要向 DTE 设备提供时钟频率和带宽。

```
routerA(config)# interface fastethernet 0/1
routerA(config – if)#ip address 192.168.3.1 255.255.255.0
routerA(config – if)#no shutdown
主机 A 的 IP 地址为 192.168.3.2255.255.255.0192.168.3.1
```

配置路由器 R2 的名称和接口参数

```
router > enable
router#configure terminal
router(config)#hostname routerB
routerB(config)#interface fastethernet 0/0
routerB(config – if)#ip address 192.168.2.2 255.255.255.0
routerB(config – if)#no shutdown
routerB (config – if)#exit
routerB(config)# interface fastethernet 0/1
routerB(config – if)#ip address 192.168.1.1 255.255.255.0
主机 B 的 IP 地址为 192.168.1.2    255.255.255.0    192.168.1.1
```

配置路由器 R1 的静态路由表

```
routerA(config)#ip router 192.168.1.0 255.255.255.0 192.168.2.2
```

配置路由器 R2 的静态路由表

```
routerA(config)#ip router 192.168.3.0 255.255.255.0 192.168.2.1
```

在 R1 和 R2 上配置默认路由

```
routerA(config)#ip route 0.0.0.0 0.0.0.0 192.168.2.2
routerA(config)#ip classless
routerB(config)#ip route 0.0.0.0 0.0.0.0 192.168.2.1
routerB(config)#ip classless(支持可变长子网掩码、无类域间路由)
```

在 RouterA 和 RouterB 上配置动态路由（RIP）

```
routerA(config)#router rip
routerA(config)#network 192.168.2.0
routerA(config)#network 192.168.3.0
routerB(config)# router rip
routerB(config)#network 192.168.2.0
routerB(config)#network 192.168.1.0
```

19. 配置单臂路由

```
router(config)# interface f0/0.1
router(config - subif)# ip address 192.168.1.1 255.255.255.0
router(config - subif)# encapsulation dot1q 1
router(config - subif)# exit
router(config)# interace f0/0.2
router(config - subif)# ip address 192.168.2.1 255.255.255.0
router(config - subif)# encapsulation dot1q 2
router(config - subif)# exit
router(config)# interface f0/0.3
router(config - subif)# ip address 192.168.3.1 255.255.255.0
router(config - subif)# encapsulation dot1q 3
router(config - subif)# exit
router(config)# interface f0/0
router(config - if)# no shut
```

20. OSPF 通告

```
router (config)#router ospf 1
router (config - router)#network 192.168.22.0 0.0.0.255 a 0
router (config - router)#network 192.168.23.0 0.0.0.255 a 0
router (config - router)#network 192.168.24.0 0.0.0.255 a 0
router (config - router)#network 192.168.25.0 0.0.0.255 a 0
router (config - router)#network 192.168.26.0 0.0.0.255 a 0
router (config - router)#network 192.168.27.0 0.0.0.255 a 0
router (config - router)#network 192.168.28.0 0.0.0.255 a 0
```

4.3.4 路由配置

```
ip route 0.0.0.0 0.0.0.0 FastEthernet0/0
ip route 0.0.0.0 0.0.0.0 10.10.12.252
ip route 0.0.0.0 0.0.0.0 Serial0/3/0
ip route 0.0.0.0 0.0.0.0 202.100.1.2
```

4.3.5 双出口网络（Vrrp）

```
interface fastherent0/0
ip address 10.10.12.2 255.255.255.0
ip access - group 101 in
duplex auto
speed auto
vrrp 1 ip 10.10.12.254
vrrp 1 priority 120
vrry 2 ip 10.10.12.253
vrrp 1 priority 120
vrrp 1 ip 10.10.12.254
vrrp 2 ip 10.10.12.253
验证 show vrrp brief
```

4.3.6 VPN 配置

```
aaa new - model                                          开启 AAA 认证
aaa authentication login xauth - authen group radius local    登录认证启用 Radius
```

```
aaa authorization network mcfg – author local                                授权认证
crypto map cry – map client authentication list xauth – authen               客户端认证使用 Radius
crypto map cry – map isakmp authorization list mcfg – author                 授权使用本地认证
radius – server host 10.3.77.1 key qweQWE123                                 服务器地址与共享密匙
cisco(config)#aaa authentication dot1x default group radius
cisco(config)#aaa authorization network default group radius
cisco(config)#dot1x system – auth – control
cisco(config)#radius – server host 192.168.24.1 auth – port 1812 acct – port 1813 key OSV 配置 802.1X 的认证服务器
IP,密钥为 OSV,记住此密钥,配置 Radius 时用到。
cisco(config)#interface fastEthernet 0/23                                    配置需要进行认证的端口
cisco(config – if)#switchport mode access
cisco(config – if)# authentication port – control auto
cisco(config – if)#dot1x port – control auto
cisco(config – if)#dot1x reauthentication
cisco(config – if)#dot1x timeout reauth – period 300
cisco(config – if)#authentication host – mode multi – auth/multi – host/signal – host/mulit – domain 交换机端口下连接多
台 PC 时(通过 Hub 或交换机)需要配置这个命令,默认只支持对一台 PC 认证。
```

4.3.7 Radius 配置

```
cisco(config – if)#authentication violation shutdown/pretect/replace/restrict 802.1X shutdown 规则
cisco(config – if)#dot1x pae both
cisco(config – if)#spanning – tree portfast 打开端口的快速转发 cisco(config – if)#exit
cisco(config)#exit
```

4.3.8 802.1X 认证

```
(config)#aaa new – model                                     启动 AAA
(config)#radius – server host 192.168.26.6 key 802.1         配置 Radius 服务器地址及密钥
(config)#aaa authentication dot1x default group radius        配置 802.1x 默认认证方法为 Radius
(config)#dot1x system – auth – control                        在交换机上全局启用 802.1x 认证
(config)#int fa0/x
(config – if)#switchport mode access
(config – if)#dot1x port – control auto                       设置接口的 802.1x 状态
```

4.3.9 3A 认证

```
(config)#username LYL password 123
(config)#aaa new – model
(config)#aaa authentication login default local
(config)#aaa authentication login UPAUTHEN group radius local    登录认证启用 Radius
(config)#aaa authorization network SQAUTHEN local                授权认证
```

4.3.10 防火墙的配置

1. 初始配置

```
(config)#hostname jwc                   配置防火墙名
(config)#password cisco                 远程密码
(config)#enable password cisco          特权模式密码
```

2. 端口配置

(config)#interface vlan 2	进入 VLAN2
(config – if)#nameif outside	定义为 Outside 口
(config – if)#security – level 0	定义安全级别为0
(config – if)#ip add 192.168.26.2 255.255.255.0	VLAN2 配置 IP
(config)#interface e0/0	进入 e0/0 口
(config – if)#switchport access vlan 2	将端口分配进 VLAN2
(config – if)#no shutdown	开启端口
(config)#show ip address vlan2	验证配置
(config)#interface vlan 3	进入 VLAN3
(config – if)#nameif inside	定义为 Inside 口
(config – if)#security – level 100	定义安全级别为100
(config – if)#ip add 10.0.0.1 255.255.255.0	VLAN3 配置 IP
(config)#interface e0/1	进入 e0/1 口

3. 端口分配进 VLAN3

(config – if)#no shutdown	开启端口

4. 管理配置

(config)#telnet 0.0.0.0 0.0.0.0 inside	允许内网所有地址通过 Telnet 登录防火墙
(config)#ssh 0.0.0.0 0.0.0.0 outside	允许外网所有地址通过 SSH 登录防火墙
(config)#ssh version 1	使用 SSH 版本 1
(config)#http server	启用 HTTP 服务
(config)#enable	启动 HTTP Server,便于 ASDM 连接
(config)#http 0.0.0.0 0.0.0.0 outside	对外启用 ASDM 连接
(config)#http 0.0.0.0 0.0.0.0 inside	对内启用 ASDM 连接
(config)#mtu inside 1500	Inside 最大传输单元 1500B
(config)#mtu outside 1500	Outside 最大传输单元 1500B
(config)#arp timeout 14400	ARP 表的超时时间 14400s
(config)#ftp mode passive	FTP 被动模式
(config)#domain – name cisco.com	配置域名
(config)#logging enable	启动日志

5. ACL 配置

(config)#global(outside) 1 inteface	将 Outside 接口设置为 NAT 的外网接口
(config)#nat (inside) 1 10.0.0.0 255.255.255.0	允许内网网段通过 NAT 访问外网

(config)#static (inside,outside)192.168.26.5 10.0.0.5 netmask 255.255.255.255
外网映射到内网

(config)#global (outside) 2 192.168.26.10 – 192.168.26.20	定义外网全局地址池
(config)#nat (outside) 2 10.0.0.10 – 10.0.0.20	内部转换地址池

(config)#access – list acl – out extended permit tcp any 10.0.0.0 255.255.255.0 eq www
允许 TCP80 端口入站
(config)#access – list acl – out extended permit tcp any 10.0.0.0 255.255.255.0 eq https
允许 TCP443 端口入站
(config)#access – list acl – out extended deny   tcp any 10.0.0.0 255.255.255.0 eq telnet
禁止 Telnet 内网
(config)#access – list acl – out extended permit icmp any any
控制列表名 acl – out 允许 ICMP

（config）#access – group acl – out in interface outside
控制列表 acl – out 应用到 Outside 接口
（config）#route outside 0.0.0.0 0.0.0.0 192.168.26.2
默认路由到所有网段经过 192.168.26.2 网关

4.4　项目总结

在本章中，我们学到了路由器和交换机的技术。路由器的主要目的在于连接多个网络，并将数据包从一个网络转发到下一个网络，这表示路由器通常有多个接口，每个接口都是不同的成员或主机。

交换机主要讲的是三层交换机模拟路由接口、交换机安全设置、VRRP 技术和 VPN 的基础知识，交换机最重要的作用就是转发数据，在黑客攻击和病毒侵扰下，交换机要能够继续保持其高效率的数据转发，这是网络对交换机最基本的安全要求。

交换机的安全主要表现在交换机的端口安全控制上，在交换机的端口上检查所有接入网络用户的合法性。当然还可以配置其他的安全控制功能，如 ACL、防火墙、入侵检测甚至防毒的功能，以全面保护网络的安全。

在项目描述与分析中，本章按照的是 3 号教学楼的网络规划配置，把项目背景、需求分析、项目设计和技术分析，以及每小节的项目按照图片配文字的方式进行讲解，一目了然，清楚易懂。

第 5 章

无线组网方案

📖 **学习目标**

1) 无线局域网基础知识。

2) 无线网络设备。

3) 无线网络设计方案编写。

4) 无线网络设备调试。

5) 无线网络安全设计。

5.1 基础知识

5.1.1 无线局域网

在无线局域网 WLAN 发明之前，人们要想通过网络进行联络和通信，必须先用物理线缆——铜绞线组建一个电子运行的通路，为了提高效率和速度，后来又发明了光纤。当网络发展到一定规模后，人们又发现，这种有线网络无论组建、拆装还是在原有基础上进行重新布局和改建，都非常困难，且成本和代价也非常高，于是 WLAN 的组网方式应运而生。

无线局域网络英文全名：Wireless Local Area Networks，简写为 WLAN。它是相当便利的数据传输系统，它利用射频（Radio Frequency，RF）技术，使用电磁波，取代旧式碍手碍脚的双绞铜线（Coaxial）所构成的局域网，在空中进行通信连接，使得无线局域网能利用简单的存取架构让用户透过它，达到"信息随身化、便利走天下"的理想境界。

5.1.2 无线局域网的优点和不足

相对于有线通信，无线局域网有以下优点：

（1）节约建设投资　采用有线组网（接入）必须按长远规划超前埋设电缆，需投入相当一部分目前并无任何效益的资金，增加了成本。同时，电缆预埋的做法无疑会冒着投入使用时电缆已经落后的风险。

（2）维护费用低　线路的维护费用高而困难，是有线组网（接入）的主要维护开支，而这些在无线组网（接入）是完全可以省的。无线组网（接入）的主要开支在于设备及天线和铁塔的维护，相比较而言费用要低很多。

（3）安全性好　有线电缆和明线容易发生故障，查找困难，且易受雷击、火灾等灾害影响，安全性差。无线系统抗灾能力强，容易设置备用系统，可以在很大程度上提高网络的安全性。

然而，无线局域网有着一个很大的不足，数据传输速率和吞吐量很低。现在的有线网络，数据传输率已经达到100Mbit/s，甚至1000Mbit/s的以太网已经开始出现。现在的无线局域网，传输速率一般只有每秒几十兆比特的数量级，显然，无线局域网要想得到发展，传输速率必须提高。无线局域网的巨大优点，决定了其广阔的发展前景。

5.1.3　无线网络协议

1．无线网络协议：802.11b协议

（1）说明　802.11b协议是由IEEE（电气电子工程师学会）于1999年9月批准的，该协议用于在2.4GHz频率下工作的无线网络，最大传输速率可以达到11Mbit/s，可以实现在1Mbit/s、2Mbit/s、5.5Mbit/s以及11Mbit/s之间的自动切换；采用DSSS（直接序列展频技术），理论上在室内的最大传输距离可以达到100m，室外可以达到300m。目前，也称802.11b为WiFi。

（2）应用　目前，802.11b协议凭借其价格低廉、高开放性的特点被广泛应用于无线局域网领域，是目前使用最多的无线局域网协议之一。在无线局域网中，802.11b协议主要支持Ad Hoc（点对点）和Infrastructure（基本结构）两种工作模式，前者可以在无线网卡之间实现无线连接，后者可以借助于无线AP，让所有的无线网卡与之无线连接。

2．无线网络协议：802.11a协议

（1）说明　802.11a协议同样是在1999年制定完成的，其主要工作在5GHz的频率下，数据传输速率可以达到54Mbit/s，传输距离在10～100m之间；采用了OFDM（正交频分多路复用）调制技术，可以支持语音、数据、图像的传输，不过与802.11b协议不兼容。

（2）应用　802.11a协议传输速度快，是因为使用5GHz工作频率，所以具有受干扰比较少的特点，也被应用于无线局域网。但因为价格比较昂贵，且向下不兼容，所以目前市场上并不普及。

3．无线网络协议：802.11g协议

（1）说明　802.11g协议于2003年6月正式推出，是在802.11b协议的基础上改进的协议，支持2.4GHz工作频率以及DSSS技术，并结合了802.11a协议高速的特点以及OFDM技术。这样802.11g协议既可以实现11Mbit/s传输速率，保持对802.11b的兼容，又可以实现54Mbit/s高传输速率。

（2）应用　随着人们对无线局域网数据传输的要求，802.11g协议也已经慢慢普及到无线局域网中，和802.11b协议的产品一起占据了无线局域网大部分市场。而且，部分加强型的802.11g产品已经步入无线百兆时代。

4．无线网络协议：WEP

（1）说明：WEP的全称为Wired Equivalent Protocol（有线等效协议），是为了保证802.11b协议数据传输的安全性而推出的安全协议，该协议可以通过对传输的数据进行加密，来保证无线局域网中数据传输的安全。目前，在市场上一般的无线网络产品支持64位/128位甚至256位WEP加密传输，未来还会慢慢普及WEP的改进版本——WEP2。

（2）应用：在无线局域网中，如果使用了无线AP首先要启用WEP功能，并记下密钥，然后在每个无线客户端启用WEP，并输入该密钥，这样就可以保证安全连接。在无线客户端启用的方法：如在Windows XP中，首先，鼠标右键单击任务栏无线网络连接图标，选择"查看可用的无线连接"，在打开的窗口中单击"高级"按钮；接着，在打开的"属性"窗口中选择"无线网络配置"选项卡，在"首选网络"中选择搜索到的无线网络连接，单击"属性"按钮。然后，在打开的"属性"窗口中选中"数据加密（WEP启用）"，删除"自动为我提供此密钥"，在"网络密钥"中输入在无线 AP 中创建的一个密钥。最后，连续单击两次"确定"按钮即可。

5.1.4 无线介质访问控制技术

1. CSMA/CA

CSMA/CA 即载波侦听多路访问/冲突避免。无线局域网标准802.11 协议的 MAC 和802.3 协议的 MAC 非常相似，都是在一个共享媒体之上支持多个用户共享资源，由发送者在发送数据前先进行网络的可用性检测。在802.3 协议中，是由一种称为 CSMA/CD（Carrier Sense Multiple Access with Collision Detection）的协议来完成调节，这个协议解决了在 Ethernet 上的各个工作站如何在线缆上进行传输的问题，利用它检测和避免当两个或两个以上的网络设备需要进行数据传送时网络上的冲突。

CSMA/CA 的工作流程

1）送出数据前，监听媒体状态，等没有人使用媒体，维持一段时间后，才送出数据。由于每个设备采用的随机时间不同，所以可以减少冲突的机会。

2）送出数据前，先送一段小小的请求传送报文（RTS：Request to Send）给目标端，等待目标端回应 CTS：Clear to Send 报文后，才开始传送。利用 RTS-CTS 握手（Handshake）程序，确保接下来传送资料时，不会碰撞。由于 RTS-CTS 封包都很小，使传送的无效开销变小。

CSMA/CA 通过这两种方式来提供无线的共享访问，这种显式的 ACK 机制在处理无线问题时非常有效。然而不管是对于802.11 协议还是802.3 协议来说，这种方式都增加了额外的负担，所以802.11 协议网络和类似的 Ethernet 网比较总是在性能上稍逊一筹。

2. CSMA/CD

CSMA/CD（载波侦听多路访问/冲突检测）是以太网的工作机制，和无线网的 CSMA/CA（载波侦听多路访问/冲突避免）很相似。（请大家课外自行收集相关资料，做一个对比。）

5.1.5 无线设备

1. 无线 AP

无线网络 AP（Access Point）也就是无线接入点。它相当于一个 Hub，连接到交换机或者路由器，从路由器为连接到它的无线网卡获取分配的地址，是移动终端用户进入有线网络的接入点。AP 的一个重要的功能就是中继，所谓中继就是在两个无线点间把无线信号放大一次，使得远处的客户端可以接收到更强的无线信号。图5-1 所示是思科无线 AP。

（1）无线 AP 的几种工作模式

1）Access Point 即纯 AP 模式也叫无线漫游模式，支持802.11b 协议11Mbit/s 或802.11g 协议54Mbit/s 的无线网卡接入。启用该模式，AP 作为无线网络中心接入到有线局域网中，从而扩展有线局域网覆盖范围。

图5-1 思科无线 AP

2）Wireless Client 即网桥模式也叫无线客户端模式，在此模式下工作的 AP 会被主 AP 看作是一台无线客户端，也就是跟一个无线网卡的地位相同，即俗称的"主从模式"。启用该模式，AP 设备的功能类似于无线网卡，可以用来连接 WISP 或无线路由器，方便统一管理子网络。

用 Site Survey（信号搜索）把对方 AP 或无线路由的 SSID 搜索出来，然后单击"Connect"连接上去，就是这么简单！如果有必要还需在"远程 AP 的 MAC 地址（Remote AP MAC）"一栏中填入对方 AP 的 MAC 地址（工作在这个模式就不会再发射信号出来了，只会接收其他 AP 或无线路由的无线信号，然后把无线信号转成有线信号接入交换机，就像是一个有 LAN 口无须驱动的无线网卡一样）。

无线网桥模式，适用于卫星共享，XBOX、PS2 接入无线网络或当免驱动无线网卡给台式机使用。

3）Wireless Bridge（AP 到 AP 无线桥接，点对点模式）。支持两个 AP 进行无线桥接模式来连通两个不同的局域网。设置桥接模式只要将对方 AP 的 MAC 码填进自己 AP 的"Wireless Bridge"就可以了，这个模式下不会再发射无线信号给其他的无线客户接收，适合两栋建筑物之间无线通信使用。启用该模式，AP 可将不超过 4 个局域网通过无线网络连接起来。

4）Multi-SSID（多 SSID 模式）。启用该模式，AP 能虚拟多个 SSID 供用户接入，同时对不同的 SSID 设备进行 VLAN 标记。

5）Repeater（中继模式）/Universal Repeater（Universal 中继模式）。启用该模式，AP 用于扩展另外一台 AP 或路由器的无线信号覆盖范围。一般该模式用于其他 AP 或路由器支持的 WDS（无线桥接、无线分布系统）功能的情况下。Universal 中继模式比其他中继模式有更广泛的兼容性。

（2）胖 AP 和瘦 AP

1）胖 AP，即无线交换机，而不是无线路由器。这种 AP 本身可以进行配置，并广播信号，但很少支持地址转换，也不需要拨号，如果你有一根网线可以直接连接计算机上网，那么这种 AP 只要设置好对应的无线策略后就可以即插即用了。一般很多企业的瘦 AP 可以进行胖瘦转换。胖 AP 多用于家庭和小型网络，功能比较全，一般一台设备就能实现接入、认证、路由、VPN、地址翻译，甚至防火墙功能。

胖 AP 组网：每个 AP 都是一个单独的节点，独立配置其信道和功率，安装简便；每个 AP 独立工作，较难扩展到大型、连续、协调的无线局域网和增加高级应用；每个 AP 都需要独立配置安全策略，如果 AP 数量增加，将会给网络管理、维护及升级带来较大的困难；很难进行无线网络质量的优化数据的采集。

2）瘦 AP，本身并不能进行配置，需要一台专门的设备（无线控制器）进行集中控制、管理、配置。控制器–瘦 AP 架构一般用于企业网无线覆盖，因为在 AP 数量众多的时候，只通过控制器来管理配置，会简化很大的工作量。

瘦 AP 组网：通过 AC/WLC 对 AP 群组进行自动信道分配和选择及自动调整发射功率，降低 AP 之间的相互干扰，提高网络动态覆盖特性；持二层/三层漫游切换，容易实现非法 AP 检测和处理；管理节点上移后，运行维护数据采集针对 AC/WLC 而非 AP，解决了网管系统受限于 AP 处理能力和性能的问题。

2. 无线控制器

无线控制器（Wireless Access Point Controller）是一种网络设备，用来集中化控制无线 AP，是一个无线网络的核心，负责管理无线网络中的所有无线 AP。对 AP 管理包括下发配置、修改相关配置参数、射频智能管理、接入安全控制等。传统的无线局域网由于存在着局限性，已经不能满足那些无线网络规模比较大，而且非常依赖无线业务的高端用户。这些高端用户对新一代的无线网络提出了新的特性要求。首先，无线网络需要的是整体解决方案，能够统一管理的系统；其次，无线网络实施要简单，如能够通过工具自动地得出在什么位置放置 AP 最好，使用哪个频段最佳等；再有，无线网络一定是安全的无线网络，这是最重要的；另外，无线网络要能够支持语音和多业务。基于这种需求，诞生了新一代的基于无线控制器的解决方案。无线控制器如图 5 - 2 所示。

3. 无线网桥

无线网桥顾名思义就是无线网络的桥接，它利用无线传输方式实现在两个或多个网络之间搭起通信的桥梁。无线网桥从通信机制上分为电路型网桥和数据型网桥。无线网桥如图 5 - 3 所示。

图 5 - 2　无线控制器　　　　　　图 5 - 3　无线网桥

无线网桥除了具备有线网桥的基本特点外，无线网桥工作在 2.4GHz 或 5.8GHz 的免申请无线执照的频段，因而比其他有线网络设备更方便部署。

在实际中无线网桥如何架设，在此推荐几种可采用的架设方案。

（1）点对点型（PTP）　即"直接传输"。无线网桥设备可用来连接分别位于不同建筑物中两个固定的网络。它们一般由一对桥接器和一对天线组成。两个天线必须相对定向放置，室外的天线与室内的桥接器之间用电缆相连，而桥接器与网络之间则是物理连接。

（2）中继方式　即"间接传输"。BC 两点之间不可视，但两者之间可以通过中继无线组网。一座 A 楼间接可视，并且 AC 两点、BA 两点之间满足网桥设备通信的要求。采用中继方式，A 楼作为中继点。BC 两点各放置网桥，定向天线。A 点可选方式有：①放置一台网桥和一面全向天线，这种方式适合对传输带宽要求不高，距离较近的情况；②如果 A 点采用的是单点对多点型无线网桥，可在中心点 A 的无线网桥上插两块无线网卡，两块无线网卡分别通过馈线接两部天线，两部天线分别指向 B 点和 C 点；③放置两台网桥和两面定向天线。

（3）点对多点传输　即点对多点无线组网。无线网桥往往由于构建网络时的特殊要求，很难就近找到供电电源。因此，具有 PoE（以太网供电）能力就显得非常重要了。如可以支持 802.3af 国际标准的以太网供电，可以通过 5 类线为网桥提供 12V 的直流电源。一般网桥都可以通过 Web 方式来进行管理，或者通过 SNMP 方式管理。它还具有先进的链路完整性检测能力，当其作为 AP 使用的时候，可以自动检测上连的以太网是否工作正常，一旦发现上连线路断线，就会自动断开与其连接的无线工作站，这样被断开的工作站就可以及时被发现，并搜寻其他可用的 AP，明显地提高了网络连接的可靠性，也为及时锁定并排除问题提供了方便。总之随着无线网络的成熟和普及，无线网桥的应用也将会大大普及。

5.1.6　无线网络安全技术

1. 无线网络安全概述

无线网络通过无线电波在空中传输数据，在数据发射机覆盖区域内的几乎所有的无线网络用户都能接触到这些数据，只要具有相同接收频率就可能获取所传递的信息，要将无线网络环境中传递的数据仅传送给一个目标接收者是不可能的。另外，由于无线移动设备在存储能力、计算能力和电源供电时间方面的局限性，使得原来在有线环境下的许多安全方案和安全技术不能直接应用于无线环境。例如：防火墙对通过无线电波进行的网络通信起不了作用，任何人在区域范围内都可以截获和插入数据，计算量大的加密解密算法不适宜用于移动设备等。因此，需要研究新的适合于无线网络环境的安全理论、安全方法和安全技术。与有线网络相比，无线网络所面临的安全威胁更加严重。无线网络在信息安全方面有着与有线网络不同的特点，具体表现在以下几个方面：

1）无线网络的开放性使其更容易受到恶意攻击。有线网络的网络连接是相对固定的，具有确定的边界，攻击者必须物理接入网络或经过几道防线，如防火墙和网关，才能进入有线网络。而无线网络则没有一个明确的防御边界。

2）无线网络的移动性使其安全管理难度更大。有线网络的用户终端与接入设备之间通过线缆连接着，终端不能在大范围内移动，用户的管理比较容易。而无线网络终端不仅可以在较大范围内移动，而且还可以跨区域漫游，这意味着移动节点没有足够的物理防护，易被窃听、破坏和截获。

3）无线网络动态变化的拓扑结构使得安全方案的实施难度更大。有线网络具有固定的拓扑结构，安全技术和方案容易实现。而在无线网络环境中，缺乏集中管理机制，使得安全技术更加复杂。

4）无线网络传输信号的不稳定性带来无线通信网络的鲁棒性（Robustness），就是系统的健壮性。有线网络的传输环境是确定的，信号质量稳定，而无线网络随着用户的移动其信道特性是变化的，会受到干扰、衰落、多径、多普勒频谱等多方面的影响，造成信号质量波动较大，甚至无法进行通信。因此，无线网络传输信道的不稳定性带来了无线通信网络的鲁棒性问题。此外，移动计算引入了新的计算和通信行为，这些行为在固定或有线网络中很少出现。

2. 无线网络面临的安全问题

由于无线局域网采用公共的电磁波作为载体，任何一个无线客户端都可以接收到此接入点的电磁波信号，这样就可能包括一些恶意用户也能接收到其他无线数据信号，这样恶意用户窃听或干扰信息就容易得多。

（1）网络窃听　一般说来，大多数网络通信都是以明文（非加密）格式出现的，这就会使处于无线信号覆盖范围之内的攻击者可以乘机监视并破解（读取）通信。这类攻击是企业管理员面临的最大安全问题。如果没有基于加密的强有力的安全服务，数据就很容易在空气中传输时被他人读取并利用。

（2）中间人欺骗　在没有足够的安全防范措施的情况下，是很容易受到利用非法 AP 进行的中间人欺骗攻击。解决这种攻击的通常做法是采用双向认证方法（即网络认证用户，同时用户也认证网络）和基于应用层的加密认证（如 HTTPS + Web）。

（3）WEP 破解　现在互联网上存在一些程序，能够捕捉位于 AP 信号覆盖区域内的数据包，收集到足够的 WEP 弱密钥加密的包，并进行分析以恢复 WEP 密钥。根据监听无线通信的机器速度、WLAN 内发射信号的无线主机数量，以及由于 802.11 帧冲突引起的 IV 重发数量最快可以在两个小时内攻破 WEP 密钥。

（4）MAC 地址欺骗　即使 AP 起用了 MAC 地址过滤，使未授权的黑客的无线网卡不能连接 AP，这并不意味着能阻止黑客进行无线信号侦听。通过某些软件分析截获的数据，能够获得 AP 允许通信的 STA MAC 地址，这样黑客就能利用 MAC 地址伪装等手段入侵网络了。

（5）地址欺骗和会话拦截　由于 802.11 无线局域网对数据帧不进行认证操作，攻击者可以通过欺骗帧去重定向数据流和使 ARP 表变得混乱。通过非常简单的方法，攻击者可以轻易获得网络中站点的 MAC 地址，这些地址可以被用来恶意攻击时使用。

除攻击者通过欺骗帧进行攻击外，攻击者还可以通过截获会话帧发现 AP 中存在的认证缺陷，通过监测 AP 发出的广播帧发现 AP 的存在。然而，由于 802.11 没有要求 AP 必须证明自己真是一个 AP，攻击者很容易装扮成 AP 进入网络，通过这样的 AP，攻击者可以进一步获取认证身份信息从而进入网络。在没有采用 802.11i 对每一个 802.11MAC 帧进行认证的技术前，通过会话拦截实现的网络入侵是无法避免的。

（6）高级入侵　一旦攻击者进入无线网络，它将成为进一步入侵其他系统的起点。很多网络都有一套经过精心设置的安全设备作为网络的外壳，以防止非法攻击，但是在外壳保护的网络内部确是非常脆弱容易受到攻击。无线网络可以通过简单配置就可快速地接入网络主干，但这样会使网络暴露在攻击者面前，即使有一定边界安全设备的网络，同样也会使网络暴露出来从而遭到攻击。

3. 常见的无线网络安全技术

（1）服务集标识符（SSID）　通过对多个无线接入点 AP（Access Point）设置不同的 SSID，并要求无线工作站出示正确的 SSID 才能访问 AP，这样就可以允许不同群组的用户接入，并对资源访问的权限进行区别限制。因此可以认为 SSID 是一个简单的口令，从而提供一定的安全，但如果配置 AP 向外广播其 SSID，那么安全程度将下降。由于一般情况下，用户自己配置客户端系统，所以很多人都知道该 SSID，很容易共享给非法用户。目前有的厂家支持"任何（Any）"SSID 方式，只要无线工作站在任何 AP 范围内，客户端都会自动连接到 AP，这将跳过 SSID 安全功能。

（2）物理地址过滤（MAC）　由于每个无线工作站的网卡都有唯一的物理地址，因此可以在 AP 中手工维护一组允许访问的 MAC 地址列表，实现物理地址过滤。这个方案要求 AP 中的 MAC 地址列表必须随时更新，可扩展性差，而且 MAC 地址在理论上可以伪造，因此这也是较低级别的授权认证。物理地址过滤属于硬件认证，而不是用户认证。这种方式要求 AP 中的 MAC 地址列表必须随时更新，目前都是手工操作。如果用户增加，则扩展能力很差，因此只适合小型网络规模。

（3）连线对等保密（WEP）　在链路层采用 RC4 对称加密技术，用户的加密密钥必须与 AP 的密钥相同时才能获准存取网络的资源，从而防止非授权用户的监听以及非法用户的访问。WEP 提供了 40 位（有时也称为 64 位）和 128 位长度的密钥机制，但是它仍然存在许多缺陷，如一个服务区内的所有用户都共享同一个密钥，一个用户丢失钥匙将使整个网络不安全。而且 40 位的钥匙在今天很容易被破解；钥匙是静态的，要手工维护，扩展能力差。目前为了提高安全性，建议采用 128 位加密钥匙。

（4）Wi-Fi 保护接入（WPA）　WPA（Wi-Fi Protected Access）是继承了 WEP 基本原理而又解决了 WEP 缺点的一种新技术。由于加强了生成加密密钥的算法，因此即便收集到分组信息并对其进行解析，也几乎无法计算出通用密钥。其原理为根据通用密钥，配合表示计算机 MAC 地址和分组信息顺序号的编号，分别为每个分组信息生成不同的密钥。然后与 WEP 一样将此密钥用于 RC4 加密处理。通过这种处理，所有客户端的所有分组信息所交换的数据将由各不相同的密钥加密而成。无论收集到多少这样的数据，要想破解出原始的通用密钥几乎是不可能的。WPA 还追加了防止数据中途被篡改的功能和认证功能。由于具备这些功能，WEP 中此前倍受指责的缺点得以全部解决。WPA 不仅是一种比 WEP 更为强大的加密方法，而且有更为丰富的内涵。作为 802.11i 标准子集，WPA 包含认证、加密和数据完整性校验三部分组成，是个完整的安全方案。

（5）国家标准（WAPI） WAPI（WLAN Authenticationand Privacy Infrastructure）即无线局域网鉴别与保密基础结构，它是针对 IEEE802.11 中 WEP 安全问题，在中国无线局域网国家标准 GB15629.11 中提出的 WLAN 安全解决方案。同时该方案已由 ISO/IEC 授权的机构 IEEE Registration Authority 审查并获得认可。它的主要特点是采用基于公钥密码体系的证书机制，真正实现了移动终端（MT）与无线接入点（AP）间双向鉴别。用户只要安装一张证书就可在覆盖 WLAN 的不同地区漫游，方便用户使用。与现有计费技术兼容的服务，可实现按时计费、按流量计费、包月等多种计费方式。AP 设置好证书后，无须再对后台的 AAA 服务器进行设置，安装、组网便捷，易于扩展，可满足家庭、企业、运营商等多种应用模式。

（6）端口访问控制技术（802.1x） 该技术也是用于无线局域网的一种增强型网络安全解决方案。当无线工作站 STA 与无线访问点 AP 关联后，是否可以使用 AP 的服务要取决于 802.1x 的认证结果。如果认证通过，则 AP 为 STA 打开这个逻辑端口，否则不允许用户上网。802.1x 要求无线工作站安装 802.1x 客户端软件，无线访问点要内嵌 802.1x 认证代理，同时它还作为 Radius 客户端，将用户的认证信息转发给 Radius 服务器。802.1x 除提供端口访问控制能力之外，还提供基于用户的认证系统及计费标准，特别适合于公共无线接入解决方案。

5.2 项目描述与分析

5.2.1 项目背景

1. 引言

计算机网络是指将地理位置不同且具有独立功能的两台及两台以上的计算机及其外部设备，通过网络设备、通信线路连接，在网络操作系统、网络管理软件及网络通信协议的管理和协调下，实现资源共享和信息传递的计算机系统。

校园网就是一种类似于企业网的局域网（LAN），也是利用网络设备、通信介质和适当的一些网络技术及网络协议与各类系统管理软件和应用软件，将校园内的计算机和各种终端设备有机地集中在一起，合理地规划并用于教学、学院管理、信息资源管理和共享的网络系统。

无线校园网是指通过无线局域网（Wireless Local Area Network，WLAN）技术，在校园中建立的无缝无线通信网络，使校园的每个角落都处在网络中，形成真正意义上的校园网。目前绝大多数学校已拥有了有线网络，只能提供固定而有限的网络信息点，无法满足学校师生随时随地共享教学网络资源的需要。无线校园网正是顺应了教育信息化建设的前进步伐，蓬勃发展起来的。

无线校园网最大的特点是具有高度的空间自由性和灵活性。可以避免大规模铺设网线和固定设备投入，有效地削减了网络建设费用，极大地缩短了建设周期。无线局域网带宽很宽，适合进行大量双向和多向的多媒体信息传输。国际上，拥有无线校园网已经成为现代化校园的一个标志。

2. 现有网络环境分析

本项目中 5 号教学楼 D102 室原来就有了接入该房间的有线网络和覆盖房间的无线网络，但网速不佳，接入的用户量少，安全性不高，没有特色。随着技术的发展和用户需求的增加，用户要求在该教室任何地方包括室外都可以使用自带的笔记本计算机和手机上网且网速要有一定的保障，针对用户提出的需求，决定在该教室内部实现全新的无线网络的全面覆盖。

5.2.2 需求分析

设计一个网络，首先要为用户分析目前面临的主要问题，确定用户对网络的真正需求，并在结合未来可能的发展要求的基础上选择、设计合适的网络结构和网络技术，提供用户满意的优质服务。

1. 用户需求概述

随着信息技术不断发展，网络通信技术不断革新，人们的生活、工作越来越离不开网络。PC、手提终端、PDA 等移动通信设备的发展，使人们越来越渴望能够更快捷地接入网络以获取更多的信息。无线网络的出现解决了这个问题。

本项目在 5 号教学楼 D102 室现有有线网络的基础上，建设一套快速、可靠、高质量、有系部特色的无线网络来覆盖整个教室内外的公共区域和教学区域。满足教师和学生对上网速度的需求，解决接入用户量少、安全性不高、没有特色的问题，与此同时可以充分利用互联网资源来宣传系部的教学特色，展示学校的办学能力和办学水平、教师的教学能力和科研能力，提升学校的办学形象，并适当提取用户的部分信息，保证网络数据的安全运行，保证系统不会遭到来自网络的非法访问。

2. 设备需求

硬件设备是架构校园网的基础。选择硬件时，需要选择兼容性好、扩展性强的设备，在选择过程中综合设备的性能、价格等多方面的因素，而且该设备厂家应能够提供良好的售前和售后服务，解除用户的后顾之忧。例如，中心设备一定要采用性能稳定、功能强大、安全的网络设备，服务器等存储设备也要采用高性能设备；软件包括系统软件和管理软件两种，学校应根据教师使用要求来考虑选择适合的办公软件，当然最基本的办公软件是少不了的。

3. 遵循的原则

（1）安全可靠性　在用户登录系统的同时提取用户的登录信息，保证无线网络系统可靠运行。

（2）先进性　采用当今国内、国际上最先进和成熟的计算机软件技术，使新建立的计算机系统能够最大限度地适应今后技术发展的需求。

（3）实用性　能够最大限度地满足用户实际工作对网速等的需求，这是每个信息系统在建设过程中都必须考虑的一种系统性能，它是自动化系统对用户最基本的承诺。

（4）可兼容及可扩展性　在进行方案建设时，力求做到网络结构清晰、合理，并具有扩展能力，软、硬件配置可靠。

（5）特色　在用户登录界面上充分体现该系部特色，展示学校的办学能力与办学水平，展示教师的教学能力与科研能力，提升学校的办学形象。

5.2.3 设计方案

1. 概述

无线局域网是计算机网络与无线通信技术相结合的产物。从专业角度讲，无线局域网利用了无线多址信道的一种有效方法来支持计算机之间的通信，并为通信的移动化、个性化和多媒体应用提供了可能。通俗地说，无线局域网就是在不采用传统线缆的同时，提供以太网或者令牌网络的功能。IEEE802.x 无线局域网标准让各种不同厂商生产的无线产品得以互联互通、互相兼容，使无线局域网在各种有移动要求的环境中被广泛接受。

本项目整体设计中使用瘦 AP，采用 AC + AP 方式，AP 工作模式是纯 AP 模式。这种工作模式是最基本是最常用的工作模式，用于构建以无线 AP 为中心的集中控制式网络，所有通信都通过 AP 来转发。此时，AP 既可以和无线网卡建立无线连接，也可以和有线网卡通过网线建立有线连接；校园网接入三层交换机，三层交换机接 Web 服务器、WLC；向下接 POE 供电交换机，POE 向下接 4 个 AP（AP 分布到教室四周）。这种无线网络搭建方案便于实现，无论是使用效果，还是投资成本都是首选。

2．总体目标

1）实现 Wi-Fi 登录验证。

2）用户首次登录弹出广告。

3）安全（提取用户部分信息）。

4）放大信号。

3．拓扑结构

如图 5 - 4 所示是无线网络拓扑结构。在整个无线网络系统中，三层交换机放置在数据中心，与 WLC 之间采用 VLAN Trunk 进行连接；AP 由 POE 交换机供电，教室内的 AP 发布信号到用户设备。

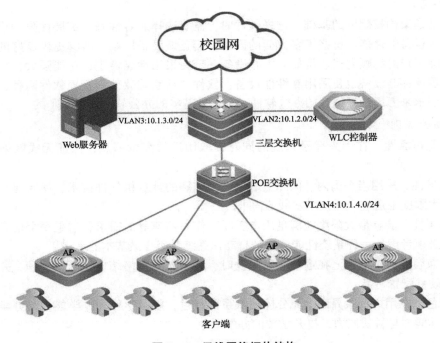

图 5 - 4　无线网络拓扑结构

在实现这样的网络当中，在三层交换机上划分 VLAN；在 WLC 上划分地址池；在 AP 上用户都将通过 WLC 分配 IP 地址，经过相应的策略匹配之后，用户会被要求认证。

4．网络布线设计

本项目将校园网接入 3560 系列 Cisco 三层交换机，三层交换机接 Web 服务器、WLC（Cisco2500 系列无线控制器）；向下接 CiscoPOE 供电交换机，CiscoPOE 向下接 4 个 AIR-CAP-16021-C-K9 的 Cisco AP，为 AP 供电，AP 分布到教室四周以保证信号的覆盖；由无线控制器为 4

个瘦 AP 分配地址，利用 Web 服务器上的网页做用户认证。

5. 设备规划

IP、VLAN、设备地址规划见表 5-1，IP 管理地址规划见表 5-2，VLAN 规划见表 5-3，设备密码管理和接入方式管理见表 5-4。

表 5-1　设备地址规划

设备型号	设备名称	互联网 VLAN	IP
Cisco3560	三层交换机	VLAN2	10.1.2.0/24
		VLAN3	10.1.3.0/24
		VLAN4	10.1.4.0/24
AIR-CAP16021-C-K9	无线接入点		10.1.2.0/24
Cisco2500	无线控制器		10.1.1.0/24

表 5-2　IP 管理地址规划

设备名称	接口	VLAN	IP 地址	备注
Cisco3560	F0/22	VLAN2	10.1.3.254/24	
	F0/23	VLAN3	10.1.2.254/24	
	F0/24	VLAN4	10.1.4.254/24	
无线控制器 2500	F0/1		10.1.2.1/24	管理 IP
无线接入点	F0/2		10.1.1.1/24	管理 IP

表 5-3　VLAN 规划

VLAN 分区	详细用途	VLAN	VLAN 命名
VLAN1-10	达到用户需求，方便管理	VLAN2	WLC
		VLAN3	APS
		VLAN4	AP

表 5-4　设备密码和接入方式管理

设备名称	地址	登录方式	用户名	密码
无线控制器	http://10.1.2.1	web	admin	Cisco123
	Console 口			
无线 AP（APBOAA.7726.277A）	动态获取（10.1.4.0/24）	console		Cisco
无线 AP（LNC）				
无线 AP（AP54A2.7412.BC21）				
无线 AP（AP）				

6. 材料计划

工程材料报备见表 5-5。

表 5 – 5　工程材料报备

名　称	单　位	数　量
Cisco2500 无线控制器（WLC）	台	1
Cisco3560 三层交换机		1
8 口百兆 48V POE 供电交换机（p1030）		1
CiscoAP（无线接入点）		1
控制线	根	1
USB 串接口		1
双绞线	m	35
水晶头	个	20
电源插座		4

7. 预算

工程材料与用工预算见表 5 – 6。

表 5 – 6　工程材料与用工预算

序号	设备名称	单位	数量	单价/元	金额/元
1	核心交换机	台	1	8999.00	8999.00
2	WLC 无线控制器		1	8999.00	8999.00
3	POE 交换机		1	2590.00	2590.00
4	AP		4	2099.00	8396.00
5	PC		1	4500.00	4500.00
6	路由器		1	7280.00	7280.00
7	USB 转串口	根	1	59.00	59.00
8	双绞（五类）	箱	1	399.00	399.00
9	控制线	根	1	300.00	300.00
10	水晶头	盒	1	39.90	39.90
11	电源插座	个	4	175.20	700.80
合计					42,262.70

序号	员工	工作内容	单位定额/天	在岗天数/天	工资/元
1	徐元林	协调整个项目进程	200	30	6000.00
2	李鸿滨	协助高级工程师	150	30	4500.00
3	刘浩	无线局域网的所有配置	500	30	15000.00
4	杨蕾	记录文档	100	30	3000.00
5	施俊峰	采集各个组员存在的问题	100	30	3000.00
合计				150	31500.00
汇总					73762.70

5.3　项目实施

5.3.1　基础配置

1. 基本的互联互通配置

（1）三层交换机部分

1）创建 VLAN。

```
#vlan 2
#name Controller
#vlan 3
#name ACS
#vlan 4
#name AP
#end
#show
```

2）将接口划分到 VLAN。

```
#interface fa0/24
#switch mode access
#switch access vlan 4
#sping - tree portfast
#interface fa0/23
#switch trunk encapsulation dot1q
#switch mode trunk
#sping - tree portfast
#interface fa0/22
#switch mode access
#switch access vlan 3
#sping - tree portfast
```

3）为 VLAN 分配 IP 地址。

```
#Int vlan 2
#ip add 10.1.2.254 255.255.255.0
#Int vlan 3
#ip add 10.1.3.254 255.255.255.0
#Int vlan 4
#ip add 10.1.4.254 255.255.255.0
启动 iprouting 功能：
#ip routing
```

测试能否 ping 通 10.1.3.241（server ip）

4）为客户端划分地址池，启动 DHCP 功能的过程。

```
(config)#ip dhcp pool APPOOL
(dhcp - config)#network 10.1.4.0 255.255.255.0
(dhcp - config)#default - router 10.1.4.254(dhcp - config)#dns - server 10.1.3.241
#vlan 200
#name helloworld - vlan200
```

```
#int vlan 200
#ip add 10.1.200.254 255.255.255.0
#exit
#ip dhcp pool HELLOWORLD_VLAN200
#network 10.1.200.0 255.255.255.0
#default – router 10.1.200.254
#dns – server 61.139.2.69
```

（2）WLC（无线控制器）

1）用 Dialog 方式配置无线控制器的管理页面如图5 – 5所示。

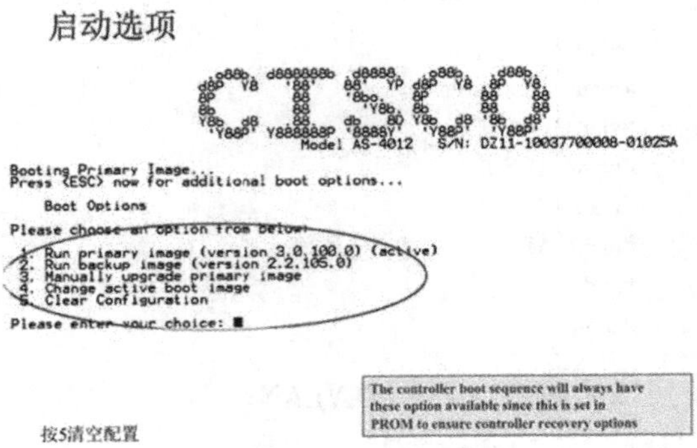

终端调试初始化数据的配置过程采用 Dialog 方式完成，如图5 – 6、图5 – 7所示。

在这里将 WLC 的管理接口地址配置为 10.1.2.1/24。

管理接口为 Port1

管理 VLAN VLAN2

虚拟接口 IP 1.1.1.1

用户名：Admin

密码：Cisco123

重启后开始设置开启无线控制器的 Web 配置模式。

图 5 – 5　无线控制器的管理页面

图 5 – 6　Dialog 基本信息

图 5 – 7　Dialog radius

特别注意：必须开启以下服务（可以以 Dialog 方式开启），如图5 – 8所示。

注意：

① 10.1.2.1 – – – f104.0a01.0201DHCP option43 用于告诉 AP 无线控制的 IP 地址，使 AP 可以注册到 AC 上。

② Option 60 叫作供应商类别标识符（Vendor Class Identifier，VCI），VCI 是一个特定的文本字符串，代表厂家某款产品，如图5 – 9所示。

图 5 – 8　开启 Web Server

图 5 – 9　供应商类别标识符

用 Reload 命令重启 AP，再用"show ip int bri"命令观察是否搜到 IP 地址。

开启 Network Webmode Enable 准备 Web 管理，步骤如下：

① 使用直通网线，连接交换机的 Trunk 接口到控制器端口 1。

② 将 PC 与 SW 接口 fa0/22 相连并修改 IP 地址为 10.1.3.241/24，网关为 10.1.3.245；用 https://10.1.2.1 访问控制器，如果要开启 http 访问，则需要在系统里打开 Network Webmode Enable。

2）Web 配置管理。使用 IE 浏览器进行 Web 访问，登录无线控制器 Web 页面，先查看 AP 是否加入，再继续建立一个动态接口。动态接口配置如图 5-10 所示。

① 打开无线控制器的 Web 管理页面。

② 单击 CONTROLLER→Interfaces→New，新建一个动态接口。

③ 给新建的动态接口设置一个 VLAN Id，值为 101。

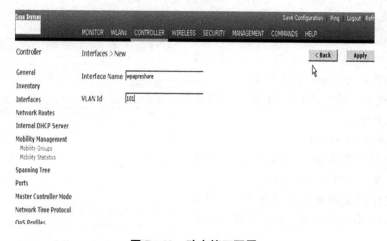

图 5-10 动态接口配置

注意：这里的 VLAN Id 十分重要，跟后面要讲的动态地址池息息相关。

④ 继续单击"Apply"按钮进入新界面，可以在此给接口配置 IP 地址等信息。

⑤ 下面需要建立一个 VLAN 绑定动态接口。

单击 WLAN→ new，Interface/Interface Group 选择需要的动态接口。

第二层（Layer2）上选择 WPA + WPA2 开启 PSK 模式。

⑥ 保存配置，到这里 SSID 已经建立成功了。

5.3.2 Web 认证

Web 认证是一个三层的安全功能，使无线控制器不允许转发一个特定的客户端的 IP 数据流（DHCP 和 DNS 相关的数据包除外），直到该客户端已正确地提供了一个有效的用户名和密码。Web 认证是唯一的一种允许客户端在通过验证之前就获得 IP 地址的安全政策。这是一种简单的验证方法，对于客户端无须安装请求或实用工具。Web 认证可以通过无线控制器或通过 Radius 服务器完成。Web 认证通常用于部署接入访客用户。无线控制器截获从客户端发出的第一个 TCP HTTP（80 端口）数据包时 Web 认证开始。为了使客户端的网页浏览器进行到这一步，客户端必须首先获得一个 IP 地址，并将网页浏览器的网址翻译为 IP 地址（DNS 解析），让 Web 浏览器知道向哪些 IP 地址发送 HTTP GET。当在 WLAN 上配置了 Web 认证，除了 DHCP 和 DNS 流量，无线控制器将阻止从客户端发出的所有数据流（直到完成认证过程）。当客户端发送第一个 TCP 端口 80 的 HTTP GET，无线控制器重定向客户到 https：1.1.1.1/login. html 处理。这个过程最终带来了登录网页。注意，当使用外部 Web 服务器进行 Web 认证时，一些无线控制器平台需要配置外部 Web 服务器的预认证 ACL，其中包括思科 2500 系列无线控制器、思科 2100 系列无线控制器、思科 2000 系列无线控制器以及思科无线控制器网络模块。对于其他无线控制器平台预认证 ACL 不是强制性的。但是，当使用外部 Web 认证时，作为最佳实践应为外部 Web 服务器配置预认证 ACL。

1. 本地 Web 认证

1）建立动态接口。

2）建立 WLAN 绑定动态接口。

在 WLANs-Security-Layers2 中，Layer2 Security 选择 None。

在 WLANs-Security-Layers3 中，Layer3 Security 选择 Web Poicy。

3）建立本地用户数据库。

注意：这里的 WLAN Profile 必须选择我们建立的 WLAN，然后单击 Apply 保存配置。

4）进入交换机，建立 VLAN 给客户端非配动态地址（参见上文）。

5）自定义 Web 登录页面。

①下载 tftpd 软件到本地 PC 并运行，本地 PC 即成为 tftp 服务器，如图 5-11 所示。

②打开无线控制器的 Web 管理界面。这里必须将要上传的 Web 页面压缩成 tar 格式并改命名为 login。

单击 Download 等待上传……上传成功即可定向。

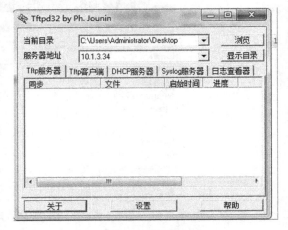

图 5-11　tftp 服务器

2. 外部 Web 认证

1）建立动态接口。

2）建立 WLAN 绑定动态接口、第三层选择 Web Police。

3）AAA Server 配置菜单：WLANs-Security-AAA Servers。

5.3.3　Web 登录页面的定制

在这里首先要明白 Web 页面的制作不仅是写一个静态页面上传到 WLC 就可以的，要先清楚 WLC 怎么识别，输入用户名和密码并作出判断，认证成功后将定向到外网。

在这里可以使用 IE 或者 Firefox 自带的 Debug 软件，来抓取从 WLC 传到客户端的 WLC 自带的默认 Web 页面，如图 5-12 所示。

经过分析可以发现 WLC 上自带一套验证系统，通过抓取客户端输入的 Username 和 Passward 来和本地数据库作对比 从而决定对用户放行与否。

因此，在定制自己的 Web 界面时要保证以下代码必须存在：

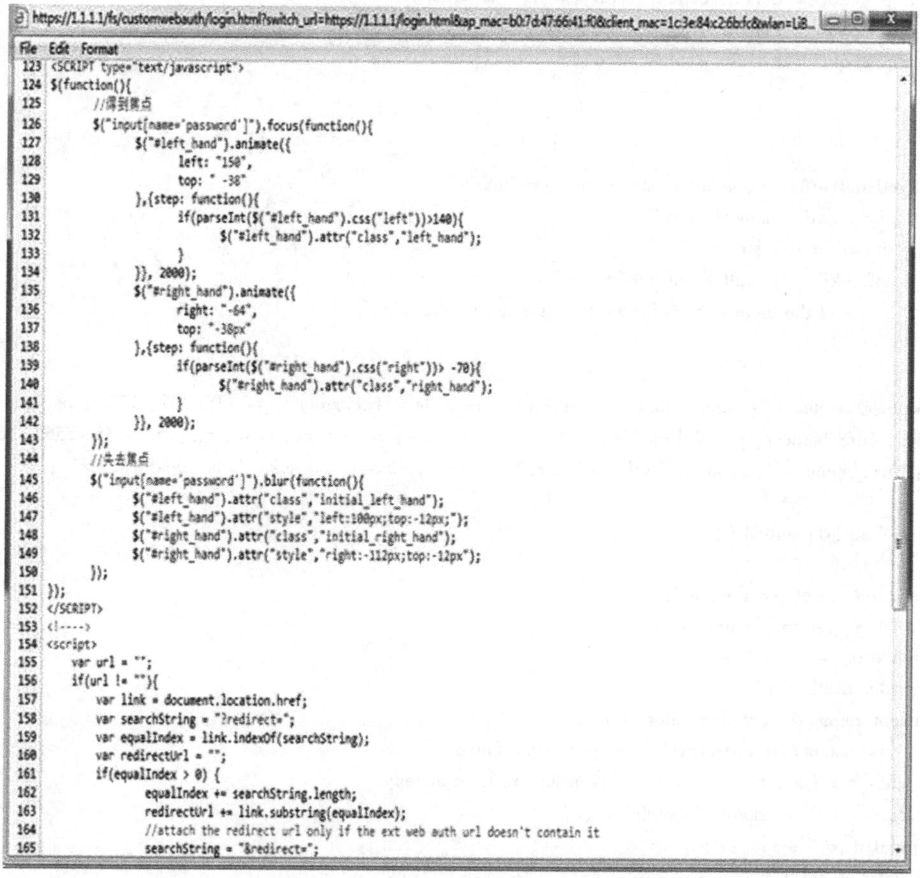

https://1.1.1.1/fs/customwebauth/login.html?switch_url=https://1.1.1.1/login.html&ap_mac=b0:7d:47:66:41:f0&client_mac=1c:3e:84:c2:6b:fc&wlan=Li8...

File Edit Format

```
<SCRIPT type="text/javascript">
$(function(){
        //得到焦点
        $("input[name='password']").focus(function(){
                $("#left_hand").animate({
                        left: "150",
                        top: " -38"
                },{step: function(){
                        if(parseInt($("#left_hand").css("left"))>140){
                                $("#left_hand").attr("class","left_hand");
                        }
                }}, 2000);
                $("#right_hand").animate({
                        right: "-64",
                        top: "-38px"
                },{step: function(){
                        if(parseInt($("#right_hand").css("right"))> -70){
                                $("#right_hand").attr("class","right_hand");
                        }
                }}, 2000);
        });
        //失去焦点
        $("input[name='password']").blur(function(){
                $("#left_hand").attr("class","initial_left_hand");
                $("#left_hand").attr("style","left:100px;top:-12px;");
                $("#right_hand").attr("class","initial_right_hand");
                $("#right_hand").attr("style","right:-112px;top:-12px");
        });
});
</SCRIPT>
<!---->
<script>
    var url = "";
    if(url != ""){
        var link = document.location.href;
        var searchString = "?redirect=";
        var equalIndex = link.indexOf(searchString);
        var redirectUrl = "";
        if(equalIndex > 0) {
                equalIndex += searchString.length;
                redirectUrl += link.substring(equalIndex);
                //attach the redirect url only if the ext web auth url doesn't contain it
                searchString = "&redirect=";
```

图 5－12　WLC 上的默认 Web 代码

```
login.html
<! ---- >
<FORM method = "post" ACTION = "/login.html">
<INPUT TYPE = "hidden" NAME = "buttonClicked" SIZE = "16" MAXLENGTH = "15" VALUE = "0">
<INPUT TYPE = "hidden" NAME = "err_flag" SIZE = "16" MAXLENGTH = "15" VALUE = "0">
<INPUT TYPE = "hidden" NAME = "err_msg" SIZE = "32" MAXLENGTH = "31" VALUE = "">
<INPUT TYPE = "hidden" NAME = "info_flag" SIZE = "16" MAXLENGTH = "15" VALUE = "0">
<INPUT TYPE = "hidden" NAME = "info_msg" SIZE = "32" MAXLENGTH = "31" VALUE = "">
<INPUT TYPE = "hidden" NAME = "redirect_url" SIZE = "255" MAXLENGTH = "255" VALUE = "">
<! ---- >
<INPUT class = "xx" name = "username" type = "xx"value = "">
<INPUTclass = "xx"name = "password"type = "password"value = ""onKeyPress = "submitOnEnter(event);"emweb_type =
PASSWORD autocomplete = "off" >
<script>
getHtmlForButton("Submit","登录","button","submitAction()");
</script>
<HEAD>
```

```
< meta http - equiv = "Cache - control" content = "no - cache" >
< meta http - equiv = "Pragma" content = "no - cache" >
< meta http - equiv = "Expires" content = " - 1" >
</HEAD >
logins. js

function getHtmlForButton( nameStr, str, bClass,onClickFn) {
if( nameStr == null || nameStr ==""
        || str == null || str ==""
        || onClickFn == null || onClickFn =="") {
debugMsg("One of the input params for the button is not available") ;
return;
        }
        document. writeln (' < input type ="button" size ="18"style ="background: rgb( 0, 142, 173) ; padding: 5px 10px;
border - radius: 4px; border: 1px solid rgb( 26, 117, 152) ; border - image: none; color: rgb( 255, 255, 255) ; font - weight:
bold;height;26px;" name ="',nameStr,'" value ="',str,'" class ="',bClass,'"onClick ="',onClickFn,'" >') ;
        }
document. forms[0]. submit( ) ;
}else{
var link = document. location. href;
        //alert("Link is " + link) ;
var searchString = "? redirect =";
function submitAction( ) {
if( document. forms[0]. err_flag. value == 1) {
        // This case occurs when user's attempt to login failed
        // and he is going to login again. This means we have already
var equalIndex = link. indexOf( searchString) ;
var redirectUrl = "";
if( equalIndex > 0) {
equalIndex + = searchString. length;
redirectUrl = link. substring( equalIndex) ;
var index =0;
                //add http only if url does not have
index = redirectUrl. indexOf( "http") ;
if( index ! = 0) {
redirectUrl = "http://" + redirectUrl;
                }
        }
if( redirectUrl. length > 255) {
redirectUrl = redirectUrl. substring( 0,255) ;
        }
document. forms[0]. redirect_url. value = redirectUrl;
        //alert("redirect url is " + document. forms[0]. redirect_url. value) ;
document. forms[0]. buttonClicked. value = 4;
document. forms[0]. submit( ) ;
    }
}
function submitOnEnter( event)
{
var NS4 = ( document. layers) ? true : false;
```

```
var code = 0;
if (NS4)
code = event. which;
else
code = event. keyCode;
if (code == 13) submitAction(); // 12 corresponds to enter event
}
```

注意：如何设置不经过认证的广告页面？

通过上面的实验我们已经可以定制大多数 Web 页面了。现在比较流行的就是当客户端连接到 SSID 时会通过浏览器弹出广告界面，并不需要用户认证就可以连接外网。

我们可以在本地用 html + css + js 写一个广告界面上传到 WLC 或者放在 Web 服务器上。由于 WLC 内部只能识别 Username 和 Password，所以可以用一个简单的障眼法来迷惑 WLC。

```
< input name = "username" type = "hiden" vlaue = ""/ >
< input name = "password" type = "hiden" value = ""/ >
< button name = "btn" type = "hiden"/ >
```

由于用户名和密码必须通过单击 Button 才能提交到 WLC，而我们将 < input / > 标签隐藏了，所以只能通过 JS 代码来调用 dom 对象并且生成一个定时器，按照我们的规定来单击按钮提交到 WLC，这样当广告界面停留 2 ~ 4s 时就会被定向到外网我们指定的页面。

5.3.4 AP 的配置

1. 恢复出厂设置

当拿到不知情的机器时，首先要将其恢复到出厂设置。

首先滑开前盖，按住 "MODE" 键，接通电源，待 E 灯亮为橙红色时松开，设备重启后即恢复为出厂设置。出厂设置没有 IP 地址，没有打开无线，所以只能通过 Console 方式连接进行配置。先使用超级终端连接入 AP5131，再将 AP5131 断电并重新接电，当屏幕出现 "Press Escape Key to Run Boot Firmware…" 提示时按 "Esc" 键，即可以停止 AP5131 的启动，并显示启动提示符 "boot >"，输入 "Reset Config" 并回车，即可恢复出厂设置。恢复完成后会重新返回 "boot >" 提示符。

2. AP 的 IOS 升级

传统方法：用网线连接 PC 和 AP 的以太网口，将 PC IP 配为 10.0.0.2，下载 TFTPD 软件将 PC 伪装成 TFTP 服务器（TFTP 服务器架设见前文），修改 TFTP 目录。

服务器地址要配成 10.0.0.2，这里将根目录设置成桌面，所以必须将预先下载好的瘦 AP IOS 放到桌面上。断开 AP 电源，用手指按住 "MODE" 键，插上电源。当出现图 5 - 13 所示的提示时松开手指。

此时进入 AP，会全网广播寻找名为 ap1g2-k9w7-tar. default 的文件，如图 5 - 14 所示。

只需要将桌面上的文件改成上述相同名字，AP 就会自动下载。

因为我们的 AP 以太网口用来供电，所以没法与 PC 直接相连，因此可以用 PC 连接三层交换机的 fa0/5 接口，AP 连接 POE 交换机，POE 交换机连接三层交换机的 fa0/4 接口。建立一个 VLAN，将这两个接口加入。这样就可以按照上面所写步骤来重灌 IOS 了。

```
User Access Verification

Username:
Username:
Username: cisco
Password:

APbc16.65b6.03fc>
APbc16.65b6.03fc>
APbc16.65b6.03fc>
APbc16.65b6.03fc>
Boot from flash

IOS Bootloader - Starting system.
 FLASH CHIP: Micronix MX25L256_35F
Xmodem file system is available.
flashfs[0]: 39 files, 9 directories
flashfs[0]: 0 orphaned files, 0 orphaned directories
flashfs[0]: Total bytes: 31936000
flashfs[0]: Bytes used: 18520064
flashfs[0]: Bytes available: 13415936
flashfs[0]: flashfs fsck took 18 seconds.
Reading cookie from SEEPROM
Base Ethernet MAC address: bc:16:65:b6:03:fc
*************** loopback_mode = 0
button is pressed, wait for button to be released...
button pressed for 28 seconds
process_config_recovery: set IP address and config to default 10.0.0.1
process_config_recovery: image recovery
image_recovery: Download default IOS tar image tftp://255.255.255.255/ap1g2-k9w7-tar.default

examining image...▋
```

图 5 - 13　AP 复位

```
Username:
Boot from flash

IOS Bootloader - Starting system.
 FLASH CHIP: Micronix MX25L256_35F
Xmodem file system is available.
flashfs[0]: 39 files, 9 directories
flashfs[0]: 0 orphaned files, 0 orphaned directories
flashfs[0]: Total bytes: 31936000
flashfs[0]: Bytes used: 18520064
flashfs[0]: Bytes available: 13415936
flashfs[0]: flashfs fsck took 18 seconds.
Reading cookie from SEEPROM
Base Ethernet MAC address: bc:16:65:b6:03:fc
*************** loopback_mode = 0
button is pressed, wait for button to be released...
button pressed for 26 seconds
process_config_recovery: set IP address and config to default 10.0.0.1
process_config_recovery: image recovery
image_recovery: Download default IOS tar image tftp://255.255.255.255/ap1g2-k9w7-tar.default

examining image...
%Error opening tftp://255.255.255.255/ap1g2-k9w7-tar.default (connection timed out)ap:▋
```

图 5 - 14　寻找的文件

5.3.5　无线 AP 的漫游

1. 轻量级 AP 关联和漫游

无线客户端必须同轻量级 AP 协商关联，这与所有 IEEE 802.11 无线网络一样。然而，Split MAC 架构对客户端管理有一个有趣的影响，因为 LAP 只负责完成实时无线功能，因此它将客户端的关联请求传递给 WLC。也就是说，无线客户端直接同 WLC 协商关联，其原因有两个：①可以在一个中央位置管理所有的客户端关联。②客户端漫游更快、更容易，因为直接在控制器中维护或解除关联。

当使用自主 AP 时，客户端通过将关联从一个 AP 切换到另一个 AP 来实现漫游，客户端必须分别同每个 AP 进行协商，而在切换关联时，前一个 AP 必须将来自客户端的缓存数据交给下一个 AP；当使用自主 AP 时，漫游只发生在第二层，要支持第三层漫游，必须采取其他措施。

在使用轻量级 AP 时，客户端也是通过切换关联来进行漫游。在客户端看来，关联是在 AP

之间切换的，但实际上是根据 AP-WLC 绑定在 WLC 之间切换的。

通过 WLC 的帮助，轻量级 AP 可以支持第二层和第三层漫游，客户端关联且总是对应一条 CAPWAP 隧道。当切换到新的 AP 时，关联也将对应到新的隧道，即将新 AP 连接到 WLC 的隧道。

漫游时，客户端的 IP 地址可保持不变，而客户端则可以通过任何 CAPWAP 隧道连接到控制器。接下来的几小节将从负责管理漫游和客户端关联的 WLC 的角度讨论客户端漫游。

2. 控制器内漫游

一个无线客户端在位置 A 时有活动的无线关联，这是通过 AP1 关联 WLC 的，所有前往和来自该客户端的数据流都将通过 AP1 和 WLC 之间的 CAPWAP 隧道，其控制器管理信号重叠区如图 5-15 所示。

客户端开始移动，漫游到 AP2 覆盖的区域内，就这个例子而言，有两点需要注意：AP1 和 AP2 提供的蜂窝数据都使用 SSID "MyWLAN"，这让客户端能够在它们之间漫游；AP1 和 AP2 连接到的是同一个控制器 WLC。

客户端通过 AP2 关联到 WLC，虽然使用的 AP 不同，但关联和 CAPWAP 隧道是由同一个控制器提供的，这被称为控制器内漫游，客户端的关联仍在同一个控制器内。

这种漫游很简单，因为控制器 WLC 只需更新其列表，以便使用连接到 AP2 的 CAPWAP 隧道来找到客户端即可，在控制器内，很容易将旧关联缓存的数据移交给新关联，这种漫游效果如图 5-16 所示。

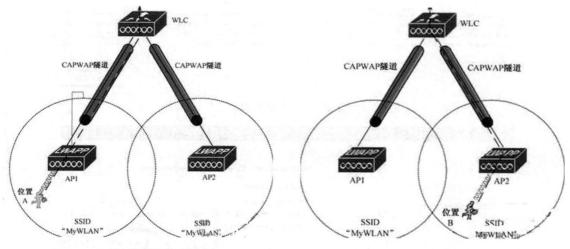

图 5-15　控制器管理信号重叠区　　　　图 5-16　漫游效果

现在我们拥有 4 个 AP 共同广播 Ssid LiBai，我们将 AP 全部设为瘦 AP 模式，当用客户端连接 Ssid 时，哪个 AP 的信号强度较强，客户端就会关联到那个 AP 上。当客户端在 4 个 AP 之间不断移动时，同样会发生这种事件。客户端在 AP 之间发生漫游不会造成信号中断、重连等情况，完全不会影响用户的上网体验。

5.3.6　无线 AP 桥接——Cisco Wireless Mesh 网络

Cisco Wireless Mesh 网络是一种新的无线局域网类型，与传统的 WLAN 不同的是，无线 Mesh 网络中 AP 是无线连接的，而且 AP 间可以建立多跳的无线链路。无线 Mesh 网络只是对骨干网络进行了变动，和传统的 WLAN 没有任何的区别。无线 Mesh 网络具有的优点：高性价比、可扩转性强、部署快捷、应用场景广、高可靠性。

Mesh AP 支持如下几种部署方式：Wireless Mesh、WLAN Backhaul 和点对多点无线桥接。

在这里我们采用了第三种方式：点对多点无线桥接，如图 5-17 所示。

具体操作步骤如下：

1）进入 WLC Web 管理界面，将 Mesh AP 的 MAC 地址加入到控制的过滤列表中。在管理界面中选如下菜单——Security MAC Filtering，在这里可以把 Mesh AP 的 MAC 地址加入到控制的过滤列表中。

2）配置 Mesh AP 的桥接模式，如图 5-18 和图 5-19 所示。

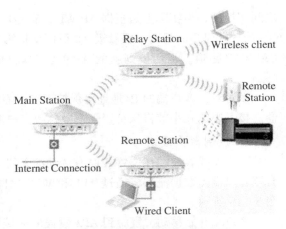

图 5-17　点对多点无线桥接示意图

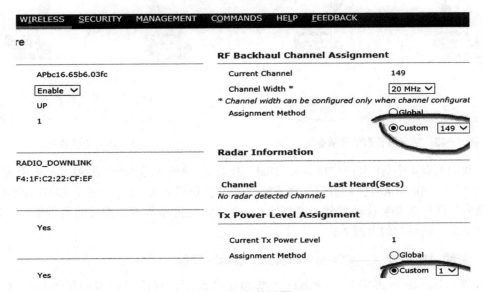

图 5-18　桥接配置 1

图 5-19　桥接配置 2

3）改变 AP 的模式为桥接模式，如图 5 - 20 所示。

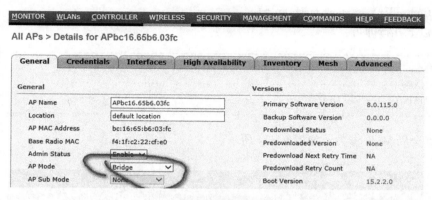

图 5 - 20　AP 的桥接模式

4）配置 Mesh AP 的角色，如图 5 - 21 和图 5 - 22 所示。

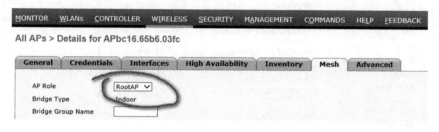

图 5 - 21　配置角色 1

图 5 - 22　配置角色 2

5）验证 Mesh 连接状态，如图 5 - 23 所示。

图 5 - 23　连接状态验证

6) 通过命令行 Show Mesh AP Tree 观察效果。

（Cisco Controller） > show mesh ap tree

观察到以下几行即可：

```
--------------------------------------------------------------
Number of Mesh APs·····················································2
Number of RAPs·························································1
Number of MAPs·························································1
--------------------------------------------------------------
```

7) 设置全局 Mesh 参数，如图 5-24 所示。

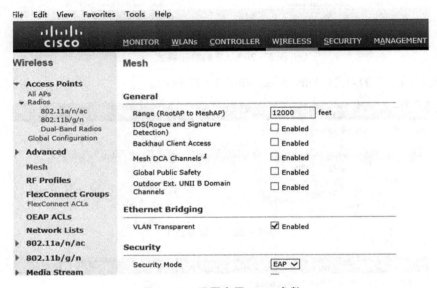

图 5-24 设置全局 Mesh 参数

8) 设置本地 Mesh 参数，如图 5-25 所示。

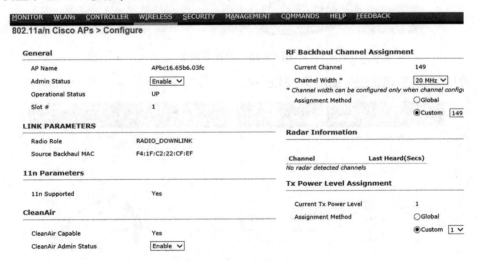

图 5-25 设置本地 Mesh 参数

5.3.7 服务器架构

Web 服务器和 DNS 服务器的架构：

第一步，在虚拟机上安装 Windows2008 的操作系统。

第二步，安装 Web（IIS）服务器（添加角色及角色功能）。

第三步，安装 DNS 服务器（环境配置 IP、子网掩码、DNS、添加角色方法同上）（采用的主机名称：www.raindrop.com，主机 IP 地址：10.1.3.241）。

第四步，进行相关域名解析操作。

安装完成后单击"开始"→"所有程序"→"管理工具"→"DNS"，开始配置 DNS 服务器，具体步骤见以下图示，主要区域如图 5-26 所示。

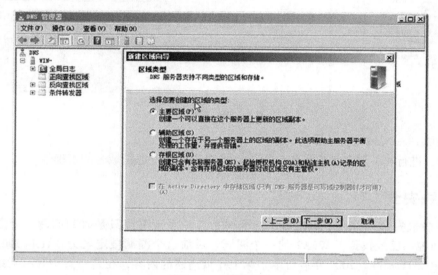

图 5-26 主要区域

新建区域名称为 www.raindrop.com，配置域名如图 5-27 所示。

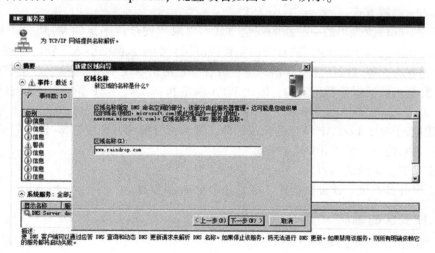

图 5-27 配置域名

新建主机并增加 A 记录，如图 5 - 28 所示。

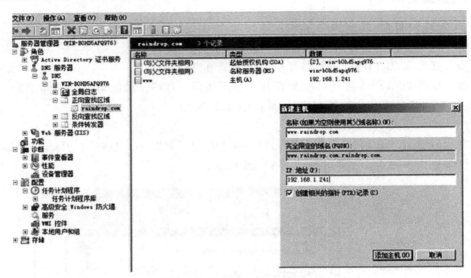

图 5 - 28   A 记录

成功增加 www. raindrop. com 主机记录。

第五步，进行相关域名解析操作，用 ping 命令测试主机解析域名的正确性。

5.4   无线安全

号称当前最安全的 Wi-Fi 认证加密标准 WPA2 被发现漏洞只是时间问题，无线安全公司 AirTight 宣布他们已经找到了 WPA2 的一个漏洞。目前这个漏洞被定名为"Hole 196"，命名来自于 IEEE 802. 11 标准（2007 年修订本）第 196 页描述的内容，在这一页中写有无线安全漏洞从此被埋葬不会出现。黑客可以使用这个 Hole 196 进行中间人模式攻击，从网络内部获得授权，从而实现恶意流量数据注入、隐私内容获取、授权和开源软件权限调用等。本次研究的课题使用的是 WPA2de 加密方式。

WPA 是 Wi-Fi 联盟提出的一种新的安全方式，以取代安全性不足的 WEP。WPA 采用 TKIP（Temporal Key Intergrity Protocol，临时密钥完整性协议）为加入网络引入了新的机制，它使用密钥构架和管理方法，通过由认证服务器动态生成、分发密钥取代 WEP 的单个静态密钥。由于动态密钥的分发是由认证服务器完成的，因此 WPA 通常和 802. x、EAP 相结合来提供可靠的无线数据传输。

任何使用基于 802. 1x/EAP 认证的无线网络，通常被分解为几个主要部分。

1）请求者系统：无线工作站客户端。

2）认证系统：无线访问点。

3）认证服务器系统：认证数据库，通常是 Dadius 服务器。

5.4.1   无线安全的漏洞

WLAN 面临的主要安全威胁见表 5 - 7。

表 5 - 7   WLAN 面临的主要安全威胁

协议栈层次	主要安全威胁
应用层	淹没攻击、路径 DoS 攻击、泛滥攻击、软件漏洞等
传输层	SYN 泛洪、同步失效攻击
网络层	欺骗、篡改和重放路由信息、Hello 保温泛洪、选择转发、黑洞攻击、冲动攻击、女巫攻击
数据链路层	碰撞攻击、耗尽攻击、不公平攻击
物理层	干扰攻击、节点干预或破坏

1. 网络窃听

一般说来，大多数网络通信都是以明文（非加密）格式出现的，这就会使处于无线信号覆盖范围之内的攻击者可以乘机监视并破解（读取）通信。这类攻击是企业管理员面临的最大安全问题。如果没有基于加密的强有力的安全服务，数据就很容易在空气中传输时被他人读取并利用。

2. AP 中间人欺骗

在没有足够的安全防范措施的情况下，是很容易受到利用非法 AP 进行的中间人欺骗攻击。解决这种攻击的通常做法是采用双向认证方法（即网络认证用户，同时用户也认证网络）和基于应用层的加密认证（如 HTTPS + WEB）。

3. WEP 破解

现在互联网上存在一些程序，能够捕捉位于 AP 信号覆盖区域内的数据包，收集到足够的 WEP 弱密钥加密的数据包，并进行分析以恢复 WEP 密钥。根据监听无线通信的机器速度、WLAN 内发射信号的无线主机数量，以及由于 802.11 帧冲突引起的 IV 重发数量，最快可以在两个小时内攻破 WEP 密钥。

4. MAC 地址欺骗

即使 AP 启用了 MAC 地址过滤，使未授权的黑客无线网卡不能连接 AP，这并不意味着能阻止黑客进行无线信号侦听。通过某些软件分析截获的数据，能够获得 AP 允许通信的 STA MAC 地址，这样黑客就能利用 MAC 地址伪装等手段入侵网络。

5. DHCP 导致易侵入

由于服务集标识符 SSID 易泄露，黑客可以轻易窃取 SSID，并成功与接入点建立连接。当然，如果要访问网络资源，还需要配置可用的 IP 地址，但多数的 WLAN 采用的是动态主机配置协议 DHCP，自动为用户分配 IP，这样黑客会轻而易举地进入网络。

6. 无线网络身份验证欺骗

欺骗这种攻击手段是通过骗过网络设备，使得它们错误地认为来自它们的连接是网络中一个合法的和经过同意的机器发出的。达到欺骗的目的，最简单的方法是重新定义无线网络或网卡的 MAC 地址。

7. 网络接管与篡改

同样因为 TCP/IP 设计的原因，某些欺骗技术可供攻击者接管无线网上其他资源建立的网络连接。如果攻击者接管了某个 AP，那么所有来自无线网的通信都会传到攻击者的机器上，包括其他用户试图访问合法网络主机时需要使用的密码和其他信息。欺诈 AP 可以让攻击者从有线网或无线网进行远程访问，而且这种攻击通常不会引起用户的怀疑，用户通常是在毫无防范的情况下输入自己的身份验证信息，甚至在接到许多 SSL 错误或其他密钥错误的通知之后，仍像是看待自己机器上的错误一样看待它们，这让攻击者可以继续接管连接，而不容易被别人发现。

8．拒绝服务攻击

拒绝服务攻击方式，不是以获取信息为目的。黑客只是想让用户无法访问网络服务，其一直不断地发送信息，合法用户无法正常工作。

5.4.2　无线网络采取的应对措施

1．更改默认设置

更改默认设置，最基本的是要更改默认的管理员密码，而且如果设备支持的话，最好把管理员的用户名也一同更改。对大多数无线网络设备来说，管理员的密码可能是通用的，因此，一般情况下更改这个密码，使其他用户无法获得整个网络的管理权限。

2．更新 AP 的 Firmware

有时，通过升级为最新版本的 Firmware 能够提高 AP 的安全性，新版本的 Firmware 常常修复了已知的安全漏洞，并在功能方面可能添加了一些新的安全措施。

3．屏蔽 SSID 广播

许多 AP 允许用户屏蔽 SSID 广播，这样可防范 Netstumbler 的扫描，不过这也将禁止 WindowsXP 的用户使用其内建的无线 Zero 配置应用程序和其他的客户端应用程序。

4．关闭机器或无线发射

关闭无线 AP，是一般用户用来保护他们的无线网络所采用的最简单的方法，在无须工作的整个晚上的时间内，可以使用一个简单的定时器来关闭 AP。

5．MAC 地址过滤

MAC 地址过滤是通过预先在 AP 中写入合法的 MAC 地址列表，只有当客户机的 MAC 地址和合法 MAC 地址表中的地址匹配，AP 才允许客户机与之通信，实现物理地址过滤。

6．降低发射功率

虽然只有少数几种 AP 拥有降低发射功率这种功能，但降低发射功率仍可有助于限制有意或偶然的未经许可的连接。现在的无线网卡灵敏度在不断提高，甚至这样的网卡随便都可购买得到，特别是在一幢大楼或宿舍中尝试阻止一些不必要的连接时，这可能没什么实际意义。

7．使用一些应用程序对无线网络进行探测

通常情况下，我们还可以用一些软件对无线网络进行监控或探测。NetStumbler 是最经常使用的一种软件，是广泛应用于监测无线网络运行的工具。它对可以接收到的每一个无线访问点都提供了大量的数据，能显示运行中的无线设备的 MAC 地址、使用信道、信号强度、SSID 或者其中的缺陷，以及对某个特别访问点是否采取了编码。

8．要使用一个无线入侵防御系统

保证 Wi-Fi 网络安全比抗击那些设法获取网络访问权限的企图要做更多的事情。例如，黑客可以建立一个虚假的接入点或者实施拒绝服务攻击。要帮助检测和对抗这些攻击，应该使用一个无线入侵防御系统（WIPS）。每个厂商的 WIPS 的设计和使用方法是不同的，但是，这些系统一般都可以监视虚假的接入点或恶意行动，向你报警和可能阻止这些恶意行为。

5.4.3 具体配置

无线安全配置方面的技术十分庞杂，在这里我们只是浅尝遄止。我们需要随时监听用户连接 SSID 的流量以观察哪些是正常的用户，哪些是有害的用户。因为我们是整个无线网络的管理员，所以不需要用 ARP 欺骗的方法让路由器将流量转发到我们这里。我们只需要在交换机上配置一个目的镜像端口 fa0/2，将所有流经源镜像端口 fa0/1 以上外网的流量全部复制一份到 fa0/2。我们只需用网线连接目的镜像端口和 PC 就可以随时监听 用户的流量了。

SW 上的配置：

```
(config)# monitor session 1 source interface0/1
(config)# monitor session 1 destination interface 0/2
```

PC 上用抓包软件 Wireshark 分析用户的流量，如图 5 − 29 和图 5 − 30 所示。

No.	Time	Source	Destination	Protocol	Length	Info
13045	105.598780	182.131.30.19	10.1.200.1	HTTP	793	HTTP/1.1 200 OK (PNG)
13057	105.637627	10.1.200.1	183.60.15.158	HTTP	708	GET /cgi-bin/apptrace?appi
13061	105.678240	10.1.200.1	14.17.42.125	HTTP	276	POST /gdt_stats.fcg?stkey=
13064	105.684836	183.60.15.158	10.1.200.1	HTTP	318	HTTP/1.1 200 OK (text/htm
13085	105.723845	14.17.42.125	10.1.200.1	HTTP	171	HTTP/1.1 200 OK (text/htm
13105	105.828873	10.1.200.1	14.17.42.125	HTTP	265	POST /gdt_stats.fcg?stkey=
13115	105.874549	14.17.42.125	10.1.200.1	HTTP	171	HTTP/1.1 200 OK (text/htm
13317	107.513018	10.1.250.7	36.110.170.33	HTTP	953	POST /q HTTP/1.1 (applica
13323	107.588204	36.110.170.33	10.1.250.7	HTTP	414	HTTP/1.1 200 OK (applicat
13356	107.904717	10.1.250.7	106.120.151.221	HTTP	281	POST /lca.php?z=0&t=1&dv=2
13362	107.954964	106.120.151.221	10.1.250.7	HTTP	237	HTTP/1.1 404 Not Found (t
13607	109.715813	10.1.250.7	106.120.188.47	HTTP	249	GET /api/toolbox/geturl.ph
13623	109.768894	106.120.188.47	10.1.250.7	HTTP	399	HTTP/1.1 404 (text/html)

图 5 − 29 锁定目标

```
Transmission Control Protocol, Src Port: 51446 (51446), Dst Port: 80 (80), Seq: 1, Ack: 1, Len: 195
    Source Port: 51446 (51446)
    Destination Port: 80 (80)
    [Stream index: 99]
    [TCP Segment Len: 195]
    Sequence number: 1    (relative sequence number)
    [Next sequence number: 196    (relative sequence number)]
    Acknowledgment number: 1    (relative ack number)
    Header Length: 20 bytes
    .... 0000 0001 1000 = Flags: 0x018 (PSH, ACK)
    Window size value: 17520
    [Calculated window size: 17520]
    [Window size scaling factor: -2 (no window scaling used)]
    Checksum: 0x669a [validation disabled]
        [Good Checksum: False]
        [Bad Checksum: False]
    Urgent pointer: 0
    [SEQ/ACK analysis]
        [iRTT: 0.062087000 seconds]
        [Bytes in flight: 195]
Hypertext Transfer Protocol
    GET /api/toolbox/geturl.php?h=F6D5AC01E812B48065DD259A1FC02790&v=7.8.0.7194&r=6992_sogou_pinyin_7.8.0.
        [Expert Info (Chat/Sequence): GET /api/toolbox/geturl.php?h=F6D5AC01E812B48065DD259A1FC02790&v=7.8.0
            [GET /api/toolbox/geturl.php?h=F6D5AC01E812B48065DD259A1FC02790&v=7.8.0.7194&r=6992_sogou_pinyin_7
```

图 5 − 30 get 数据分析

通过这个设置可以发现非法用户，管理非法 AP。但是这仅是发现而已，要具体控制则必须编写相关程序，这超出了我们目前的知识范围。

5.4.4 连接到外网

我们的实验环境是内网的三层交换机连接着外网的无线路由器，内网的网段是 10.1.0.0，外网路由器的网关是 192.168.2.1，我们需要在交换机划分一个 VLAN 将连接路由器的接口加进来。配置步骤如下：

1. 首先在 SW 上配置基本信息

```
#vlan 5
#name sw – inter
#int vlan 5
#ip add 192.168.10.2.132 255.255.255.0
#exit
#int fa0/1
#sw mode acc
#sw acc vlan 5
#exit
#ip route 0.0.0.0 0.0.0.0 192.168.2.1
#ip default – gateway 192.168.2.1
#exit
```

2. 继续配置 SW DNS 服务器

```
#ip domain – lookup
#ip name – server 61.139.2.69
#exit
#wr
```

3. 配置静态路由

我们还需要在路由器上配置静态路由以保证我们的流量有来有回。以下是某 TP – LINK 无线路由器的静态路由表，如图 5 – 31 所示。

图 5 – 31　TP-LINK 无线路由器的静态路由表

5.4.5 放大信号

1）AP 摆放位置应该在信号发送方向。

2）用易拉罐制成金属箔，用于放大信号，如图 5 – 32 所示。

3）在网络中使用易拉罐后也有网速提升效果，网上测速手段众多，此处验证方法从略。

图 5 – 32　用易拉罐定向放大信号

5.5　项目总结

总之，从专业的角度讲，无线局域网利用了无线多址信道的一种有效方法来支持计算机之间的通信，并为移动化、个性化和多媒体应用提供了可能。

本项目从无线网络的基本知识开始讲解，到后期组建一个完整的无线局域网。其中涉及了 AP 身份认证、Web 登录机制、AP 无线漫游、服务器架构、安全漏洞攻击与防御、无线信号的放大与中继，在工作过程中不仅仅要用到无线网络的操作技术，还需要对交换机和路由器做相关的配置。

第6章

IP 语音系统配置与建设

6.1 基础知识

6.1.1 IP 语音系统的原理

IP 电话是建立在 IP 技术上的分组化、数字化传输技术。通过语音压缩算法把普通电话的模拟信号转换成计算机可连入因特网传送的数据包,同时将收到的 IP 数据包转换成声音的模拟信号,达到由因特网传送语音的目的。

6.1.2 IP 语音系统的特点

1) IP 电话集远程会议、通信、网络信息为一体。IP 电话通过数据网络传送语音信号,它既能保证通话质量,又可提供数据服务,如通过 IP 可视电话机的屏幕可以浏览新闻、查看股票信息、检索在线通信簿以及召开电话会议等。

2) 显著降低网络运营成本。目前,许多企业并行两到三条网络:一条用作语音传送,一条用作视频会议,另一条用于数据传输,这种复杂结构直接带来网络维护的高成本。基于数据网,IP 电话系统可以有效地把这些网络整合,减少了企业在话路设备、电话系统安装和维护上的投资。同时,因为企业内部的通话是在数据网上进行,不占用电信服务商的资源,因而降低了话费支出,特别是对于那些分支多、地域分散的大型企业,长途话费的节省就更加显著。成功应用宝利通 IP 电话系统的美国微软公司认为,IP 电话系统节约了他们的资金,本地拨号费用降低了33%,每年约节省25000美元,此外还大大减少了建立一体化信息平台所发生的系统改造成本。

3) 灵活便捷。由于 IP 电话技术将语音与数据网络融为一体,减少了布线。安装时只要将 IP 电话机与数据线连接即可,无须识别哪个是语音线。此外,当座位发生变动时,只要把 IP 电话机与新地点的数据线连上,就可以和先前一样办公。而在传统电话网络中,移机则需要通过专业工程师的"跳线"来调整。更方便的是,这种移动在部署 IP 电话的分支机构间可以畅通无阻。这对于那些实行弹性工作时间、人员移动性大或是座位变换频繁的企业而言,受益会更显著。

4) 助力企业改善客户服务关系,创造更多的增值服务。IP 电话能提供数据和语音的整合应用,如将语音邮件转换成电子邮件并及时发送到相关人员的邮箱中,设置特殊的拨叫服务以及呼叫管理。在 IP 电话系统的支持下,企业客户可以选择喜欢的方式——寻呼、移动电话、固定电话等,以获得内容丰富的信息提示。

IP 电话系统的日益成熟,让越来越多的企业和电信服务商不再局限于使用传统电话网,而是更多地采用 IP 电话的应用和服务。IP 电话正在成为企业重要的信息传输和沟通载体。

6.1.3　IP 语音系统的控制协议

1. SIP

SIP（Session Initiation Protocol，会话初始协议）是一个面向 Internet 会议和电话的简单信令协议标准。

SIP 与 HTTP 和 SMTP 是类似的，都是基于文本的协议。它用于用户间建立和配置交互式通信会议（如语音、图像、交谈、交互游戏、虚拟现实等）。SIP 是应用层控制信令协议，可用于建立、修改或结束一个或几个参与者的会议，包括 Internet 多媒体会议、Internet 电话呼叫、多媒体分发。会议中的成员可以通过多点传送（Multicast）方式或单点传送（UnicastMesh）方式、甚至两者混合的方式进行通信。SIP 支持会议描述，允许与会者协商选用兼容的媒体类型。由于 SIP 没有捆绑于任何特定的会议控制协议，因而具有普遍重要性，而且特别适用于局域网电话系统。

由于 SIP 与下面的传输层和网络层协议无关，且提供内在的可靠保证机制，所以只要求底层提供可靠或不可靠的分组业务或字节流业务，而 SIP 消息的格式与之无关。在局域网电话系统中 SIP 可以利用 UDP 做传输层协议，其中，UDP 允许上层的应用更仔细地控制消息序列、重传和使用多点传送技术等。

2. RTP

实时传输协议（Real-time Transport Protocol，RTP）是一个网络传输协议，它是由 IETF 的多媒体传输工作小组于 1996 年在 RFC1889 中公布的，后在 RFC3550 中进行更新。

国际电信联盟 ITU-T 也发布了自己的 RTP 文档（作为 H.225.0），但是后来当 IETF 发布了关于它的稳定的标准 RFC 后就被取消了。它作为因特网标准在 RFC3550（该文档的旧版本是 RFC1889）有详细说明。RFC3551（STD65，旧版本是 RFC1890）详细描述了使用最小控制的音频和视频会议。

RTP 详细说明了在互联网上传递音频和视频的标准数据报格式。它一开始被设计为一个多播协议，但后来被用在很多单播应用中。RTP 常用于流媒体系统（配合 RTSP），视频会议和一键通（PushtoTalk）系统（配合 H.323 或 SIP），使它成为 IP 电话业的技术基础。RTP 和 RTCP 一起使用，RTP 是建立在用户数据报协议上的。

3. H.323

H.323 是一种 ITU-T 标准，最初用于局域网（LAN）上的多媒体会议，后来扩展至覆盖 VoIP。该标准既包括了点对点通信也包括了多点会议通信。H.323 定义了四种逻辑组成部分：终端、网关、关守及多点控制单元（MCU）。终端、网关和 MCU 均被视为终端点。

4. MGCP

媒体网关控制协议（MGCP）是由思科和 Telcordia 提议的 VoIP，它定义了呼叫控制单元（呼叫代理或媒体网关）与电话网关之间的通信服务。MGCP 属于控制协议，允许中心控制台监测 IP 电话和网关事件，并通知它们发送内容至指定地址。在 MGCP 结构中，智能呼叫控制置于网关外部并由呼叫控制单元（呼叫代理）来处理。同时呼叫控制单元互相保持同步，发送一致的命令给网关。

5. MeGaCo

媒体网关控制协议（MeGaCo）是 IETF 和 ITU-T（ITU-TH.248 建议）共同努力的结果。MeGaCo/H.248 是一种用于控制物理上分开的多媒体网关的协议单元的协议，从而可以从媒体转化中分离呼叫控制。MeGaCo/H.248 说明了用于转换电路交换语音到基于包的通信流量的媒体网关（MG）和用于规定这种流量的服务逻辑的媒介网关控制器之间的联系。MeGaCo/H.248 通知媒体网关将来自于数据包或单元数据网络之外的数据流连接到数据包或单元数据流上，如实时传输协议（RTP）。从 VoIP 结构和网关控制的关系来看，MeGaCo/H.248 与 MGCP 在本质上相当相似，但是 MeGaCo/H.248 支持更广泛的网络，如 ATM。

6. SCCP

信令连接控制协议（Signal Connection Control Protocol，SCCP）是用于思科呼叫管理及其 VoIP 电话之间的思科专有协议。为解决 VoIP 问题，要求 LAN 或者基于 IP 的 PBX 的终点站操作简单，常见且相对便宜。相对于 H.323 推荐的相当昂贵的系统而言，SCCP 定义了一个简单且易于使用的结构。

SCCP 的特点：

1）能传送各种与电路无关（Non-Circuit-Related）的信令消息。

2）具有增强的寻址选路功能，可以在全球互联的不同七号信令网之间实现信令的直接传输。

3）除了无连接服务功能以外，还能提供面向连接的服务功能。

6.1.4　IP 语音系统的安全性

由于传统语音设备上的安全性较低，而有的数据网络更为开放，技术更容易被掌握，因此 IP 语音通信系统中开发的安全性主要来自于防范数据网络的攻击。数据网络上的攻击主要有以下几种：

1）IP 语音系统开发—拒绝服务攻击，如 Finger of Death、IP 碎片攻击、Flood Ping、SYN Flood 攻击等。

2）IP 语音系统开发—病毒攻击。网络上绝大多数的蠕虫、木马等病毒都会对 IP 语音通信系统造成威胁。

3）操作系统漏洞所造成的安全隐患。目前大多数的黑客都是利用操作系统的漏洞，而获取操作系统超级用户的权限，从而对 IP 语音通信系统产生威胁。

4）IP 语音系统开发—端口扫描。目前网络上有许多可供下载的端口扫描工具，使用这个工具对系统的端口扫描可以得到整个系统网络拓扑图，从而发动攻击。

5）网络设备存在的安全隐患，如防火墙、路由器以及交换机等网络硬件设备由于本身存在着安全性的问题，因此很容易遭受到攻击。

6）由于数据被窃听所带来的安全隐患。数据在开放性的网络上传输时，很容易被人将这些数据进行拦截，不仅获取其中的信息，还可以伪造信息来欺骗用户，如 Sniffer、IP 欺骗以及中间人攻击都属于这种情况。

为了保证 IP 语音通信系统的通信安全，必须要对系统中的安全性结构进行设计，从而实现一个立体化的 IP 语音通信安全结构。具体的设计内容如下：

1）将系统中的信令控制服务器放置在一个单独的安全域内，对信令控制服务器的安全进行重点关注，并将其中的语音信息和控制信息采用不同的通道进行传输。

2）采用安全度更高的 Linux 操作系统。有研究表明 Windows 操作系统本身包含更多的安全漏洞，更容易受到攻击。

3）将普通数据与 IP 语音设备分隔，IP 语音通信系统最有效的保护方法是 VLAN 划分，使用这种方式可以隔离大部分的简单攻击和病毒攻击。并且通过在 IP 语音包上携带第二层和第三层的优先级标记，可以和支持 QoS 服务的 IP 网络进行配合，不仅可以保证系统的安全性，还有利于系统质量的提高。

4）对在 IP 网络上进行传输的数据进行加密，包括对普通的 IP 语音信息和 IP 信令信息进行加密，让信息窃取者在获取信息时不明白信息内容，也可以让系统很清楚地了解哪些信息是未授权第三方伪造的。

5）对系统开发的安全权限和安全等级进行严格的限定，尽量让用户不会拥有超过他本身业务所需要的权限。

6.2 项目描述与分析

6.2.1 项目背景及要求

一个公司所追求的是最大化的合法盈利，这就需要尽可能提高办事效率，尽可能减少开支。而通过 IP 语音系统，就可以让公司减少昂贵的通信费用及会议时间，高效办事。某办公室平面图如图 6-1 所示。

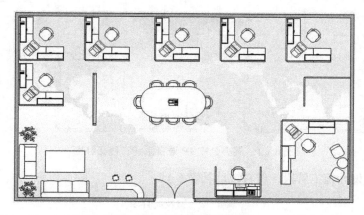

图 6-1 某办公室平面图

6.2.2 项目实施环境分析

办公室内设置了多个办公单元，利用多层交换机与 IP 电话实现各语音电话之间的互联互通，在办公室内搭建专用网络。

6.2.3 功能需求分析

功能需求分析表，见表 6-1。

表 6-1 功能需求分析表

任　务	内　　容
任务一	通过因特网，异地组网，内部拨打电话全免费
任务二	使用 IP 软电话（安装在笔记本的软件电话），拨打公司内部分机
任务三	实现电话会议
任务四	使用 CUCM 管理思科 IP 电话

6.3 项目设计和实施

6.3.1 某办公室语音系统描述

1）在办公楼内通过 Internet 实现异地组网、内部拨打电话全免费。这就需要在每个办公室实现基于 SIP 的 IP 电话软件和 IP 硬电话互联互通。

2）实现所有办公单元都能参与电话会议。

6.3.2 某办公室语音系统总体设计

1）某办公室 IP 语音系统布线拓扑图，如图 6 - 2 所示。

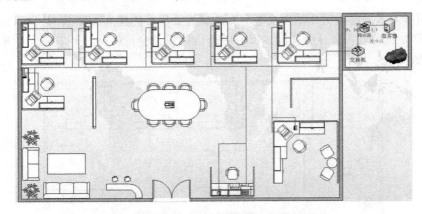

图 6 - 2 某办公室 IP 语音系统布线拓扑图

2）综合布线设计施工阶段，材料统计见表 6 - 2。

表 6 - 2 材料统计表

设备	型号	数量	单价	总价
IP 电话机	CISCO	8		
交换机	CISCO	1		
路由器	CISCO	1		

3）配置语音系统。

①搭建服务器。

②配置 IP 语音软电话及硬电话。

③实现电话会议。

6.3.3 某办公室语音系统实施

此项目主要讲述 IP 语音系统的配置，所以具体布线内容阶段略过，以下的所有功能实现也以实验室实验方式来描述。

6.3.4 搭建服务器安装环境

（1）安装光盘 Elastix-3. 0. 0-Stable-x86_64-bin-10nov2014. iso。

（2）操作系统 Linux CentOS 6。

（3）硬件要求　Windows7、CPU2.3GHz、1GB RAM、20GB HardDisk、EthernetAdaptor。

（4）安装流程　下载 Elastix 安装文件保存在计算机中。

1）调整虚拟机硬件。单击"虚拟机设置"，选择"CD/DVD（IDE）"，导入事先准备好的 Elastix 镜像 Elastix-2.5.0-Stable-x86_64-bin-21oct2014.iso，如图 6-3 所示，单击"确定"按钮。

图 6-3　虚拟机导入镜像文件

2）开启虚拟机，进入安装界面，如图 6-4，图 6-5 所示。

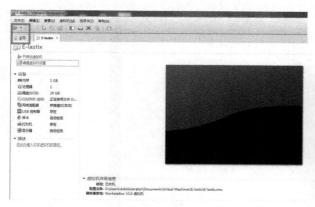

图 6-4　开启虚拟机　　　　　　　　　图 6-5　进入安装界面

3）配置 TCP/IP，如图 6-6 所示。

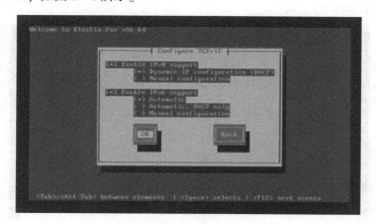

图 6-6　配置 TCP/IP

4）设置 root 密码，如图 6-7 所示。

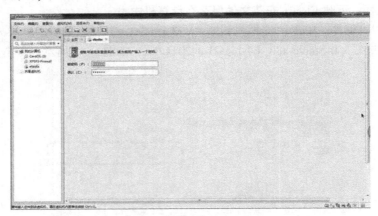

图 6-7　设置 root 密码

5）设置一些 Linux 选项（根据需要进行设置，单击"下一步"按钮进入下一个设置页面），如图 6-8 所示。

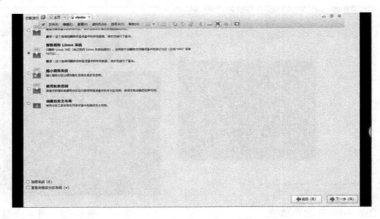

图 6-8　设置 Linux 选项

6）开始安装，如图 6-9 所示。

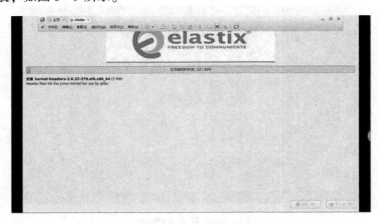

图 6-9　开始安装

7）设置 MYSQL 密码和网页登录 admin 的密码，如图 6 - 10、图 6 - 11 所示。

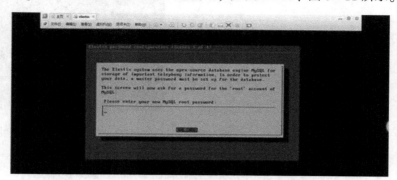

图 6 - 10　设置 MYSQL 密码

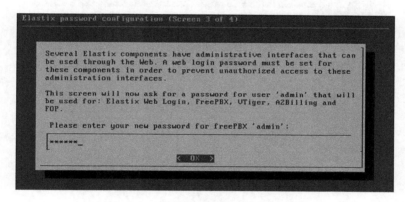

图 6 - 11　设置网页登录 admin 的密码

8）安装完成，输入 root 密码进入系统，如图 6 - 12 所示。

9）登录成功，如图 6 - 13 所示。

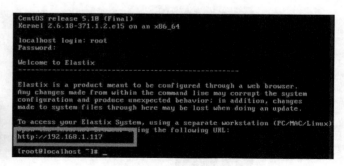

图 6 - 12　输入 root 密码　　　　　　　　图 6 - 13　登录成功

10）在浏览器里输入：http://192.168.1.125，就会进入 Elastix 的 Web 登录界面。如果提示安全证书不可用，则单击"继续浏览"按钮即可。输入之前的 admin 密码进行配置，如图 6 - 14、图 6 - 15、图 6 - 16 所示。

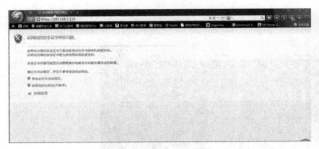

图 6-14 安全证书

图 6-15 登录界面

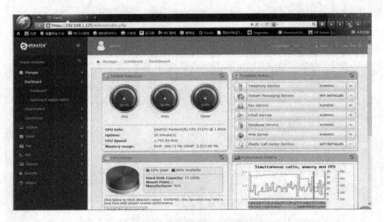

图 6-16 登录成功

（5）配置过程

1）进入系统，如图 6-17 所示。

图 6-17 进入系统

2）在进行配置之前，必须先新建一个组织，然后基于这个组织进行操作，如图 6-18 所示。

图 6 - 18　新建组织

3）添加分机，如图 6 - 19 所示。

图 6 - 19　添加分机

4）分机列表，如图 6 - 20 所示。

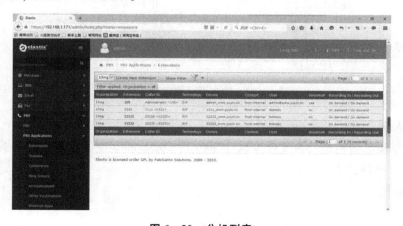

图 6 - 20　分机列表

　　之后在 SIP 客户端登录 SIP 账号，此处的客户端为 X-Lite。在此处设置用户名、密码，登录到服务器，如图 6 - 21，图 6 - 22 所示。

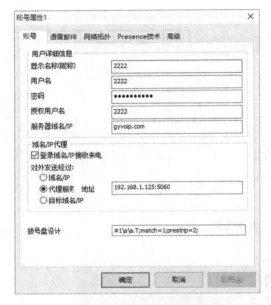

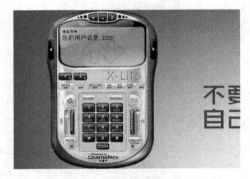

图 6 - 21　登录成功的界面　　　　　　　　　　**图 6 - 22　互相通信**

再对其他客户端进行相同设置。到此，Elastix 服务器的客户端就能互相通信了。

6.3.5　CISCO 软电话配置

1. 项目拓扑图

软电话通信实验拓扑图如图 6 - 23 所示。

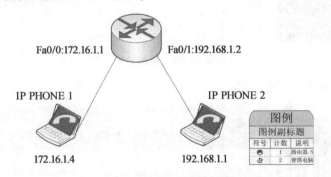

图 6 - 23　软电话通信实验拓扑图

2. 环境准备

软电话配置需求的软件是 Java 虚拟机、Cisco ID Communicator 软电话、Cisco 路由器语音 iOS（c2801-ipvoice）软件。

3. 具体配置

路由器：

```
fa0/0: ipadd172. 16. 1. 1/24fa0/1: ipadd192. 168. 1. 2/24
VoIP( config) #telephony-service
VoIP( config-telephony) #max-ephones 3
```

```
VoIP(config-telephony)#max-dn 10
VoIP(config-telephony)#keepalive 10
VoIP(config-telephony)#ip source-address 172. 16. 1. 1 port 2000
VoIP(config-telephony)#system message Cisco Voip
VoIP(config-telephony)#exit
VoIP(config)#ephone-dn 1
VoIP(config-ephone-dn)#number 5001
VoIP(config-ephone-dn)#name HostA
VoIP(config-ephone-dn)#exit
VoIP(config)#ephone-dn 2
VoIP(config-ephone-dn)#number 5002
VoIP(config-ephone-dn)#name HostB
VoIP(config-ephone-dn)#exit
VoIP(config)#ephone-dn 3
VoIP(config-ephone-dn)#number 5003
VoIP(config-ephone-dn)#name HostC
VoIP(config-ephone-dn)#exit
VoIP(config)#ephone 1
VoIP(config-ephone)#mac-address 0016. D324. 9FFD
VoIP(config-ephone)#type CIPC
VoIP(config-ephone)#button1:1
VoIP(config-ephone)#ephone 2
VoIP(config-ephone)#mac-address 0011. D84D. E84E
VoIP(config-ephone)#type CIPC
VoIP(config-ephone)#button1:2
VoIP(config)#telephony-service
VoIP(config-telephony)#create cnf-files
VoIP(config-telephony)#exit
Voip#clock set 13:16:00 10 oct 2014
```

回到软电话界面，电话机注册如图 6 - 24、图 6 - 25、图 6 - 26 所示。

图 6 - 24　软电话界面

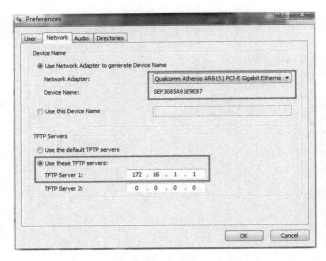

图 6-25　电话机注册

图 6-26　注册页面

电话机已经注册成功，路由器的日志消息如图 6-27 所示。

```
voip#
Oct 10 10:40:12.747: %IPPHONE-6-REGISTER: ephone-1:SEP3085A91E9E87 IP:172.16.1.4
Socket:1 DeviceType:Phone has registered.
```

图 6-27　路由器的日志消息

电话注册完成后，可以看到电话号码和系统消息，以及功能按钮等，如图 6-28 所示。

图 6-28　注册完成

4. 实验结果

拨打电话、来电显示、通话中显示如图 6-29、图 6-30、图 6-31 所示。

图 6-29　拨打电话

图 6-30　来电显示

图 6-31　通话中显示

6.3.6 CISCOIP 硬电话配置

1. 实验拓扑图

IP 硬电话配置实验拓扑图如图 6 – 32 所示。

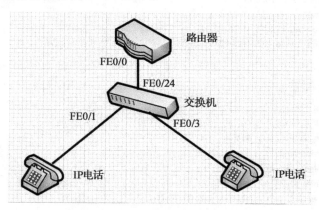

图 6 – 32 IP 硬电话配置实验拓扑图

2. 具体配置

```
VoIp(config)#host VoIp
VoIp(config)#int fa0/0
VoIp(config-if)#ip add 172. 16. 0. 253 255. 255. 0. 0
VoIp(config-if)#no sh
Vop(config-if)#exit
VoIP(config)#telephony-service
VoIP(config-telephony)#max-ephones 3
VoIP(config-telephony)#max-dn 10
VoIP(config-telephony)#keepalive 10
VoIP(config-telephony)#ip source-address 172. 16. 0. 253 port 2000
VoIP(config-telephony)#system message Cisco Voip
VoIP(config-telephony)#exit
VoIP(config)#ephone-dn1
VoIP(config-ephone-dn)#number 2009
VoIP(config-ephone-dn)#name HostA
VoIP(config-ephone-dn)#exit
VoIP(config)#ephone-dn 2
VoIP(config-ephone-dn)#number 2010
VoIP(config-ephone-dn)#name HostB
VoIP(config-ephone-dn)#exit
```

1）进入配置界面，配置路由器。

```
VoIP(config)#ephone1
VoIP(config-ephone)#mac-address 0012. 00EF. 9E97
VoIP(config-ephone)#type 7911
VoIP(config-ephone)#button1: 1
VoIP(config-ephone)#ephone 2
VoIP(config-ephone)#mac-address 0012. 01AD. 2E54
VoIP(config-ephone)#type 7911
```

```
VoIP( config-ephone)#button1: 2
VoIP( config-ephone)#exit
VoIP#clock set 12: 00: 00 20 Dec 2014
VoIP( config)#ip dhcp pool
VoIP( dhcp-config)#network 172. 16. 0. 0 /16
VoIP( dhcp-config)#default-router 172. 16. 0. 253
VoIP( dhcp-config)#dns-server 172. 16. 0. 253
VoIP( dhcp-config)#option 150 ip 172. 16. 0. 253
VoIP( dhcp-config)#exit
```

2）交换机的具体配置。

```
Switch_3550( config)#int f0/1
Switch_3550( config-if)#no shut
Switch_3550( config-if)#spanning-tree portfast
Switch_3550( config-if)#int f0/3
Switch_3550( config-if)#spanning-tree portfast
Switch_3550( config-if)#int f0/24
Switch_3550( config-if)#switch port trunk encapsulation dot1q
Switch_3550( config-if)#sw mode trunk
```

3）IP电话的配置。把电话上面的DHCP功能打开，此时就等待电话和交换机、路由器连接，连接成功后电话会自动注册（注意看路由器上面的提示信息）。待注册成功后，IP硬电话就可以进行通话了。

6.3.7 Cisco软电话的会议功能的配置

1. 拓扑图

实验项目配置拓扑图如图6-33所示。

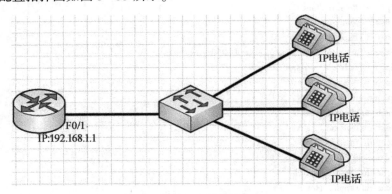

图6-33 实验项目配置拓扑图

2. 实验步骤

（1）连接实验设备

1）实验设备：三台软电话、Cisco路由器、交换机。

2）设备连接：用直通线连接路由器和交换机，再用直通线连接交换机和计算机上的IP电话。配置PC，使IP软电话和路由器处于同一个网段中，并能够ping通网关。配置基于路由器的DHCP服务、时钟、支持的电话数量、源地址。

3）在路由器上输入以下命令，使之具有DHCP功能。

```
Router > enable
Router#configure terminal
Router(config)#ip dhcp excluded-address 192. 168. 1. 1
Router(config)#ip dhcp pool voip
Router(dhcp-config)#network 192. 168. 1. 0 /24
Router(dhcp-config)#default-router 192. 168. 1. 1
Router(dhcp-config)#dns-server 192. 168. 1. 1
Router(dhcp-config)#option 150 ip 192. 168. 1. 1
```

4) 在路由器上输入以下命令, 使之具有正确的时间。

```
Router#clock set 29 Dec 2014
```

5) 在路由器上输入以下命令, 使之支持 30 个 IP 电话、150 条线路。

```
Router(config)#telephony-service
Router(config-telephony)#max-ephones 30
Router(config-telephony)#max-dn 150
```

6) 在路由器上输入以下命令, 指定语音通信时的源地址。

```
Router(config-telephony)#ip source-address 192. 168. 1. 1 port 2000
```

7) 如果想手动干预路由器创建配置文件, 可以在电话服务配置模式下使用以下命令。

```
Router(config-telephony)#createcnf-files
```

(2) 配置电话和电话线路

1) 产生电话线路, ephone-dn 最简单的形式就是一个目录号码, 它可以被分配给一个或多个 IP 电话上的一个或多个按钮。ephone-dn 可以是单线或双线模式。双线能同时处理两个通话过程。

```
Router(config)#ephone-dn 10 dual-line
Router(config-ephone-dn)#number 10010
Router(config-ephone-dn)#exit
Router(config)#ephone-dn 11 dual-line
Router(config-ephone-dn)#number 10011
Router(config-ephone-dn)#exit
Router(config)#ephone-dn 12 dual-line
Router(config-ephone-dn)#number 10012
Router(config-ephone-dn)#exit
```

2) 配置电话, 向 ephone 指定对应的 MAC 地址。关联 ephone 和 ephone-dn。button 命令在 ephone 配置模式下, 将 ephone-dn 分配给 ephone 的一个按钮。

```
Router(config)#ephone 1
Router(config-ephone)#mac-address 3085. A91E. 9E87
Router(config-ephone)#button1:10
Router(config-ephone)#restart
Router(config-ephone)#exit
Router(config)#ephone 2
Router(config-ephone)#mac-address 5CF9. DD4B. B336
Router(config-ephone)#button1:11
Router(config-ephone)#restart
Router(config-ephone)#exit
Router(config)#ephone 3
```

```
Router( config-ephone)#mac-address E0CB. 4E3A. B1D6
Router( config-ephone)#button1:12
Router( config-ephone)#restart
Router( config-ephone)#exit
```

3）关联 ephone 和 ephone-dn。button 命令在 ephone 配置模式下，将 ephone-dn 分配给 ephone 的一个按钮。button < physicalbutton > < separator > < ephone-dn >。冒号表示这是一个"正常铃音"按键分配，restart 使得电话可以在 TFTP 服务器上进行热重启，并重新下载配置文件。

```
Router#showephone
```

（3）验证配置情况　如图 6 - 34 所示。

（4）拨号测试

1）拨打第一个号码，如图 6 - 35 所示。

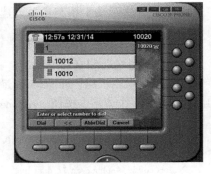

图 6 - 34　验证配置　　　　　　　　　　　　　　　　　　图 6 - 35　拨号

2）待拨通后，单击功能键"Confrn"，拨打第二个号码，如图 6 - 36 所示。

3）这时会有一方通话处于挂起状态，再次单击"Confrn"键，进入会议状态，如图 6 - 37 所示。

图 6 - 36　拨打号码　　　　　　　　　　　　　　　　图 6 - 37　单击"Confrn"键

Cisco 语音电话会议功能完成。

6.3.8　CUCM（Cisco Unified CallManager）统一管理思科 IP 电话

1. 项目拓扑图

实验项目拓扑图，如图 6-38 所示。

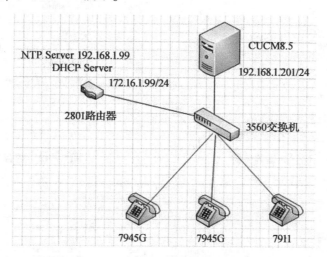

图 6-38　实验项目拓扑图

2. 具体配置

1）安装 CUCM8.6 的 IOS。首先，新建虚拟机，选择自定义。然后兼容性选择 Workstation6.5-7.x。新建虚拟机如图 6-39 所示。

2）选择 CCM 的光盘镜像文件路径，操作系统选 Linux，版本如图。选定操作系统如图 6-40 所示。

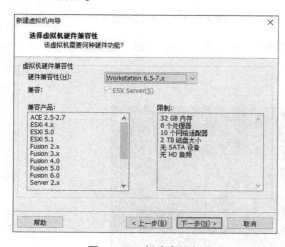

图 6-39　新建虚拟机

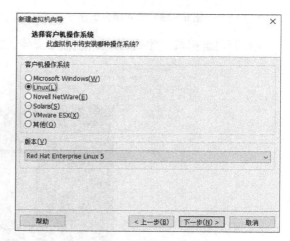

图 6-40　操作系统选 Linux

3）设置虚拟机名称及保存位置。然后设置处理器数量，如图 6-41 所示。

4）内存推荐 2GB，如图 6-42 所示。

5）网络类型选桥接模式。下面选推荐设置磁盘大小，推荐值为 80GB，如图 6-43 所示。

6）新建虚拟机向导结束，单击"完成"按钮开始安装，如图 6-44 所示。

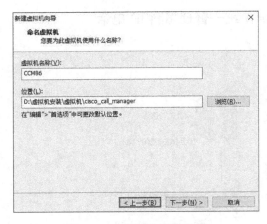

图 6-41 设置处理器数量　　　　　　图 6-42 内存推荐

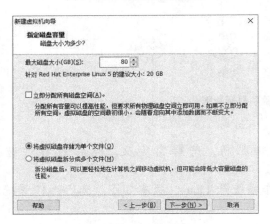

图 6-43 设置磁盘大小　　　　　　图 6-44 虚拟机设置完成

7) 开启虚拟机，此处选择 No，开始安装，如图 6-45、图 6-46 所示。

图 6-45 开启虚拟机

图 6 - 46　开启安装

8）选择第一个版本，如图 6 - 47 所示。

图 6 - 47　选择第一个版本

9）选第一个，如图 6 - 48 所示。

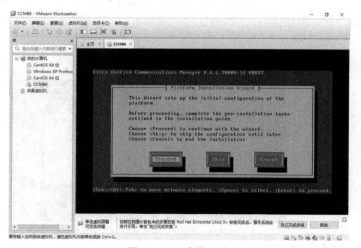

图 6 - 48　选第一个

10）选 No，如图 6 - 49 所示。

图 6-49 选 No

11）选择 Shanghai，如图 6-50 所示。

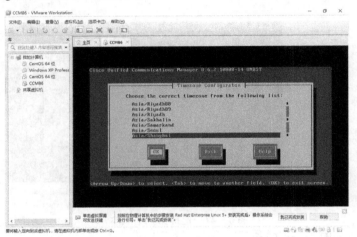

图 6-50 选择 Shanghai

12）此处选 No，下一步还是 No，如图 6-51 所示。

图 6-51 选 No

13）静态网络配置，如图 6-52 所示。

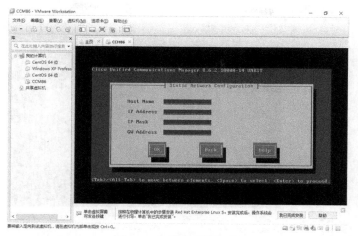

图 6 - 52　静态网络配置

14）设置管理员用户名和密码，如图 6 - 53 所示。

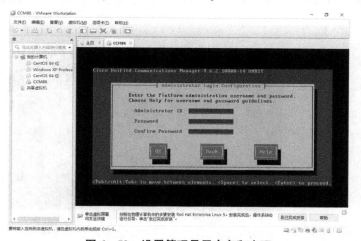

图 6 - 53　设置管理员用户名和密码

15）此处选 Yes，如图 6 - 54 所示。

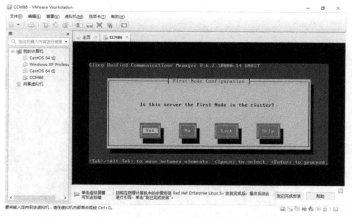

图 6 - 54　选 Yes

16）设置 NTP 服务器地址，如图 6 - 55 所示。

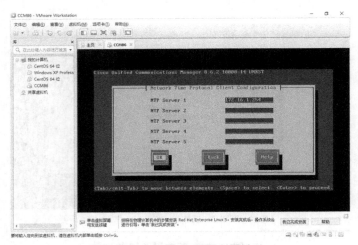

图 6 - 55　设置 NTP 服务器地址

17）安全设置，如图 6 - 56 所示。

图 6 - 56　安全设置

18）设置 Web 页面登录用户名和密码，如图 6 - 57 所示。

图 6 - 57　设置 Web 页面登录用户名和密码

然后选 OK，等待自动安装。

19）安装完成，登录用户名和密码，如图 6-58 所示。

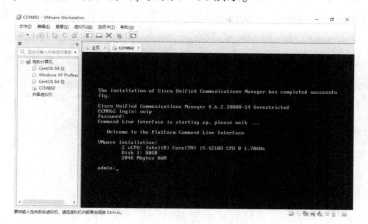

图 6-58　登录用户名和密码

20）在浏览器界面输入它的 IP 地址进入管理界面，如图 6-59 所示。

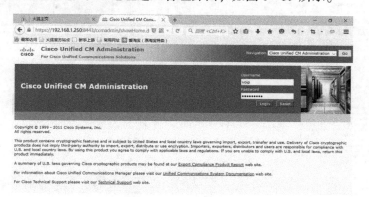

图 6-59　进入管理界面

21）登录进入配置界面，如图 6-60 所示。

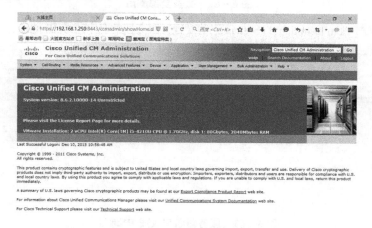

图 6-60　进入配置界面

至此，安装过程到此结束。

22）配置 CUCM，如图 6-61 所示。

Cisco Unified Operating System Administration 下设置 NTP Server，保证状态是 Accessible。

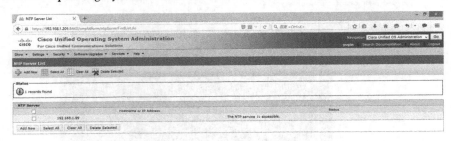

图 6-61　配置 CUCM

23）Cisco Unified Serceability 下的服务全部激活，如图 6-62 所示。

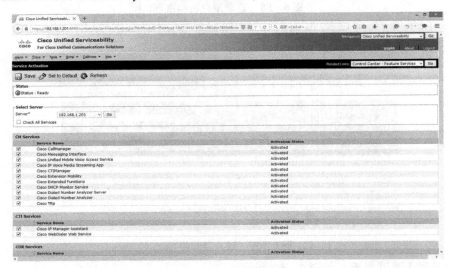

图 6-62　服务全部激活

Cisco Unified CM Administration 的 System 下的配置，服务器的名字改成 IP 地址，如图 6-63 所示。

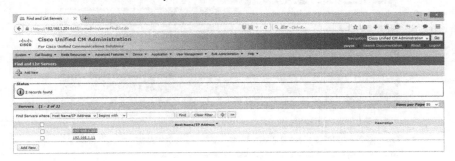

图 6-63　服务器名字改成 IP 地址

24）Cisco Unified CM 下允许自动注册，如图 6-64 所示。

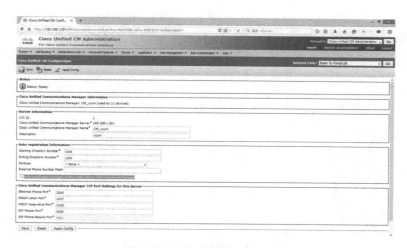

图 6-64　允许自动注册

25）设置合适的时区和时间格式，如图 6-65 所示。

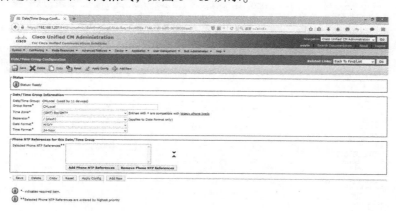

图 6-65　设置合适的时区和时间格式

26）默认的 Region 设置是 g711 的内部编码，如图 6-66 所示。

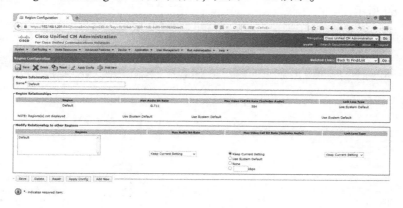

图 6-66　内部编码

27）创建一个 Device Pool，如图 6-67 所示。

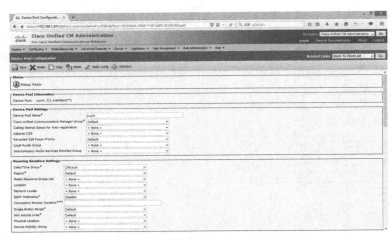

图 6 - 67　创建一个 Device Pool

28）企业参数下修改 IP 地址，如图 6 - 68 所示。

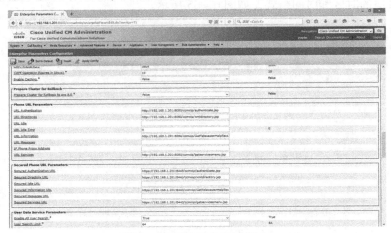

图 6 - 68　修改 IP 地址

29）服务参数下将 t. 302 修改时间改为 3s，3s 内拨号完成，默认是 15s，相当于提高了用户体验，如图 6 - 69 所示。

图 6 - 69　修改参数

30）测试，至此电话应该注册成功，如图6-70所示。

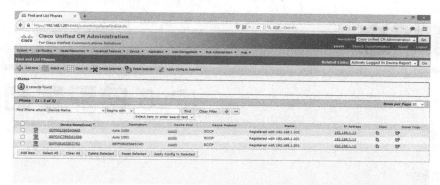

图6-70 电话注册成功

6.4 项目总结

本章我们进行了思科语音电话的讲解，掌握了软件电话与软件电话的通信方式，硬件电话与硬件电话的通信方式，软件电话与硬件电话的通信方式，以及相关服务器的搭建方式。

第7章

IPv6 的配置和应用

📖 **学习目标**
1）理解 IPv6 报文结构、地址结构和相关的过渡技术。
2）理解校园网 IPv4 到 IPv6 的过渡策略和设计方案。
3）掌握纯 IPv6 子网建设实施方法。

7.1 IPv6 改造项目基础知识

IPv6 英文全称为 Internet Protocol Version 6，我们把它称为"下一代互联网协议"，IPv6 的出现是为了缓解 IPv4 地址空间不足及安全性不高等问题，并且在路由、自动配置等方面提出了多方面的改进。经过一个漫长的 IPv4/IPv6 共存时期后，IPv6 终将完全替代 IPv4。相对于 IPv4 而言，IPv6 具有明显的优势：

（1）巨大的地址空间　IPv4 地址共 32 位，IPv6 地址扩展到 128 位，缓解了 IPv4 地址不足的问题；支持层次化的地址结构，从而更容易解决。

（2）报头格式精简　大大减少了路由器、交换机对报头的识别处理时间。

（3）易扩展性　可扩展报头和选项部分，增强了数据包转发能力，同时扩展了网络应用程序的加载。

（4）认证及安全性　IPsec 作为 IPv6 的认证协议，确保了网络层端到端传输的完整性和安全性。

7.1.1 报文结构

IPv6 数据报文的一般格式如图 7-1 所示，包括基本首部与扩展首部以及数据部分三个单元。

IPv6 基本首部 （40 字节）	IPv6 扩展首部 （可变）	数据部分

图 7-1　IPv6 数据报文的一般格式

这三部分的具体含义如下：

（1）基本首部　其长度为 40 个字节，每个 IPv6 数据报必含基本首部。

（2）扩展首部　为基本首部后的可选择部分，就其数量而言，没有具体要求，可有一个或多个，当然也可没有；随着其数量的不同其长度也不相同。

172

（3）数据部分　其完全由上层协议报文所组成，既可以是 TCP 报文，也可以是 UDP 报文，还可以是 ICMPv6 报文；具体由最后一扩展首部中的"下一个首部"字段的值所决定。

IPv6 继承了之前 IPv4 的一系列优点，诸如两者均无法连接，任意数据报不仅可独立地被路由且均含有目的地址。同后者相同，在 IPv6 数据报的头部存在有标识域，用于记录其在被丢弃前所经历的最大站数。此外，后者的许多通用机制也均被 IPv6 所继承。

IPv6 不仅集成了 IPv4 大部分的基本概念，同时还对其所有的细节都进行了改进。例如，在 IPv6 中不仅采用了全新的数据报头格式，同时还进一步增加了报头的地址。此外，IPv4 通过长度不定的可选头部来完成可选信息的处理工作，而在 IPv6 则是采用一定长度的头部来处理此类信息。具体而言，IPv6 主要增加了下述几类特征。

1）头部格式：几乎对 IPv4 头部所有的域都进行了修改或是替代。

2）地址尺寸：目前其地址大小为 128 位，是 IPv4 地址位的 4 倍，完全能够满足各式需求。

3）扩展头部：IPv6 将信息放置于分离的头部中，而 IPv4 则仅采用一种格式。同时其数据报含有基本头部、数量不定的扩展头部以及特定的数据区。

4）可扩展协议：其不仅囊括了 IPv4 所有的协议特征，还具有可扩展的特性，即发送方可增加一些额外信息，这种模式令其更具灵活性。换言之，可在设计中随时添加一些新的特征。

5）支持音频、视频：发送者和接收者可以通过高质量的路径创建基础网络相关的数据传输。这一机制不仅确保了视频与音频的有效传输，同时还可通过那些低花费的路径完成数据报的传输。

7.1.2　地址结构

1. 地址空间及表示

IPv6 采用 128 位地址长度，较 IPv4 的 32 位地址长度而言，它能更好地划分路由、域名的层次结构，表达互联网拓扑结构。

在 IPv4 中采用的是十进制表示法，也就是说 8 位为一段，并将之转化为对应的十进制数，而后以点号隔开。IPv6 采用的则是十六进制表式法，其将自身的地址均分为 8 组，而后将每组转换为十六进制数，并以冒号隔开。

如若以二进制来表示 IPv6 128 位的地址：

0011000010000111010111010101000100011010000100010111001110010110
1011000001010000111101001001001001111111101110100010011100010110

每 16 位为一组，具体排列如下述：

0011000010000111 0101110101010001 0001101000100010 1110011100100110
1011000001010000 1111010010010010 0111111110111010 0010011100010110

随后将其转换位十六进制数，并以冒号隔开，结果如下：

3087: SD51: 1A22: E726: BO50: F492: 7F74: 4E2C

实践发现，在其位串中存在有多个连续的 0 位，在进行换算之后同样存在有多个连续的 0 值。为了进一步精简其地址表示，可压缩各组中的前导零，但通过精简每组至少要有一个数字。如下述地址：

2001: 0000: 340E: 0031: 0000: C002: 0001: 0002

在进行进一步精简之后，可将其表示为

2001: 0: 340E: 31: 0: C002: 1: 2

如若在精简之后还是存在有多个连续的 0 值，还可采取同样的原则再次进行精简。通常情况下均是以双冒号（::）的形式来代表多个连续的 0 值，但是考虑到地址表示的有关明确性要求，在一个地址中不可多次使用这一替代法。如下所示的 IPv6 地址：

2001:0:0:0:2AA:0:0:9CSA

精简后表示为 2001::2AA:0:0:9CSA。

此外，由于 IPv6 地址有路由前缀子网号，因此可采用 IPv6 地址/前缀长度来表示其前缀。具体的表示形式同 IPv4 中所采用的无分类编址（CIDR）法相同。例如，2001:DBB:ZAA::/48 便是有着 48 位路由前缀的 IP 地址。

2．地址分类

IPv6 有三种类型的地址，分别为单播、多播以及新型任播地址。

（1）单播地址　这一类型的地址是 IPv6 中最为常见的地址类型，又可将其划分为站点和链路本地、可聚合全球以及嵌入到 IPv4 的 IPv6 地址四大类。

为了确保 IPv6 的通用与使用性，自动生成的地址便是链路本地地址；可聚合全球地址可以说是最基本的地址类型，仅能在一定区域使用，无法同外部实现交互与联系，即表现出较大区域性的是本地站点地址；同时最后一种地址类型又可被划分为多种地址，如 IPv6 映射 IPv4 地址（Ipv4-mapped Ipv6 address）、6to4 地址等。

（2）多播地址　其同样也是 IPv6 中最基本的一种地址。内容多集中于地址的前缀、具体的标志与范围。通常情况下由其标志决定着地址的具体性质，换言之就是可从中看出地址究竟是永久的还是临时的。其范围则决定着其在网络中具体的传输范围。

（3）任播地址　其是 IPv6 立足于 IPv4 构建起的全新地址类型。其同单播地址有着完全相同的结构与语法格式，两者的不同之处在于后者仅能够用于固定地址间的传输，而前者则不受此约束，极大程度上扩展了其传输的范围，使之能够在更大的范围内完成数据的传输工作。

7.2　IPv6 过渡技术简介

考虑到过渡方案所涉及的各方面问题与具体需求，设计所要实现的目标：

1）实现 IPv4 与 IPv6 两者设备间的交互与操作。

2）IPv4 到 IPv6 的过渡机制要精简，IPv6 结点间不要过多地出现依赖。

3）便于用户和管理员操作和管理。

依据此设计目标，IETF 提出并实施了 Internet SIT（Simple Internetwork Transition，简单过渡机制），进而由此精简了过渡协议与管理机制，并使得两者进一步的规范化。其主要特点：

1）渐进式的平稳过渡。之前 IPv4 的一系列设备，如路由器和主机等可通过进一步升级，适用于 IPv6。

2）升级要求的最低化。就主机来说，仅要求 DNS 服务器能够妥善管理 IPv6 的地址。

3）寻址方式的精简化。主机等信息设备在完成升级之后，同样还可适用于 IPv4 的地址。

4）投资成本低。

7.2.1　双栈协议技术

双栈协议技术是指能够在终端设备以及网络节点上同时运行 IPv4 和 IPv6 的协议栈，进而在此基础上实现两者间的有效通信。由于两者均是网络层协议，无论是功能还是应用形式均非常类似，属同种物理平台，并且两者基于传输层的 TCP 与 UDP 也完全相同，故两者完全可以在同一个主机上运行。

该项技术的具体工作机制：首先由数据链路层完成数据包的接收，而后对之进行解析与检查，观察报头的首个字段，也就是 IP 包的版本号，如若为 4 则由 IPv4 的协议栈来对之进行处理，如若为 6 便由 IPv6 的协议栈进行处理。

该项技术的优点在于有着较高的互通性，具体的结构规划也比较简单，易于掌握和理解。同时可在网络中发挥出 IPv6 所具有的各种优点，如路由约束、安全性能以及服务质量等。缺点则是 IPv6 的各终端设备仍要占用 IPv4 的地址，无法有效解决后者地址不足的问题。

7.2.2　隧道技术

通过该项技术能够借助原有的 IPv4 网络完成 IPv6 数据的传输。应用该项技术不仅要求隧道两端的节点能够同时支持两种协议，而且路由器也能够支持双栈，也就是说要能够同时解析转发 IPv4 和 IPv6 的数据包。其中数据包的传输可划分为三个阶段：封装、隧道中的管理以及最后的解封。首先将 IPv6 数据包封装在 IPv4 数据包中，而后经 IPv4 网络进行传递，完成传输后在端点解封得到 IPv6 的数据包；或反之 IPv4 数据包在 IPv6 网络中传输时，将前者的数据包封装在后者的数据包中，经 IPv6 网络进行传输，到达端点后进行解封便得到 IPv4 的数据包。该技术适用于由 IPv6 的孤岛网络向 IPv4 网络传输数据，或是在前者的网络中 IPv4 的小孤岛间进行数据的传输。该项技术是目前应用最为广泛的过渡技术。

在实践中根据需求的不同，该项技术又被划分为手工或自动配置隧道、6to4 隧道、6over4 隧道、ISATAP 站内自动隧道寻址协议。该项技术最大的优点在于仅需对隧道的出入口进行修改，无须修改网络的其他部分，也就更容易实现既定目标。其缺点在于，无法实现两协议主机间的直接通信。由于当下的网络仍多是 IPv4，因此该项技术多用于以 IPv4 封装 IPv6 数据包，但随着后者技术的不断推广与发展，必将也会实现以后者封装前者数据包的隧道技术。

7.2.3　翻译技术

对于翻译技术而言，它不仅可用于 IPv4/IPv6 分组，同时也可以用于 IPv6/IPv4 分组的转换。从上层协议的角度看，这种转换工作是无法掩饰的。通过该项翻译技术不需要对 IPv6 与 IPv4 结点的软件等做出修改，便可实现两者间的通信。依据该技术对于不同层面网络系统所制定的解决方案，可将之划分为三种类型：网络层、传输层以及应用层翻译。

1. 网络层翻译

SIIT（Stateless IP/ICMP Transition，无状态 IP/ICMP 翻译机制）存在一个专用算法，可用于实现 IPv4/IPv6 转换。SIIT 翻译的对象是两者的报头，并不是扩展头。SIIT 转换器不仅能够对报头格式进行转换，还可将源地址以及目的地址均转换为 IPv4 地址。依靠一个 SIIT 转换器，两个节点可进行通信，在这一过程中全部的转化操作都不会处于一种特定状态。所以说，翻译器不用去维护每个流的状态，同时也不需要维护 TCP 连接状态。在 IPv4 与 IPv6 之间翻译器的数量是没有限制的，同时就任一分组而言，其所对应的翻译器也不是固定的，其模型图如图 7-2 所示。

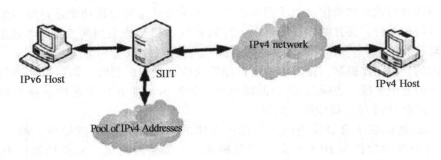

图 7-2　SIIT 模型图

在实践中发现，由于在 SIIT 机制中没有对 IPv4 临时地址的分配方式作出规定，该项机制通常也难以实现。为了解决这一问题，常用的做法就是 IPv4 翻译地址配置于 IPv6 站点主机中，但是这种方法无法应用于大规模网络。对于那种大型网络而言，这一解决方案显然是无法实现的。

2. 传输层翻译

TRT（Transport Relay Translator，传输中继翻译器），传输层中拥有专门的服务器与 DNS，之后便可映射出 IPv4 及 IPv6 地址。通常情况下，在两节点之间放置 TRT 系统，就可以成功地实现｛TCP，UDP｝/IPv6 与｛TCP，UDP｝/IPv4 之间的翻译。为了实现映射地址的目的，在传输层翻译机制中，通常会使用 IPv6 单播地址，这样地址前缀 C6::/64 就可以被较好地留存，进一步就可以针对路由表完成各种配置操作，如可以将包含有该前缀的目的地址数据包发送到 TRT 的系统。如图 7-3 所示（标记为"哑前缀"的子网实际不存在）为 TRT 技术模型图。

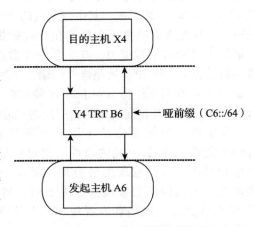

图 7-3　TRT 技术模型图

当主机 A6 同主机 X4 进行通信时，首先要发送一个目的地址为 C6::X4 的 TCP/IPv6 连接请求。在当数据包被发送至 TRT 系统时，后者便可捕获到这一数据包并与之连接，这样两个主机之间就可以互相通信了。后者可以将 C6::/64 中低 32 位数据提取出来，这样就可以得到真实主机中 IPv4 地址 X4，之后 Y4-X4 就可以构成一个 TCP/IPv4 连接，这样两个不同的 TCP 就连接在一起了。这也就是说，对于不同的协议栈主机而言，都可以采用这一方式来实现通信。相应的步骤为

（1）TCP/IPv6　发起方主机 A6→TRT 系统（C6::/64）。

（2）TCP/IPv4　TRT 系统（Y4）→目的主机（X4）。

可以采用某些特定方式来确定 UDP 数据流向，在 NAT 中可以采用记录双方地址和端口号的方法，这样 UDP 就会与 TCP 中继原理一致。对于发起方而言，其 IPv6 地址格式必须具有一定的特殊性，只有这样才能成功连接 IPv4 目的主机。那么想要获得这一特殊的 IPv6 地址格式，可以采用解析主机静态地址映射表这一方式，也可以采用借助特定 DNS 服务器的方式。

3. 应用层翻译

在应用层翻译技术中，NAT-PT（附带协议转换器的网络地址转换器）技术是目前最为常见

也是最易实现的技术，基于其应用的广泛性、操作的简便性深受各研究者的喜爱。在由 IPv4→IPv6 的过渡过程中，NAT-PT 技术同样也发挥着至关重要的作用。依据 NAT-PT 的作用机理，在初期对于"小岛"式 IPv6 主机，要通过相应的转换设备将其地址转换为符合规定的 IPv4 地址，进而以此完成对 IPv4 网络的访问。

　　NAT-PT 同 SIIT 原理有着一定程度的相似性，改进之处在于将之前 IPv4 下的 NAT 转而应用于 SIIT 中 IPv4 地址的选取。同时只需较少的 IPv4 地址便可构成相应的地址池，且不限定 IPv4 地址一定是全球唯一的，进而为需要大量地址转换的应用提供 NAT-PT 服务，其具体的原理如图 7 - 4 所示。

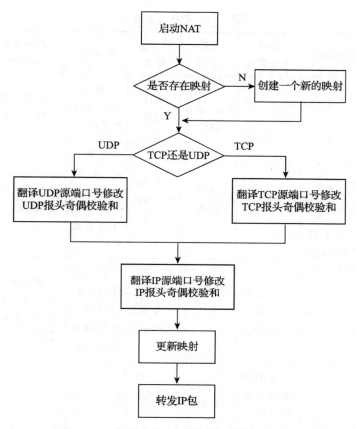

图 7 - 4　NAT-PT 原理图

　　依据内部与外部地址间的映射关系，NAT-PT 技术又可分为静态、动态以及端口地址映射三种模式。无论是采用何种模式，之前的 IPv4 与 IPv6 网络均不需再进行额外的改动，仅需在其间增设一专门的网关服务器，便可完成所有的转换工作。

7.2.4　过渡技术总结

　　对 IPv6 综合组网现有的过渡技术进行比对分析，可以总结出各技术所具有的优缺点与适用范围，结合这些特点与性质可根据不同的网络需求制定相应的过渡策略。为了便于方案实施者参考，下面用表格列出对三种过渡策略的分析比较，分别见表 7 - 1、表 7 - 2 和表 7 - 3。

表 7-1 双栈过渡技术

迁移策略	具体技术	应用场景	IPv4地址需求	主机需求	路由器需求	扩展性	易用性和管理性	备注
双栈策略	DSTM	内部网、汇聚层	多个节点共享一个地址池	支持双栈	支持双栈	一般不推荐使用	对地址池、DNS 的管理较复杂	通常只能单向通信,有安全隐患

表 7-2 隧道过渡技术

迁移策略	具体技术	应用场景	IPv4地址需求	主机需求	路由器需求	扩展性	易用性和管理性	备注
隧道策略	配置隧道	骨干网或城域核心网	每个节点需要一个IPv4地址	支持IPv4、IPv6、双栈	支持双栈	较差,不适合大规模采用	配置、管理都要人工干预	可小范围部署或做路由通道
	6to4			支持IPv6	支持双栈、6to4协议	需要对端支持6to4,各个网络的升级有耦合性	配置成功后使用简单	对路由要严加管理,避免路由还回和泄露
	隧道代理		多个节点共享一个地址池	双栈	双栈,并有隧道代理功能	扩展性好,主机可以 Web 方式请求隧道服务	管理维护复杂,容易形成瓶颈和安全隐患	可以小范围部署,规模大时管理较难
	MPLS隧道		对 IPv4地址无特殊要求	无特殊需求	支持MPLS功能			需要在骨干网部署MPLS
	6over4	内部网和汇聚层		支持IPv6	支持双栈、6over4协议	要求支持组播功能,应用范围受限		不推荐采用
	ISATAP			支持IPv6、双栈	双栈	不会成为网络平滑升级的障碍		可以和其他技术一起使用

表 7 - 3　翻译过渡技术

迁移策略	具体技术	应用场景	IPv4地址需求	主机需求	路由器需求	扩展性	易用性和管理性	备注
翻译策略	NAT-PT	网络汇聚层	多个节点共享一个地址池	无特殊需求	支持双栈，并有NAT-PT功能	扩展性不好	IPSec 以及应用穿越成为问题	不能应用在骨干网络中
	TRT				支持双栈并有TRT功能		主机和应用均不受影响	
	BIS	主机和终端	每个节点需要至少一个IPv4地址	双栈，支持 BIS 功能		不会成为网络平滑过渡的障碍	应用不受影响	可以通过操作系统升级的方式来实现
	BIA			双栈，支持 BIA				

7.3　校园网 IPv6 改造项目描述与分析

7.3.1　校园网过渡策略

　　校园网过渡到新一代网络，从技术层面上来看这是又一轮的技术革新，但这实际上是厚积薄发的体现。校园网立足于现有的技术与各项资源，遵循科学发展原则与规律，完成了网络技术的又一次革新。过渡之后的校园网络有着下述优点：更高的服务质量与安全性，各项管理工作也更具可靠性。

　　从校园网来看，完成由 IPv4→IPv6 过渡的具体策略涵盖下述 4 个方面。

　　1. 统一方案

　　从逻辑上讲，IPv4 网络和 IPv6 网络是两个独立的网络体系结构，是不兼容的。那么，如何将逻辑网络映射到物理网络将是亟须攻克的技术难题。对此我们准备了两种解决方案，其一是对软件进行升级，即对原有的路由器进行相应的软改造，使之能够适用于 IPv6 协议；其二是购置新一代的交换机、路由器等设备，在物理层面构建起两个相互独立的网络。从长远来看，如果早作规划，预购置两种协议均可转化的设备资源，即后一种方案对校园网升级无疑是更快更好的。

　　2. 分类计划

　　目前学院网络设备及主机操作系统的配置是基于 IPv4 协议，那么升级用户的终端设备在过渡到 IPv6 协议方案实施中需要分类规划。这当中包括用户端的网络协议和应用程序的升级，避免对用户的工作和学习造成影响，操作之前要做好充足的实验和预演。

　　由于网络层协议改变了，就影响了从链路层到应用层多个层之间的操作。实现从 IPv4 到 IPv6 的过渡，关键在于 IPv4 /IPv6 过渡技术，目前共有三类过渡技术：

　　（1）双协议栈（Dual Stack）　　这种技术的核心是将 IPv4、IPv6 两套协议栈同时放在同一个通信端节点上运行（如主机、路由器等），直接使 IPv6 节点兼容原有 IPv4 节点。双栈协议的确完全兼容了 IPv4 和 IPv6，不过仍无法切实解决 IP 地址的耗尽问题，并且需要构建起两套路由设施，令网络变得更加复杂。

（2）隧道技术（Tunnel）　将 IPv6 流量封装到 IPv4 的数据包中，并通过后者网络完成数据包的传输，这便是隧道技术。依据构建方式的差异，可将之划分为两类：手工或是自动配置的隧道。采用该技术仅需在端口增设出入口路由器，最大限度地利用之前的 IPv4 网络，进而以此实现 IPv6 节点在过渡时期的通信。这一方式比在全网范围内的设施升级更具可行性。但是，IPv6 节点和 IPv4 节点之间的相互通信问题隧道技术并不能够解决。

（3）网关转换技术（NAT-PT）　实现纯 IPv4 和 IPv6 节点间的直接通信是该技术的最终目标。具体的途径包括两者的地址、协议的转换与翻译。转换网关作为中间设备是实现通信的关键，能够在两种节点间完成 IP 报头地址的转换。

3．分步实施

分步实施是 IPv6 过渡成功的关键点。从理论研究、方案设计，到实验验证、组网建设、部分试运行，到全面的过渡技术应用实施过程，对用户而言，最重要的是 IPv6 的实施到底会给他们带来什么实质性的益处？现行的 IPv4 和 IPv6 协议在应用层不能通用，为了保持两种协议能在未来的时间里共通，需加快底层协议的开发，使其成为透明的应用程序，是现在计算机专业人士努力的方向。

4．平稳过渡

平稳过渡是指校园网从 IPv4 到两网并行，最终实现整个过程 IPv6 顺利实施。对用户而言，整个过渡方案实施几乎是透明的，不影响正常的教学和科研。平稳过渡要面对一个关键问题，若主机不支持双栈，那么纯 IPv4 和纯 IPv6 节点之间就无法互通。当下通常是采用 NAT-PT 技术解决这一难题。在完成网络过渡之后，所有的基础设施都能够支持 IPv6，并可远程完成参数的配置、控制相应性能，对运行状态进行检查，以便能够及时地发现、解决那些影响网络运行的违规事件。

7.3.2　校园网过渡

基于校园网现状，笔者认为实现学院 IPv4 向 IPv6 过渡，可分以下 4 个阶段。

1．第一阶段

初步建立 IPv6 实验网。在该阶段，校园网仍然以 IPv4 网络为主，各类应用服务均采用 IPv4 网络，通过实验室初步搭建小范围 IPv6 网络。

2．第二阶段

大规模新建 IPv6 网络。在该阶段，骨干网络以 IPv4/IPv6 过渡融合技术为基础，支持 IPv4/IPv6 可同时转发，逐步增加 IPv6 网络应用服务，如图 7-5 所示。

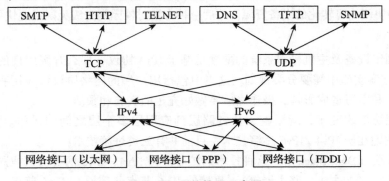

图 7-5　网络接口示意图

新建网络应全面采用 IPv6 方式，使校园网内 IPv6 用户数量不断增加。过渡机制可使用 NAT-PT 机制，新接入的网络应用需满足 IPv4、IPv6 同时互访等。

3. 第三阶段

网络应用逐步迁移。在该阶段，以大规模 IPv6 网络为骨干网络，同时支持少量 IPv4 子网的接入，所有的网络应用逐步向 IPv6 迁移。过渡机制可采用 NAT-PT 或 DSTM（Dual Stack Transition Mechanism）。

4. 第四阶段

IPv6 应用成功，不存在 IPv4 子网。在该阶段，已无须任何过渡技术，所有网络均基于 IPv6 互通。

由于 IPv6 校园网建设还处于初期的起步阶段，因此，本文研究的主要方向是建立适合校园网的 IPv6 试验网络，对于校园网络结构以及部署方案的论述主要围绕校园网络过渡的第一阶段展开。

7.3.3　校园网演进方案

综上所述，组网策略的 4 个方面紧密配合，在实际的过渡过程中要依据实际情况予以调整。根据学院目前 IPv4 校园网的现状，可采取新建部分纯 IPv6 网络与升级当前 IPv4 网络两者相结合的方案。

1. 新建部分纯 IPv6 网络

新建一个能与 Cernet2 连通的纯 IPv6 实验网，并使其能与 IPv4 校园网互通，然后逐步把 IPv4 校园网的用户和业务迁移到新建 IPv6 网络中，使其规模逐步扩大。当纯 IPv6 实验网与 IPv4 校园网规模相当时，把 IPv4 校园网中具有升级能力且可以升级的设备用于新建双栈网络的建设，逐步取代 IPv4 网络。但是，新建的纯 IPv6 实验网均是独立的网络，所以，在组网设计中一般采用 NAT-PT 技术实现 IPv4 与 IPv6 网络之间的互通。新建纯 IPv6 网络的示意图如图 7-6 所示。

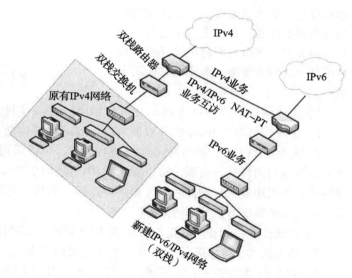

图 7-6　新建纯 IPv6 网络示意图

在这一组网的部署中，构建起的 IPv6 网络在校园网中形成一个个网络孤岛，这些新建的实验网能够同之前的 IPv4 校园网实现互访，以及在各孤岛间实现互通。新建的纯 IPv6 网要能够同时满足下述需求：

1）IPv4 网络中的 IPv4/IPv6 双栈主机与 IPv6 网络中的 IPv6 主机互通。

2）IPv6 网络孤岛穿越 IPv4 网络和 IPv6 网络孤岛互通。

2. 升级现有 IPv4 网络

升级现有 IPv4 网络实质上是升级现有 IPv4 校园网中的网络设备与网络结构。

1）升级网络设备。就是把 IPv4 校园网中的路由器、交换机升级为双栈路由器和交换机，淘汰掉不能升级的设备。路由器同时还要为 IPv6 配置适用的路由协议、管理软件以及报文转发软件，并且设备升级需要承担一定费用，为此应综合考虑并制定出具体的方案。

2）升级网络结构。IPv6 网络是路由器与局部子网的结构形式。IPv6 路由器呈树状或网状连接形式组成局部网络，本地 IPv6 主机就是通过局部网络相连最终形成全球连接。在过渡阶段，由于 IPv6 的报文需要在 IPv4 网络中进行传输，故要通过隧道技术来实现各路由器间的连接。但是倘若主机不能够同时支持双栈，那么必然就要涉及纯 IPv4 与纯 IPv6 节点间的交互问题，目前这个问题的主要解决方案是 NAT-PT。

由于现有校园网已经有很大的用户群体，倘若完全放弃之前的骨干网络与设计，在全网范围内进行设备的升级改造，不仅涉及的投资金额较大，同时也难以对网络开展有效管理，面临着诸多问题。对此要尽可能地降低投入成本，避免不必要的投入，建议采用逐步实施的方案。因此，先对核心设备进行升级改造，如图 7-7 所示。

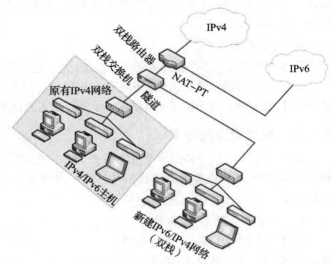

图 7-7　升级 IPv4 网络示意图

该方案所制定的网络特点：对于交换机设备的要求比较高，需要选用高端的路由器等设备。在接入网络之后，两种用户并存是典型的混合组网环境，这种组网方式较为复杂，需要同时满足下述要求：

1）IPv4 网络中的 IPv4 主机与 IPv6 网络中的 IPv6 主机互通。

2）IPv4 网络中的 IPv4/IPv6 双栈主机与 IPv6 网络中的 IPv6 主机互通。

校园网中 IPv4 主机要与 IPv6 主机进行通信，可以采用 NAT-PT 等地址翻译技术，IPv4/IPv6 地址以及端口的转换表由双栈路由器来维护。新建的 IPv4/IPv6 双栈主机要能够同 IPv4 网络实现通信，可采用隧道技术在后者构建链路连接，当报文传到端口时通过路由器与 Cernet 实现互联。所制定的解决方案要同时具有下述功能。

1）双栈技术：能够同时接入 IPv6 与 IPv4 两种类型的用户。

2）隧道技术：能够满足 IPv6 用户网络连接的需求。

3）NAT-PT 翻译技术：能够满足所有 IPv6 与 IPv4 用户业务互通的需求。

4）ACL 功能：能够在混合组网中满足用户开展接入控制的需求。

随着设备升级更新，新建 IPv6/IPv4 双栈网络的核心层设备可以作为 IPv6 网络的核心设备，这样其核心设备也就具备了运行 IPv6 的能力，之前的用户也可通过隧道，如 ISATAP 隧道（Intra-Site Automatic Tunnel Addressing Protocol）接入到核心层设备完成到 IPv6 网络的连接。

7.4　校园网整体结构设计

7.4.1　校园网拓扑结构

根据学院的实际情况，在本次校园网升级建设中采用同时支持 IPv4 和 IPv6 双协议栈网络的技术路线，即采取部分新建校园网的组网模式，用双栈、隧道、翻译过渡技术混合组网的方法进行全院网络的 IPv6 部署，实现两者的共存与互访，进而为全院用户提供 IPv4/IPv6 的双栈服务，并逐渐演变为 IPv6 访问优先的形式。同时构建起纯 IPv6 试验网络，接入相应专业学院与网络中心的机房，为之提供一个专用于科研的平台与环境。与外部 Cernet2 的通信通过隧道技术来实现，使网络节点可以同时支持两种协议。为此需要在学院主干设备上同时部署 IPv4 和 IPv6 两种协议栈，同时，利用适用于 IPv6 的交换机与 DNS 设备构建起纯的 IPv6 网络，使用具有 NAT-PT 功能的设备实现 IPv4 和 IPv6 互连互通，解决纯 IPv6 网络和 IPv4 网络间的互通。如图 7-8 所示为学院 IPv6 网络结构规划拓扑图。

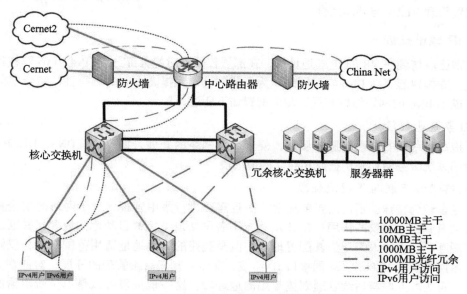

图 7-8　学院 IPv6 网络结构规划拓扑图

图 7-8 中，通过两台三层核心交换机来实现学院内部局域网络的连接。在原有 IPv4 校园网基础上，增加了双核心的三层交换机，万兆交换机与各部门之间的交换链路也升级成冗余链路，提高了主干链路的稳定性。两台三层交换机之间采用 HSRP（Hot Standby Router Protocol，热备份路由器协议）进行备份，使网络性能更加可靠、安全。中心路由器连接三层核心交换机，为用户与外网连接分担负载，提高网络速度。两台交换机均能独立进行访问，如果其中一台出现故障，也不会影响另一台正常运行，提高了网络容错能力。采用 OSPF（开放式最短路径优先）充当路由器和三层核心设备的专用协议。另外为了对学院的网络加以保护，并实现安全控制，需在中心路由的出口处设置相应的防火墙，以此过渡所有出入互联网的通信流量，维护网络安全。

如图 7-9 所示为局部链路冗余拓扑图，表示交换网络采用全冗余结构连接各

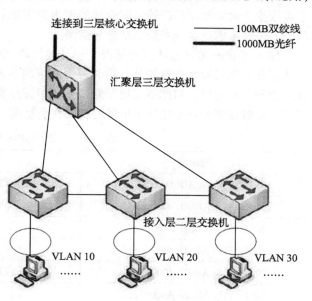

图 7-9　局部链路冗余拓扑图

183

部门。汇聚层将部署三层交换机，采用三层交换技术实现 VLAN（虚拟局域网）间的路由。进而实现各部门间的自由通信。从结构上看，局域网分为汇聚层和接入层。汇聚层交换机均冗余上行链路，依次同两台三层核心交换机相连接；接入层采用二层交换机。对于像图书馆、行政办公楼、实训大楼、教学楼等对网络可靠性要求较高的部门，还要就上述两层交换机间开展链路的冗余设计。在接入层的交换机上借助 VLAN 在各系部内部隔离出一个个子部门，进而防止病毒的侵害与广播风暴。同时启用 VTP（虚拟局域网干道协议）和 MSTP（多生成树协议），实现统一配置管理 VLAN 与环路闭合。

7.4.2 IP 地址规划

学院现已申请到一/48 的 IPv6 地址块，在部署校园网时绝大部分以 IPv4/IPv6 双栈接入技术予以实施，并构建起了纯 IPv6 实验网络。为了节省资源，提高方案的可行性，结合之前的 IPv4 地址，完成了 IPv6 的网络结构布局，相应配置如下所述。

1. 服务器地址段

为了提高网络的安全性与服务质量，便于后续网络的开展，如 Web、DNS、DHCP 和 MAIL 以及各应用系统服务器均采用彼此相独立的地址段。

2. 网络设备互联与管理地址段

该地址段较为特殊，不仅需要单独划分而且需要进行集中管理，对于网络的安全控制以及后续管理均有着至关重要的作用。在 IPv6 模式下各网络设备能够自动地完成配置并通过链路本地地址实现互联，无须人为地为其配置地址。但是链路的本地地址适用范围有限，仅限于其所在链路，由网络前缀 FE80::/64 同接口 ID 组成，非常不利于后续管理的开展。对此在具体的实践过程中，可为其互联与后续管理划拨专用的地址段，这一地址段可以是单位所申请的全球路由地址中的部分，也可以是站点本地的地址。

3. 用户终端地址段

对于用户最后所接入的地址，不仅可以依据其接入网络的物理地址以及具体手段进行划分，还可依据其诸如具体部门等实际归属的逻辑位置进行划分。地址段的划分不仅要照顾当下各方所需，还要考虑到今后发展的余量与空间。

校园网 IPv6 地址总体规划见表 7-4（地址段 2001: DA8: ABCD/48 为假设地址段）。从总体看依据分类来对地址进行划分，同时根据相应的物理区域对之进行分段，尽量确保同一区域的地址为同一地址段。如此不仅便于路由聚类以减少路由条目，还可极大程度地简化后续的管理工作。同时在划分各个功能区地址时，要在满足当下需求的基础上，预留出足够多的发展空间。

表 7-4　校园网 IPv6 地址总体规划

地址段	分配区域	块数
2001: DA8: ABCD::/52	服务器及网络设备互联等	4096 * /64
2001: DA8: ABCD: 1000::/52	纯 IPv6 实验网	4096 * /64
2001: DA8: ABCD: 2000::/51	学院北区	4096 * /64
2001: DA8: ABCD: 3000::/51	学院南区	4096 * /64
2001: DA8: ABCD: 4000::/51	应用业务虚拟专网	4096 * /64
2001: DA8: ABCD: A000::/51	备用	4096 * /64

服务器与网络设备互联和管理的地址对于网络安全性有着较高的要求。为了方便管理与安全防护，将之划分在一/52 的整体地址段内。地址块则可划分出 4096 和/64 的 VLAN，如此规划完全能够满足校园网的有关规定与要求。表 7-5 是服务器地址和网络设备互联与管理地址段规划方案。

表 7-5 服务器地址和网络设备互联与管理地址段规划方案

地址段	分配区域	块数
2001: DA8: ABCD: : /52	网络中心使用	4096 * /64
2001: DA8: ABCD: : /56	服务器地址段	256 * /64
2001: DA8: ABCD: 10: : /60	基础应用服务器地址段	16 * /64
2001: DA8: ABCD: 20: : /60	应用系统服务器地址段	16 * /64
2001: DA8: ABCD: C00: : /56	学院北区网络设备管理与互联地址段	256 * /64
2001: DA8: ABCD: C00: : /64	学院北区网络设备管理地址	* /128
2001: DA8: ABCD: C01: : /64	IPv6 出口互联地址段	
2001: DA8: ABCD: D00: : /56	学院南区网络设备管理与互联地址段	256 * /64
2001: DA8: ABCD: D00: : /64	学院南区网络设备管理地址	* /128

在服务器地址方面，预留了一/56 的地址段，共有 256 个/64 标准的 VLAN，完全能够满足下一步发展的需要。在设置 IPv6 地址时采取了多种安全措施，提高了服务器的安全性。为了便于推广记忆，多采用一些简单易记的地址，诸如 2001: DA8: ABCD: : 1 等。或是直接将 IPv4 的地址放置于 IPv6 地址的后 32 位，黑客或是病毒要想通过轮询的方式查找到 IPv6 主机的可能性就非常小，但相应地猜到主机的概率就比较大。因此，在设置服务器的 IPv6 地址时一定要注重安全性，防止黑客借此对网络进行攻击。管理员赋予主机地址时一定要保持较高的随机性，或是在其间任意插入一段，如将 2001: DA8: ABCD: : 1 设为 2001: DA8: ABCD: 4A2F: : 1，如此能够在较大程度上降低这些主机被发现或是被攻击的概率。

在规划网络设备的管理与互联地址时没有采用站点本地地址，而是采用了全球的单播地址。这样做的原因有两个，一是 IPv6 剩余的地址空间完全能够满足要求；二是防止为今后网络管理与发展带来隐患。针对不同的区域要采取不同的地址段，但这些地址段应保持相互联系，这样便于设置控制列表与聚合。对于校区内 IPv6 用户地址的具体规划，可将其分为办公楼区、教学楼区、图书馆区、食堂区、宿舍区，设置标准为/53 的地址段。如此，能够确保每段不仅有着半数的预留地址，还有着 2048 个/64 的标准 VLAN 可用，完全能够满足后续发展的需求。

7.4.3 VLAN 划分

校园 VLAN 规划遵循以下基本原则：

1）区分业务 VLAN、管理 VLAN 和互联 VLAN。

2）按照业务区域划分不同的 VLAN。

3）同一业务区域按照具体的业务类型（如 Web、APP、DB）划分不同的 VLAN。

4）VLAN 需连续分配，以保证 VLAN 资源合理利用。

5）预留一定数目 VLAN 方便后续扩展。

按照逻辑区域划分的 VLAN 范围如下：

1) 核心网络区　100～199。

2) 服务器区　200～999，预留1000～1999。

3) 接入网络　2000～3499。

4) 业务网络　3500～3999。

按照地理区域划分的 VLAN 范围如下：

1) 接入网络 A 的地理区域使用 2000～2199。

2) 接入网络 B 的地理区域使用 2200～2399。

按照人员结构划分的 VLAN 范围如下：

1) 接入网络 A 地理区域 A 部门使用 2000～2009。

2) 接入网络 A 地理区域 B 部门使用 2010～2019。

按照业务功能划分的 VLAN 范围如下：

1) Web 服务器区域　200～299。

2) APP 服务器区域　300～399。

3) DB 服务器区域　400～499。

在对校园网进行改造的过程中，定然会涉及对 VLAN 的划分。基于上文所述的细分方法，将每个网段分别同 VLAN 相对应，便可得 VLAN 的划分规划，见表7-6。

表7-6　学院 VLAN 的划分规划

VLAN ID	VLAN 名称	VLAN 地址段	VLAN 区域	网关
10	Office_vlan	10. 64. 0. 0/24	行政楼办公室	10. 64. 0. 254
11	Caiwu_vlan	10. 64. 1. 0/24	行政楼财务处	10. 64. 1. 254
20	Lib_Old_vlan	10. 65. 0. 0/24	老图书馆	10. 65. 0. 254
30	Office_Old_vlan	10. 66. 0. 0/24	老行政楼	10. 66. 0. 254
40	Tech_Center	10. 67. 0. 0/24	技术中心	10. 67. 0. 254
41	Tech_Center_Portal	10. 67. 1. 0/24	技术中心 Portal	10. 67. 1. 254
50	Architecture_vlan	10. 68. 0. 0/24	建筑系	10. 68. 0. 254
60	Engineering_Center_vlan	10. 69. 0. 0/24	工程中心	10. 69. 0. 254
70	Teach1_Office_vlan	10. 70. 0. 0/24	一教学楼办公区域	10. 70. 0. 254
80	Teach2_Office_vlan	10. 71. 0. 0/24	二教学楼办公区域	10. 71. 0. 254
82	Teach2_Multimedia_Classroom	10. 71. 2. 0/24	二教学楼多媒体教室	10. 71. 2. 254
90	Teach3_Office_vlan	10. 72. 0. 0/24	三教学楼办公区域	10. 72. 0. 254
91	Teach3_Jiaowu_Group_vlan	10. 72. 1. 0/24	三教学楼教务办公区	10. 72. 1. 254
92	Teach3_Multimedia_Classroom	10. 72. 2. 0/24	三教学楼多媒体教室	10. 72. 2. 254
100	Teach5_Office_vlan	10. 73. 0. 0/24	五教学楼办公区域	10. 73. 0. 254
102	Teach5_Multimedia_Classroom	10. 73. 2. 0/24	五教学楼多媒体教室	10. 73. 2. 254
110	Library_vlan	10. 74. 0. 0/24	图书馆	10. 74. 0. 254
120	Rear_Services_vlan	10. 77. 0. 0/24	后勤服务中心	10. 77. 0. 254

为了区分各个建筑，同时在每个建筑内又有着多个不同部门，对此可在接入层进行 VLAN

划分，进而尽可能地将网络的广播域限制在有限范围，以此提高整个网络的工作效率。至于接入层的具体划分，由于涉及部门较多，本文仅对一些主要的子部门进行介绍。VLAN 号的后段是为今后添加新的部门使用的。从全网的规划设计的角度上讲，为了使网络的整体架构更为清晰，各部门所对应的 VLAN 和 IP 地址要保持相一致的原则，所以在本方案中采用了一致的规划原则。

7.4.4 交换部分设计

为了确保校园网易于维护与管理，并有着较高的工作效率，就要对各部门间的局域网交换技术等有关工作进行科学规划，具体包括 VLAN、VTP、STP、TRUNK、三层交换等。

为了弱化各 VLAN 主机间广播通信对其他 VLAN 的影响，将其通信完全限制在其内部，并通过三层交换技术来实现 VLAN 间的通信。使用 VLAN 中继协议 VTP 简化管理可以让网络管理员管理更多的交换机。方法很简单，只需将所有 VLAN 定义在一个独立的交换机上，而后借助 VTP 将这一定义内容传播到管理域内所有的交换机上，这样会提高网络管理员的工作效率。

随着交换机数量的增多或是其链路的增加，网络的复杂性也会随之不断增加，进而形成交换环路，或是为了增加网络整体的冗余度有意识地增设交换环路，对此就需要在各交换机上运行 MSTP 予以解决。

接入交换机采用的均是二层交换机设备，而核心交换机则是三层交换机。全网交换机通过配置 VTP 实现对 VLAN 设计的统一管理。核心交换机通过两条链路构成以太网通道，以此提高其带宽。分布层交换机均是通过两条上行链路（被设置为 Trunk）分别同两台核心交换机相连接，通过 MSTP 对之进行阻塞，进而确保链路的冗余性，并防止由其造成的广播风暴等问题。对于那些有着较高稳定性要求的部门，可在分布层和接入层间再设冗余链路。网络拓扑结构图如图 7-9 所示。

划分 VLAN 有着三个方面的好处：①端口彼此独立，即使是处于同一交换机上，不同的端口间也无法实现通信，如此，便可令一台交换机发挥出多台交换机的作用。②安全性，由于各 VLAN 间不可直接通信，也就避免由广播信息引发的安全问题。③管理更具选择性，在对用户所属网络进行修改时无须更换端口，只需修改其软件配置。

现以 5 教学楼的 VLAN 划分为例，三层交换机的具体配置为：

```
Switch > en
Switch# conf t
Switch(config)# hostname teathing_building5
teathing_building5(config)# no ip routing //关闭三层交换机路由功能
teathing_building5(config)# vlan 100   //创建 VLAN 100
teathing_building5(config-vlan)#name office   //将 VLAN 100 命名为"Office"
teathing_building5(config-vlan)#exit
teathing_building5(config)#int valn 100    //进入 VLAN 100 接口
//给 vlan 100 划分 IP 地址和子网掩码
teathing_building5(config-if)#ip add 10.73.0.254 255.255.255.0
teathing_building5(config-if)#description office vlan   //描述 VLAN
teathing_building5(config-if)#exit
teathing_building5(config)#vl 102    //创建 VLAN 102
teathing_building5(config-vlan)#name multimedia   //将 VALN 102 命名为"Multimedia"
teathing_building5(config-vlan)#exit
```

```
teathing_building5(config)#int valn 102    //创建 VLAN 102
//给 vlan 102 划分 IP 地址和子网掩码
teathing_building5(config-if)#ip add 10.73.2.254 255.255.255.0
teathing_building5(config-if)#description office vlan    //描述 VLAN
teathing_building5#show vlan    //查看 VLAN 信息
teathing_building5#show vlan 100 //查看 VLAN 100 详细信息
teathing_building5(config)# int fa0/24
teathing_building5(config-if)#switchport trunk encapsulation dot1q //封装 802.1q TRUNK 协议
teathing_building5(config-if)# sw m trunk //把端口改成 TRUNK 模式
```

二层交换机配置如下：

```
Switch > en
Switch#conf t
2teathing_building5(config)# hostname 2teathing_building5 //给二层交换机命名
2teathing_building5(config)#enable secret cisco //设置加密使能口令
2teathing_building5(config)#line vty 0 4
2teathing_building5(config-line)#login
2teathing_building5(config-line)#password cisco123 //设置远程登录交换机的口令
2teathing_building5(config-line)#exit
2teathing_building5(config)#int fa0/1    //进入 fa0/1 端口
2teathing_building5(config-if)#sw acc vl 100    //将 fa0/1 接口划分到 VLAN 100 中
2teathing_building5(config)#int fa0/2    //进入 fa0/2 端口
2teathing_building5(config-if)#sw ac vl 102    //将 fa0/2 接口划分到 VLAN 102 中
```

配置 DHCP 如下：

```
teathing_building5(config)#serveice dhcp    //开启 DHCP 服务
teathing_building5(config)#ip dhcp excluded-address 10.73.2.254
teathing_building5(config)#ip dhcp excluded-address 10.73.0.254 //不分配的地址
teathing_building5(config)#ip dhcp pool office //建立 DHCP 地址池
teathing_building5(dhcp-config)#network 10.73.0.0 255.255.255.0 //DHCP 地址池范围
teathing_building5(dhcp-config)#default-router 10.73.0.254 //默认网关
teathing_building5(dhcp-config)#dns-server 222.197.108.22 //DNS 服务器地址
teathing_building5(dhcp-config)#exit
teathing_building5(config)#ip dhcp pool multimedia //建立第二个 DHCP 地址池
teathing_building5(dhcp-config)#network 10.73.2.0 255.255.255.0 //DHCP 地址池范围
teathing_building5(dhcp-config)#default-router 10.73.2.254 //默认网关
teathing_building5(dhcp-config)#dns-server 222.197.108.22 //DNS 服务器地址
```

7.4.5　路由的设计

　　OSPF 路由协议能够快速收敛，并支持无类路由和 VLSM 可变长子网掩码，能够进行区域的划分，适用于那些大中型网络。OSPF 为了切实解决最短路由优先算法中的路由表规模过大、频繁计算等问题，把大型网络划分成了诸多不同的区域。进行区域划分有着下述几个方面的优点：

　　1）减少 OSPF 路由协议的 LSA（链路状态广播）泛洪，降低了对于链路带宽的占用。

　　2）减少了 SPF（最短路径优先算法）计算量，降低了对于路由器资源的占用。

　　3）路由表规模更小。

　　4）减少了链路状态承受的更新负荷。

　　5）较大程度地提高了网络的稳定性。

　　IPv4 网络的核心层与汇聚层采用的是 OSPFv2，为了便于对过渡后的 IPv6 校园网进行管理，在 IPv6 的路由协议中采用的是 OSPFv3。IPv4 在网络中划分出多个区域（AreaN），对于新进增加的建筑需要在网络中增加相应的区域。由两台核心交换机构成 Area0，两台核心与汇聚交换机构成余下几个域。在规划中，每个汇聚层所连接的交换机均归属于同一部门，被单独地定义在一个区域内，整个网络共有 6 个 OSPF 区域。例如，行政楼区为 Area1，教学楼区为 Area2，图书馆区为 Area3，后勤食堂区为 Area4，学生宿舍区为 Area5，教师宿舍区为 Area6。为了使园区的网络变化对主干的影响降至最低，各个区域要将自身范围内的路由汇总之后，一同广播到 Area0中。为了帮助管理人员更好地掌控 IPv6 路由，对于同样的地理范围采用同一区域号，进而便于管理员记忆与管理工作的开展。边界路由器采用的是默认路由，被接入 Cernet2。OSPFv3 区域所遵循的划分原则为

1）路由器同核心三层交换机设备的接口为 Area0。

2）路由器同防火墙的端口为 Area0。

3）核心三层交换机上的路由器端口为 Area0。

4）核心三层交换机同各部门的端口为 Area0。

如图 7 - 10 所示中列出三个区域内的 OSPFv3 划分，其冗余同主端归属于同一个区域。汇聚层的三层交换机仅同末梢网络相连，故各部门的 OSPF 均为末梢区域，并可将之设置完全，以尽可能地减少 LSA 的泛洪。

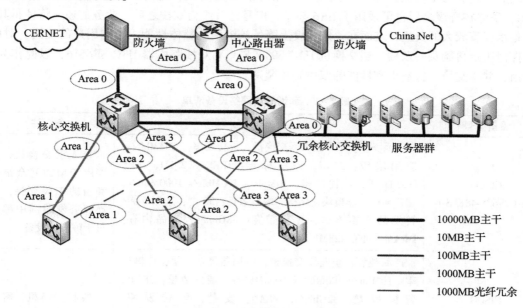

图 7 - 10 OSPFv3 区域划分图

7.5 校园网组网设备选型

考虑到由 IPv4→IPv6 需要耗费一定的时间，为了保障网络的传输效率，从核心到汇聚乃至接入均需要采用能够支持 IPv6 的硬件设备，并同时能够适用双协议栈。为了控制投入成本，要从对之前网络结构改动最小的角度来考虑，则各网络设备要满足下述要求：

1）确保之前的部分 IPv4 用户能够使用 Cernet2 资源访问 IPv6 的试验网。

2）试验网内的用户能够使用 Cernet2 与 Internet 的各项资源。

对于那些可以通过升级为双栈的部分用户，在无须对之前 IPv4 网络进行改动的前提下，之前的纯 IPv4 用户若想使用 Cernet2 资源访问 IPv6 的试验网，则需在其所在的建筑内增设相应的汇聚层设备，如锐捷 RG－S3760 双协议多层交换机。利用 RG－S3760 的隧道技术，并可实现这部分用户与试验网的访问。

CISCO（思科）、锐捷、H3C（华三）公司的交换机等设备，在校园网建设的常用构件方面，有着规格全面、国际认证等特点。能够促使组网更加完善，切实满足校园网过渡的各项需求，并且已有多所高校采用，配套的解决方案切实可行。不仅有着丰富的操作经验，而且能够以较低的成本投入、较高的效率妥善地解决校园组网在各种环境下所遭遇的问题。本书分别列出了这三家网络公司的校园网 IPv6 组网设备选型中新增的设备清单，见表7－7、表7－8、表7－9。

该校园网架构为三层网络架构模式，其中大多数接入交换机都不支持 IPv4/IPv6 双栈，一些设备不能支持 ACL，对于这些老旧设备由于无法进行升级，在改造的过程中都要更换。由于需要更换的设备数量比较多，因此可选择那些性价比比较高的国产设备，尽可能地降低投入成本。这部分新近购入的设备，要能够同时支持 IPv6 网管、IPv6、ACL、IPv6QOS 等安全特性。由于之前校园网中行政楼、教学楼、老图书馆、工程中心和建筑系都部署有 H3C S5500-28F-EI 作为汇聚交换机，因此考虑计划购买 H3C 的网络设备，同之前的老设备一同放置接入层继续使用。在整改之后，确保每个功能区均有一双栈、千兆的汇聚交换机。之前的核心交换机是一台 H3C S8508，虽然在升级之后也可适用于 IPv6 技术，但是在升级为双栈之后，业务的递增将使得其网络设备承担着较大的负担，进而在一定程度上降低校园网的整体性能，影响用户的使用。对此，经过探讨决定再购买一双栈三层交换机 H3C S9508E-V 和双栈路由器 H3C SR6616，以此作为独立路由，共享交换，打造出高性能的双核心校园网。

表7－7 新增思科网络设备清单

设备型号	介 绍	备 注
CISCO WS-C2960S-48FPS-L	产品类型：千兆以太网交换机，包转发率：77.4Mbit/s，应用层级：二层，网络标准：IEEE 802.1D、IEEE 802.1p 等，传输速率：10Mbit/s/100Mbit/s/1000Mbit/s，端口结构：非模块化结构，端口数量：50 个，采用存储-转发的交换方式，背板带宽：88Gbit/s，产品内存：DRAM，拥有 128MB 闪存	接入层交换机，主要用于增加冗余链路和新的扩展交换，更换现有校园网中部分过于陈旧的设备
CISCO WS-C3750G-24TS-S1U	产品类型：企业级交换机，应用层级：三层，传输速率：10Mbit/s/100Mbit/s/1000Mbit/s，端口数量：28 个，背板带宽：32Gbit/s，VLAN：支持，包转发率：38.7Mbit/s，网络标准：IEEE 802.3、IEEE 802.3u、IEEE…端口结构：非模块化，交换方式：存储-转发，传输模式：支持全双工，堆叠功能：可堆叠	核心交换机，需要增加光纤模块
CISCO SG300-28	产品类型：网管交换机，应用层级：三层，传输速率：10Mbit/s/100Mbit/s/1000Mbit/s，端口数量：28 个，VLAN：支持网络管理：网络用户界面、SNMP、SNMP MIBs…包转发率：41.67Mbit/s，网络标准：IEEE 802.3、IEEE 802.3u、IEEE…，端口结构：非模块化交换方式：存储—转发，传输模式：全双工/半双工自适应	分布层交换机，用于接入核心交换机和部分系部的冗余链路连接

表 7 - 8　新增锐捷网络设备清单

设备型号	介　绍	备　注
锐捷网络 RG-S2928G-E	产品类型：智能交换机，应用层级：三层，传输速率：10Mbit/s/100Mbit/s/1000Mbit/s，端口数量：28 个，背板带宽：208Gbit/s，VLAN：支持，网络管理：SNMPv1/v2C/v3 CLI（Telnet/Con…），包转发率：51Mbit/s，网络标准：IEEE 802.3、IEEE802.3u、IEEE80…端口结构：非模块化，交换方式：存储—转发，支持 IPv6、MAC、端口三元素绑定	核心交换机，需要增加光纤模块
锐捷网络 RG-RSR20-18	路由器类型：多业务路由器，传输速率：10Mbit/s/100Mbit/s/1000Mbit/s，端口结构：模块化（纠错），广域网接口：3 个（纠错），其他端口：2 个 USB 接口、1 个 AUX 口、1 个配置口（纠错），扩展模块：1 个 NMX 插槽 + 8 个 SIC 插槽	边界路由器，需要增加广域网接口模块
锐捷网络 RG-S3760-48	机架式多层交换机，传输速率：10Mbit/s/100Mbit/s，端口数量达 52 个，背板带宽：37.6Gbit/s，支持 VLAN，支持 SNMP 及 Web 网管	接入交换机，用于更换现有校园网中部分过于陈旧的设备

表 7 - 9　新增 H3C 网络设备清单

设备型号	介　绍	备　注
H3C S9508E-V	产品类型：三层路由交换机，传输速率：10Mbit/s/100Mbit/s/1000Mbit/s/ 1 0000Mbit/s，背板带宽：4.8Tbit/s，2 个主控板槽位数 + 8 个业务板槽位数，全面支持 IPv6 协议族，支持 IPv6 静态路由及 RIPng、OSPFv3、IS-ISv6、BGP4 + 等 IPv6 路由协议，支持丰富的 IPv4 向 IPv6 过渡技术，包括 IPv6 手工隧道、6to4 隧道、ISATAP 隧道、GRE 隧道、IPv4 兼容自动配置隧道等隧道技术，保证 IPv4 向 IPv6 的平滑过渡	核心交换机，需要增加光纤模块
H3C SR6616	产品类型：企业级路由器，传输速率：10Mbit/s/100Mbit/s/ 1 000Mbit/s，4 个 GE 光电复合接口，内置防火墙，支持 QoS，支持 VPN	边界路由器，需要增加广域网接口模块
H3C S3100V2-26TP-SI	产品类型：快速以太网交换机，应用层级：二层，传输速率：10Mbit/s/100Mbit/s，端口数量：28 个，背板带宽：32Gbit/s，VLAN：支持基于端口的 VLAN，支持基于 MAC 的 VLAN，支持 GVR，网络管理：支持 XModem/FTP/TFTP 加载升级支持命令行接口（CLI），包转发率：6.6Mbit/s，端口结构：非模块化，交换方式：存储—转发，传输模式：全双工，堆叠功能：可堆叠	接入交换机，用于更换现有校园网中部分过于陈旧的设备

7.6　组网项目实施方案

7.6.1　纯 IPv6 子网的建设

本次校园网的改造规划中，计划构建一个将整个校园网囊括在内的二层 VLAN，并将用于试验的 IPv6 协议网络同中心机房实现连接，进而在逻辑上形成一个纯 IPv6 网络。校园网将直接和双栈核心交换机相连接，路由方面选择静态路由的方式，至于各主机的地址分配，则由现有状态的 IPV6 DHCPv6 分配技术来完成。从事相关科研工作的老师和学生能够借助这一试验网络试运行多种 IPv6 的新应用，即为之创建了一个完善的科研环境。

在创建这一网络时，涉及的关键技术共有三个部分：①构建用于应用的服务器群。②实现试验网络同 Cernet2 的连接。③实现由 IPv4→IPv6 的有效过渡。构建起试验环网，而后通过隧道代理或是手工隧道同省网中心的试验网直接相连。在该试验环网中，配置有专用的路由器与应用服务器。采用 BGP4 + 、静态路由和 Cernet2 互连。此举不仅能够访问全球的 IPv6 网络，还可通过 IPv4/IPv6 隧道技术，通过 IPv6 的主干网访问全球范围内的 IPv4 网络。接入网络后随即就要开展接入点及申请地址空间的规划，并配置相应的主机等设备。

在硬件平台与软件以及支持 IPv6 协议的各式网络设备构建起了纯 IPv6 网络环境。可在其间完成地址分配的测试、对动态地址进行管理，并构建起相应的网络资源平台。支持测试网的用户对 IPv4/IPv6 网络的访问，为整个校园网的用户提供 IPv6 的相关服务，进而实现两种网络间的安全通信。对此，可以借助具有 NAT – PT 功能的专业设备，解决两者的通信问题。

目前计划采用两台具有 NAT-PT 功能的设备来解决两者间的通信问题。分别将这两台设备安放在两个不同的位置，其中一台被放置于校园内两种网络之间，用以实现两者间的通信；另一台被放置在校园网与外界网络之间，进而令校园内的 IPv6 网与外界 IPv4 网之间实现通信。在其一端配置有 IPv4 DNS 服务器，另一端则被配备有 IPv6 DNS 服务器。

7.6.2　路由规划

校园网升级前的路由配置采用的是静态路由。在主干网中是以 OSPFv2 协议完成路由信息的交换，包括防火墙、交换机在内的所有核心节点组成了 Area0，依据功能的不同其他区域又构成了 6 个不同的区域，分别为行政楼功能区为 Area1，教学楼功能区为 Area2，图书馆功能区为 Area3，后勤食堂功能区为 Area4，学生宿舍功能区为 Area5，教师宿舍功能区为 Area6。为了防止这些区域内路由的变化影响到主干网，要确保这些区域在汇总所有的路由之后，一同广播到 Area0 中。在边界路由器上配置静态路由协议，以此分别连接到电信和 Cernet 节点上。静态路由拓扑图如图 7 – 11 所示。

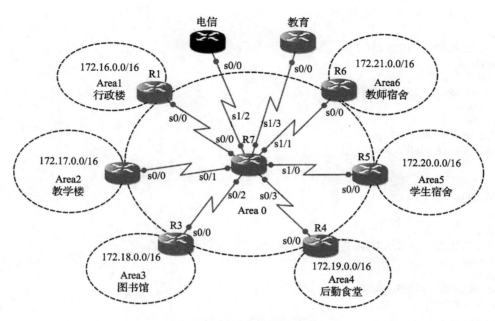

图7-11 静态路由拓扑图

各路由器配置命令如下（仅列出相关内容）:

R1:
int s0/x
ip add 172. 16. 255. 254 255. 255. 0. 0
no shutdown
int s0/0
ip add 192. 168. 1. 1 255. 255. 255. 252
no shutdown
router ospf
net 172. 16. 0. 0 0. 0. 0. 255 area 1
net 192. 168. 1. 0 0. 0. 0. 3 area 0
exit
end
write

R2:
int s0/x
ip add 172. 17. 255. 254 255. 255. 0. 0
no shutdown
int s0/0
ip add 192. 168. 1. 5 255. 255. 255. 252
no shutdown
router ospf
net 172. 16. 0. 0 0. 0. 0. 255 area 1
net 192. 168. 1. 4 0. 0. 0. 3 area 0
exit
end
write

R3:
int s0/x
ip add 172. 18. 255. 254 255. 255. 0. 0
no shutdown
int s0/0
ip add 192. 168. 1. 9 255. 255. 255. 252
no shutdown
router ospf
net 172. 16. 0. 0 0. 0. 0. 255 area 1
net 192. 168. 1. 8 0. 0. 0. 3 area 0
exit
end
write

R4:
int s0/x
ip add 172. 19. 255. 254 255. 255. 0. 0
no shutdown
int s0/0
ip add 192. 168. 1. 13 255. 255. 255. 252
no shutdown
router ospf
net 172. 16. 0. 0 0. 0. 0. 255 area 1
net 192. 168. 1. 12 0. 0. 0. 3 area 0
exit
end
write

R5:
int s0/x
ip add 172. 20. 255. 254 255. 255. 0. 0
no shutdown
int s0/0
ip add 192. 168. 1. 17 255. 255. 255. 252
no shutdown
router ospf
net 172. 16. 0. 0 0. 0. 0. 255 area 1
net 192. 168. 1. 16 0. 0. 0. 3 area 0
exit
end
write

R6:
int s0/x
ip add 172. 21. 255. 254 255. 255. 0. 0
no shutdown
int s0/0
ip add 192. 168. 1. 21 255. 255. 255. 252
no shutdown
router ospf
net 172. 16. 0. 0 0. 0. 0. 255 area 1
net 192. 168. 1. 20 0. 0. 0. 3 area 0
exit
end
write

```
R7:
int s1/2
ip add 61.139.2.1 255.255.255.255
no shutdown
int s1/3
ip add 221.25.61.1 255.255.255.255
no shutdown
int s0/0
ip add 192.168.1.2 255.255.255.252
no shutdown
int s0/1
ip add 192.168.1.6 255.255.255.252
no shutdown
int s0/2
ip add 192.168.1.10 255.255.255.252
no shutdown
int s0/3
ip add 192.168.1.14 255.255.255.252
no shutdown
int s1/0
ip add 192.168.1.18 255.255.255.252
no shutdown
```

在本次校园网的过渡规划中，对于新建的网络部分，为了便于管理员开展管理与记忆，仍然沿用静态路由同 OSPFv3 相配合的形式完成其单播路由的设计工作。在路由的具体规划等各处设计细节仍然沿用之前的 OSPFv2 原则，仍在出口路由上设置静态路由协议，进而以此连接到 Cernet2 的网络节点。此外，要在校园网的双栈核心设备上同时设置 OSPFv2 与 OSPFv3 协议，并以同时运行的方式实现原有数据的平滑对接。由于这两套协议之间彼此独立，即便是运行在同一设备上、采用完全相同的 Area 划分策略，彼此之间也不会相互影响。

7.6.3 地址分配

在此次校园网升级规划中，学院之前的地址分配方案与 VLAN 的划分策略保持不变。另外将依据学院具体的发展情况以及未来规划，准备向国家网络中心申请一段/48 的 IPv6 地址。在申请成功以及完成具体的部署后，对于这部分网络的 VLAN 划分将沿用之前的划分原则与设置方式。至于地址的分配，则选用无状态的自动分配策略。

目前 IPv6 地址有着两种分配方式，分别是自动和手动方式。其中自动又可被分为有状态和无状态两种方式。一个可聚集全局单播地址通过在无状态自动地址配置方式下，由接口路由器广播的全局地址前缀，并在自身接口 ID 的配合之下得到。有状态的自动配置方式，采用的是 DHCPv6。这种方式适用于那些有着较高可控性要求的环境，其在专用服务器的配合下能够实现对地址的统一管理与配置；但其有着显著的缺点，不能兼容于 XP 系统，除非是在第三方 DHCP 客户端的支持下才能发挥作用。结合学院的实际发展情况，再加之校园网对 IPv6 的推广形式，再次将采用无状态的自动分配形式。在未来大规模的配备 DHCPv6 服务器之后，再逐步地采用有状态的分配方式，进而实现地址配置和后续管理等活动的统一。

7.6.4 ACL 设计

ACL（访问控制列表），可完成对流的识别。在一系列匹配条件的配合下，对报文进行识别分类。这些条件通常为报文的目的地址以及源地址等。其他需要对流量进行区分的场合可以引用由

ACL 定义的匹配规则，如 QoS 中流分类规则的定义、对特定流进行 IPSec 加密传输、路由策略中过滤路由信息等。出于安全性因素考虑，不仅要在出口处设置相应的防火墙，还要采用访问控制列表对校园网内部以及其同外界网络之间的流量予以控制，以此形成第二层的安全防护措施。

作为整个校园网出口的网络中心路由器，主要负责处理校园网同外界网络间的数据包。除了上述功能之外，其还可利用 ACL 以自身为中心发挥对流动的过滤与控制功能，进而在一定程度上提高校园网的安全性。

1. 对外屏蔽简单网络管理协议 SNMP

在该协议下，远程主机能够完成对其他设备的监视与控制。在配置 ACL 时，将其 SNMP（简单网络管理协议）与 SNMP Trap 陷阱均对外屏蔽。路由器上的 ACL 配置如下：

```
R1(config)#access-list 101 deny udp any any eq snmp
R1(config)#access-list 101 permit ip any any
R1(config)#int s0/0
R1(config-if)#ip access-group 101 in
```

2. 对外屏蔽远程登录协议 Telnet

在此不支持由外网向内部设备发起的 Telnet 连接。其一，这种连接本身就是一种存在安全隐患的协议类型。在此种连接方式下，登录服务器或是网络均是以明文的形式传输用户的资料，这样很可能会被那些非法协议设备所截获。其二，Telnet 不仅能够登录大部分的设备与 UNIX 服务器，还可通过有关指令完成相应的操作，这是非常危险的，故一定要予以屏蔽。路由器上的 ACL 配置如下：

```
R1(config)#access-list 101 deny tcp any any eq telnet
R1(config)#access-list 101 permit ip any any
R1(config)#int f0/0
R1(config)#ip access-group 101 in
```

3. 针对 DOS 的设计

DOS（Denial of Service Attack，拒绝服务攻击）为常见且破坏力极强的攻击手段，其能够造成服务器等设备进程的停止，在一些特殊情况下甚至能够造成操作系统的崩溃。避免出现这种情况的有效方法便是屏蔽外网对内网的 ping 流量。通常情况下只要 ISA 处于正常运行状态，这些流量是无法通过防火墙的，而在当防火墙被攻陷之后，路由上的 ACL 能够在一定程度上起到防护的作用。路由器上的 ACL 配置如下：

```
R1(config)#access-list 101 deny icmp any any eq echo-request
R1(config)#access-list 101 deny udp any any eq echo
R1(config)#int s0/0
R1(config-if)#ip access-group 101 in
R1(config-if)#int fa0/0
R1(config-if)#no ip directed-broadcast
```

7.7 项目总结

本章介绍了 IPv6 协议的基本知识，以及 IPv6 综合组网的三种过渡技术：双协议栈、隧道技术和翻译技术。并通过对之进行一系列的比对分析，总结了其各自的特点、扩展与易用性，并归纳了其各自的适用范围，进而为后续的过渡策略的制定提供了理论支持。

第8章

网络安全实施及应用

📖 **学习目标**

1）理解网络安全的基本概念和网络安全的目标。

2）掌握 ARP 欺骗、漏洞安全和 Web 安全的相关网络攻击与防御技术。

3）了解信息收集、口令攻击、缓冲区溢出、恶意代码、Web 应用程序攻击、嗅探、假消息、拒绝服务攻击等多种攻击技术。

8.1 网络安全概述及目标

8.1.1 网络安全概述

网络安全是指网络系统的硬件、软件及其系统中的数据受到保护，不因偶然的或者恶意的原因遭到破坏、更改、泄露，系统连续、可靠、正常地运行，网络服务不中断。网络安全包含网络设备安全、网络信息安全、网络软件安全。从广义来说，凡是涉及网络上信息的保密性、完整性、可用性、真实性和可控性的相关技术和理论都是网络安全的研究领域。网络安全是一门涉及计算机科学、网络技术、通信技术、密码技术、信息安全技术、应用数学、数论、信息论等多种学科的综合性学科。

8.1.2 网络安全的目标

通俗地说，网络信息安全与保密主要是指保护网络信息系统，使其没有危险，不受威胁，不出事故。从技术角度来说，网络信息安全与保密的目标主要表现在系统的可靠性、可用性、保密性、完整性、真实性、不可抵赖性等方面。

1. 可靠性

可靠性是网络信息系统能够在规定条件下和规定的时间内完成规定的功能的特性。可靠性是系统安全的最基本要求之一，是所有网络信息系统的建设和运行目标。网络信息系统的可靠性测度主要有三种：抗毁性、生存性和有效性。

抗毁性是指在人为破坏下系统的可靠性。例如，部分线路或节点失效后，系统是否仍然能够提供一定程度的服务。增强抗毁性可以有效地避免因各种灾害（战争、地震等）造成的大面积瘫痪事件。

生存性是在随机破坏下系统的可靠性。生存性主要反映随机性破坏和网络拓扑结构对系统可靠性的影响。这里，随机性破坏是指系统部件因为自然老化等造成的自然失效。

有效性是一种基于业务性能的可靠性。有效性主要反映在网络信息系统的部件失效情况下，

197

满足业务性能要求的程度。例如，网络部件失效虽然没有引起连接性故障，但是却造成质量指标下降、平均延时增加、线路阻塞等现象。

可靠性主要表现在硬件可靠性、软件可靠性、人员可靠性、环境可靠性等方面。硬件可靠性最为直观和常见。软件可靠性是指在规定的时间内，程序成功运行的概率。人员可靠性是指人员成功地完成工作或任务的概率。人员可靠性在整个系统可靠性中扮演重要角色，因为系统失效的大部分原因是人为造成的。人的行为要受到生理和心理的影响，受到其技术熟练程度、责任心和品德等素质方面的影响。因此，人员的教育、培养、训练和管理以及合理的人机界面是提高可靠性的重要方面。环境可靠性是指在规定的环境内，保证网络成功运行的概率。这里的环境主要是指自然环境和电磁环境。

2. 可用性

可用性是网络信息可被授权实体访问并按需求使用的特性，即网络信息服务在需要时，允许授权用户或实体使用的特性，或者是网络部分受损或需要降级使用时，仍能为授权用户提供有效服务的特性。可用性是网络信息系统面向用户的安全性能。网络信息系统最基本的功能是向用户提供服务，而用户的需求是随机的、多方面的、有时还有时间要求。可用性一般用系统正常使用时间和整个工作时间之比来度量。

可用性还应该满足以下要求：身份识别与确认、访问控制（对用户的权限进行控制，只能访问相应权限的资源，防止或限制经隐蔽通道的非法访问，包括自主访问控制和强制访问控制）、业务流控制（利用均分负荷方法，防止业务流量过度集中而引起网络阻塞）、路由选择控制（选择那些稳定可靠的子网、中继线或链路等）、审计跟踪（把网络信息系统中发生的所有安全事件情况存储在安全审计跟踪之中，以便分析原因、分清责任、及时采取相应的措施。审计跟踪的信息主要包括事件类型、被管客体等级、事件时间、事件信息、事件回答以及事件统计等方面的信息）。

3. 保密性

保密性是网络信息不被泄露给非授权的用户、实体或过程，或供其利用的特性，即防止信息泄漏给非授权个人或实体，信息只为授权用户使用的特性。保密性是在可靠性和可用性基础之上，保障网络信息安全的重要手段。

常用的保密技术包括防侦收（使对手侦收不到有用的信息）、防辐射（防止有用信息以各种途径辐射出去）、信息加密（在密钥的控制下，用加密算法对信息进行加密处理。即使对手得到了加密后的信息也会因为没有密钥而无法读懂有效信息）、物理保密（利用各种物理方法，如限制、隔离、掩蔽、控制等措施，保护信息不被泄露）。

4. 完整性

完整性是网络信息未经授权不能进行改变的特性，即网络信息在存储或传输过程中保持不被偶然或蓄意地删除、修改、伪造、乱序、重放、插入等破坏和丢失的特性。完整性是一种面向信息的安全性，它要求保持信息的原样，即信息的正确生成和正确存储与传输。

完整性与保密性不同，保密性要求信息不被泄露给未授权的人，而完整性则要求信息不致受到各种原因的破坏。影响网络信息完整性的主要因素有设备故障、误码（传输、处理和存储过程中产生的误码，定时的稳定度和精度降低造成的误码，各种干扰源造成的误码）、人为攻击、计算机病毒等。

保障网络信息完整性的主要方法：

（1）协议　通过各种安全协议可以有效地检测出被复制的信息、被删除的字段、失效的字段和被修改的字段。

（2）纠错编码方法　由此完成检错和纠错功能。最简单和常用的纠错编码方法是奇偶校验法。

（3）密码校验和方法　它是抗篡改和抗传输失败的重要手段。

（4）数字签名　保障信息的真实性。

（5）公证　请求网络管理或中介机构证明信息的真实性。

5. 不可抵赖性

不可抵赖性也称作不可否认性，在网络信息系统的信息交互过程中，确信参与者的真实同一性，即所有参与者都不可能否认或抵赖曾经完成的操作和承诺。利用信息源证据可以防止发信方否认已发送信息，利用递交接收证据可以防止收信方事后否认已经接收的信息。

6. 可控性

可控性是对网络信息的传播及内容具有控制能力的特性。

概括地说，网络信息安全与保密的核心是通过计算机、网络、密码技术和安全技术，保护在公用网络信息系统中传输、交换和存储的消息的保密性、完整性、真实性、可靠性、可用性、不可抵赖性等。

8.2　ARP 欺骗

8.2.1　钓鱼 Wi-Fi

所谓的钓鱼 Wi-Fi 就是一个假的无线热点。当你的无线设备连接上去时，会被对方反扫描，如果这时你的手机正好连在什么网站上进行了数据通信，且涉及用户名、密码等数据，对方就会获得你的用户名和密码。还有这些口令也会被嗅探到：TELNET、FTP、POP、RLOGIN、SSH1、ICQ、SMB、MySQL、HTTP、NNTP、X11、NAPSTER、IRC、RIP、BGP、SOCK5、IMAP4、VNC、LDAP、NFS、SNMP、HALFLIFE、QUAKE3、MSNYMSG。严重得还可能被人进行 ARP 欺骗然后挂马。

1. ARP 欺骗基础知识

如图 8-1 所示，某机器 A 要向主机 B 发送报文，会查询本地的 ARP 缓存表，找到 B 的 IP 地址对应的 MAC 地址后，就会进行数据传输。如果未找到，则 A 广播一个 ARP 请求报文，请求 IP 主机 B 回答物理地址。网上所有主机包括 B 都收到 ARP 请求，但只有主机 B 识别自己的 IP 地址，于是向 A 主机发回一个 ARP 响应报文，其中就包含有 B 的 MAC 地址。A 接收到 B 的应答后，就会更新本地的 ARP 缓存。接着使用这个 MAC 地址发送数据（由网卡附加 MAC 地址）。攻击者可以冒充 B 主机的 IP，来发送自己的 MAC 地址。

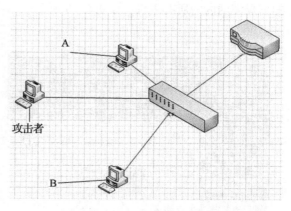

图 8-1　ARP 原理

2. ARP 欺骗实验项目描述与分析

1）实验内容。在 kali-Linux 环境下用 ARP 欺骗获取靶机的私密信息，如 QQ 账号、密码。

2）实验环境。kali-Linux，VMware Workstation、Wireshark。

3）实验原理。ettercap 是 kali-Linux 下一个强大的欺骗工具，当然也有 Windows 版本。该工具能用较快速度创建和发送伪造的报文，发送从网络适配器到应用软件各种层次的报文。绑定监听数据到一个本地端口，从一个客户端连接到这个端口，并且能够给未知协议解码或插入数据（只有在 ARP 为基础模式里才能用）。

4）拓扑图。ARP 欺骗实验拓扑图如图 8 - 2 所示。

3. ARP 欺骗实验项目实施

1）进入 VM 虚拟机，安装 kali-Linux，如图 8 - 3 所示。

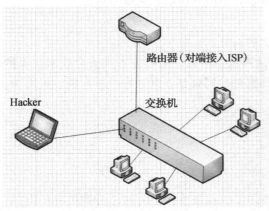

图 8 - 2　ARP 欺骗实验拓扑图

图 8 - 3　安装 kali-Linux

2）启动 ettercap 工具图，如图 8 - 4 所示。ettercap 是 kali-Linux 下的一个强大的欺骗工具，当然 Windows 也能用，你能够用飞一般的速度创建和发送伪造的报文。让你发送从网络适配器到应用软件各种级别的报文。绑定监听数据到一个本地端口：从一个客户端连接到这个端口并且能够为不知道的协议解码或者把数据插进去（只有 ARP 为基础模式才能用）。

3）扫描局域网的主机，启用 ARP 欺骗。先选择要开启混杂模式的网卡，准备嗅探，然后扫描局域网内的所有主机，如图 8 - 5 所示。

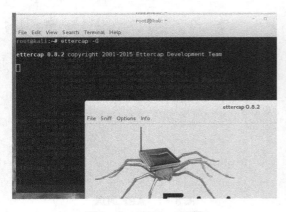

图 8 - 4　ettercap 工具

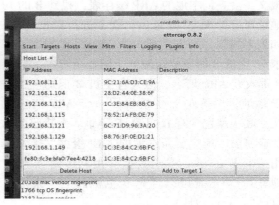

图 8 - 5　局域网主机列表

4）查看主机连接状态，如图8-6所示。

5）用wireshark抓取数据包，如图8-7所示。

图8-6　主机连接状态

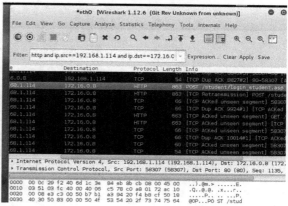

图8-7　wireshark抓取数据包

6）获取QQ信息，如图8-8所示。

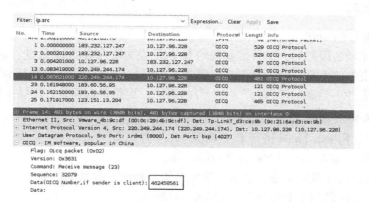

图8-8　获取QQ信息

7）获取FTP用户名、密码，如图8-9所示。

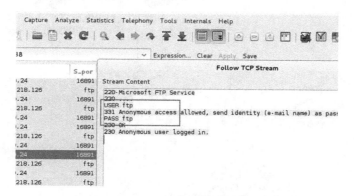

图8-9　获取FTP用户名、密码

8）获取Web表单用户名、密码，如图8-10所示。

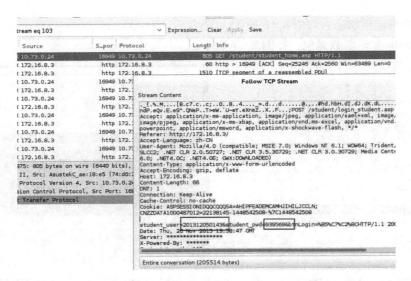

图 8-10　获取 Web 表单用户名、密码

8.2.2　DNS 欺骗

1. DNS 欺骗基础知识

如果可以冒充域名服务器，然后把查询的 IP 地址设为攻击者的 IP 地址，这样的话，用户上网就只能看到攻击者的主页，而不是用户想要进入的网站的主页了，这就是 DNS 欺骗的基本原理。DNS 欺骗其实并不是真的"黑掉"了对方的网站，而是冒名顶替、招摇撞骗罢了。

2. DNS 欺骗实验项目描述与分析

1）实验内容。用 kali-Linux 进行 DNS 欺骗。

2）实验环境。kali-Linux、VMware Workstation。

3）实验原理。DNS 欺骗就是攻击者冒充域名服务器的一种欺骗行为。

4）拓扑图。DNS 欺骗实验拓扑图，如图8-11所示。

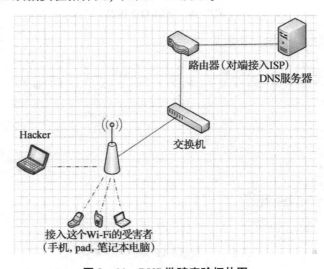

图 8-11　DNS 欺骗实验拓扑图

3. DNS 欺骗实验项目实施

1）首先将 kali-Linux. ios 安装在 VM 虚拟机上，搭建 kali-Linux 渗透工具环境。查看靶机的 IP 地址为 192. 168. 209. 129，如图 8 - 12 所示。

```
Ethernet adapter 本地连接:

        Connection-specific DNS Suffix  . : localdomain
        IP Address. . . . . . . . . . . . : 192.168.209.129
        Subnet Mask . . . . . . . . . . . : 255.255.255.0
        Default Gateway . . . . . . . . . : 192.168.209.2

C:\Documents and Settings\Administrator>
```

图 8 - 12　查看靶机 IP 地址

2）攻击者 IP 地址为 192. 168. 209. 130，如图 8 - 13 所示。

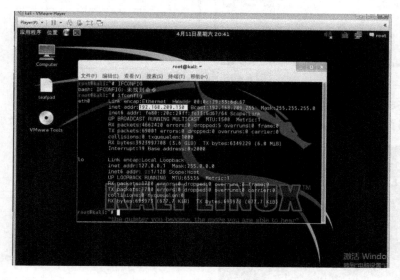

图 8 - 13　攻击者 IP 地址

3）配置 ettercap，弹出内容。重复 ARP 欺骗前面 4 个步骤。编辑 /usr/share/ettercap/ etter. dns，将 www. baidu. com 添加进去，192. 168. 209. 130 为我的 kali 主机 IP，如图 8 - 14 所示，修改完毕后"保存"退出。

```
#        so if you want to reverse poison you have to specify a plair
#        host. (look at the www.microsoft.com example)
#                                                      #
################################################################

#############################
# microsoft sucks ;)
# redirect it to www.linux.org
#

*          A   192.168.209.130
*.com A     192.168.209.130
*.cn A      192.168.209.130
*.org A     192.168.209.130
microsoft.com     A   198.182.196.56
*.microsoft.com   A   198.182.196.56
www.microsoft.com PTR 198.182.196.56      # Wildcards in PTR are no

#############################
# no one out there can have our domains...
```

图 8 - 14　ARP 欺骗

网络工程实践教程

4）攻击者创建一个网页，配置 Apache，然后发布，如图 8 – 15 所示。

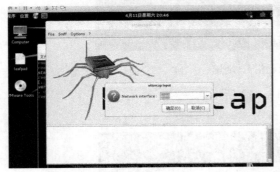

图 8 – 15　发布钓鱼网页

5）最终完成攻击，如图 8 – 16 所示。

6）打开网页，百度网页变成四川工程职业技术学院教务处网页。如图 8 – 17 所示。

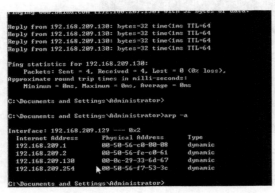

图 8 – 16　DNS 欺骗

图 8 – 17　网页重定向

8.3　漏洞安全

8.3.1　浏览器溢出

1. 浏览器溢出基础知识

浏览器溢出简单地说就是运用浏览器上的漏洞进行权限提升，来改变运行本机上的一些程序，主要是基于 Flash 漏洞。CPU 执行指令是按照寄存器中的地址去内存中寻找，如果输入到一个程序中的数据超出了内存分配的空间，我们便可以把想要系统执行的代码写入特定内存，然后改变寄存器的值，让 CPU 去执行我们写的 Shellocode。

对于缓冲区溢出，可以举个例子类比。缓冲区溢出好比是正常情况下，把 3L 的水倒入这个只有 1L 容量的杯子的时候，可想而知，多出来的部分就会溢出杯子洒到桌子上甚至地上。我们的计算机也一样，当黑客向缓冲区填充数据，而这个数据的长度超过了缓冲区本身的容量后数据就会溢出储存空间，装不下的数据就会覆盖在合法的数据上，导致程序的出错乃至崩溃，这就是缓冲区溢出的原理。但缓冲区仅仅溢出，这只是一个问题，到这里，它并不具有破坏性，如果说能够精确地导入事先准备好的水量时，如 1.325L 水，那么溢出的也就是 0.325L 水。黑客用编写好的攻击代码，使操作系统或者应用程序等出现缓冲区溢出，由于是事先已经精确定义，所以也将会导致黑客们想要得到的结果，如死机、重启、获取 Rootshell、下载木马程序等，这个时候你的系统或者程序已经被黑客控制了。

这里提出两个问题：

1）为什么基于 Flash。

① 浏览器上 88% 的应用是基于 Flash 的。

② Flash 为浏览器必备的插件，有浏览器就有 Flash。

③ Flash 漏洞较多，危害性较大。

④ 网上对 Flash 漏洞的分析较多，资料较全。

2）什么是 Shellcode。Shellcode 是 CPU 可以直接执行的二进制代码，通过发信站漏洞来获取权限并且作为数据发送给受攻击服务的。Shellcode 是溢出程序和蠕虫病毒的核心，它主要攻击的是没有修补漏洞的计算机，所以漏洞修补对计算机保护还是很重要的。

Shellcode 是进行攻击时的一系列被当作 Payload 的指令，通常在目标机器上执行之后提供一个可执行命令的 Shell。

而 Metasploit 其实是一个溢出工具包集合，在其中包含了至今最为齐全的溢出漏洞利用，能够自动溢出所有的安全漏洞。拥有了这个溢出工具，就完全不必在硬盘上保存其他的溢出程序了。Metasploit Framework V2.1 工具包分为 Linux/Unix 版和 Windows 版，同时有命令行界面和图形界面两种溢出方式，全部自动完成，非常强大。Metasploit 也是一款开源的安全漏洞检测工具，同时 Metasploit 也是免费的工具，为此安全人员常用 Metasploit 工具来检测系统的安全性。Metasploit Framework（MSF）在 2003 年以开放源码方式发布，是可以自由获取的开发框架。它是一个强大的开源平台，供开发、测试和使用恶意代码，这个环境为渗透测试、Shellcode 编写和漏洞研究提供了一个可靠平台。

这种可以扩展的模型将负载控制（Payload）、编码器（Encode）、无操作生成器（Nops）和漏洞整合在一起，使 Metasploit Framework 成为一种研究高危漏洞的途径。它集成了各平台上常见的溢出漏洞和流行的 Shellcode，并且不断更新。

目前的版本收集了数百个实用的溢出攻击程序及一些辅助工具，让人们使用简单的方法完成安全漏洞检测，即使一个不懂安全的人也可以轻松地使用它。当然，它并不只是一个简单的收集工具，它提供了所有的类和方法，让开发人员使用这些代码方便快速地进行二次开发。其核心程序中的一小部分由汇编语言和 C 语言实现，其余由 Ruby 实现。不建议修改汇编语言和 C 语言部分。

2. 浏览器溢出实验项目描述与分析

1）实验内容。利用 Flash 漏洞进行溢出实验。

2）实验环境。Os：Win7 64 位旗舰版；浏览器：IE11；Flash：Adobe flash 18.0.0.194；Cve：cve2015-5119。

3）实验原理。缓冲区溢出攻击能否成功与目标机器的环境有很大关系，不同的操作系统、版本、语言等都会造成攻击的不成功。

4）拓扑图。浏览器溢出实验拓扑图，如图 8-18 所示。

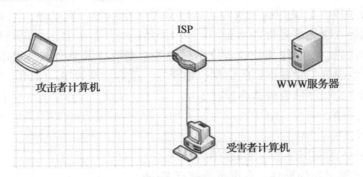

图 8-18　浏览器溢出实验拓扑图

3. 浏览器溢出实验项目实施

1）下载漏洞，利用 ActionScript 源代码来实现，如图 8-19 所示。

2）配置木马（白金远控）如图 8-20 所示。白金远控是国内最好用的远程控制软件之一，功能强大，支持 Windows7、Windows8 等系统，并且能达到免杀效果，可以进行远程监控计算机桌面、远程视频查看、文件管理及 IP 代理等，是一款适合个人、公司和家庭用于远程维护、远程协助和远程管理的计算机应用软件。在网络攻击中，白金远控也可以用作木马程序。

图 8-19　AS 源代码漏洞图

图 8-20　白金远控配置图

3）配置 MSF（让靶机下载并执行木马程序）。MSF 提供多种用户界面：控制台模式（Msfconsole）、命令行模式（Msfcli）、图形模式（Msfgui、Armitage），其中 Console 模式最常用，如图 8-21 所示。

4）获得 Shellcode（用 Msf 生成 Shellcode）。这里补充一点，可以使用 Shellcode 来打造免杀的 Payload，因为 MSF 已经为我们提供了 Shellcode 的生成功能。接下来我们就应用最常用的 payload：Reverse_tcp，CobaltStrike: payload > windows > meterpreter > reverse_tcp 设置选项，如监听 9527 端口，如图 8-22 所示。

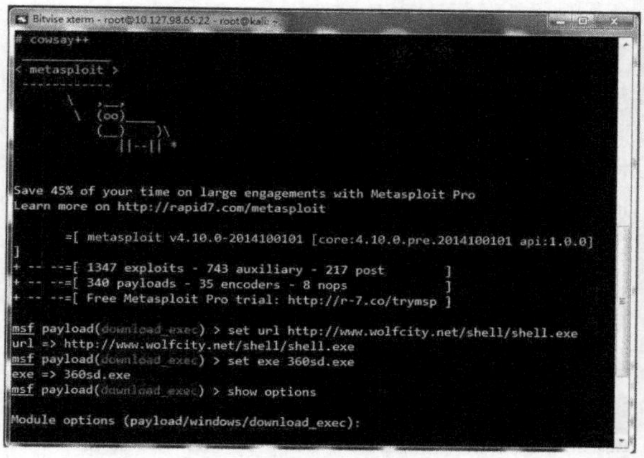

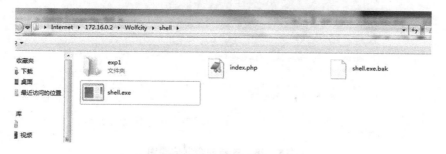

图 8-21　MSF 配置图

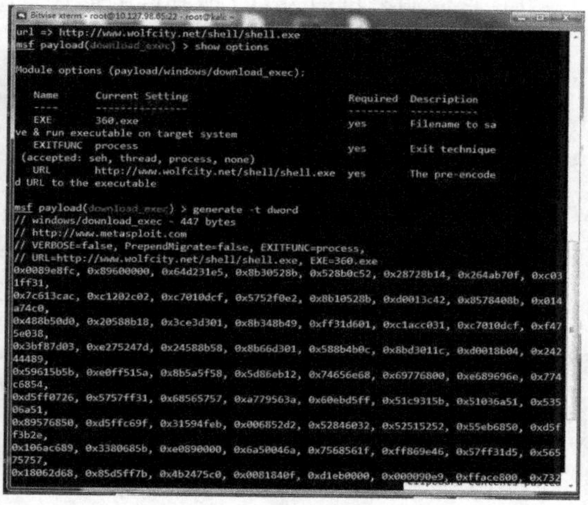

图 8-22　获取 Shellcode 图

5）把 Shellcode 代码写入 Flash（Flash 漏洞调用 Shellcode），如图 8-23 所示。

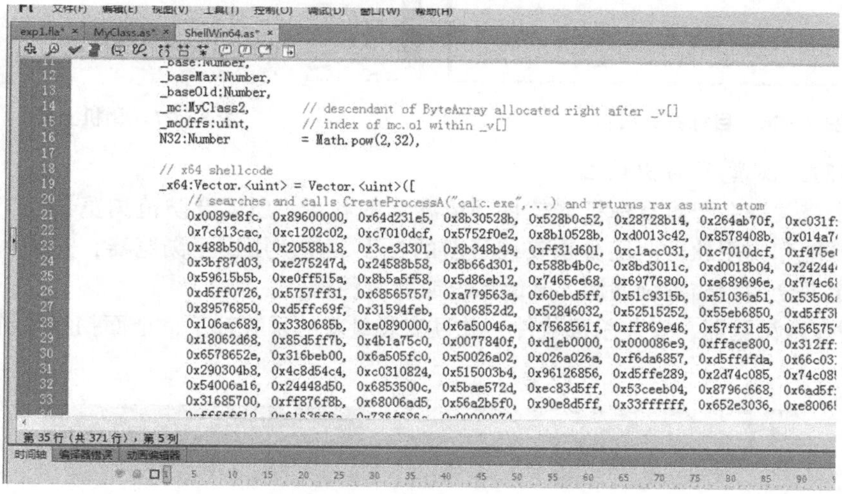

图 8-23　Shellcode 写入 Flash

6）编译，并把漏洞代码上传到 Web 服务器，如图 8-24 所示。

图 8-24　代码上传到 Web 服务器

7）把漏洞链接通过 QQ 或邮件的形式发出去，如图 8 - 25 所示。

图 8 - 25　木马扩散图

8）目标主机打开链接，即成为浏览器漏洞攻击的对象，即靶机，如图 8 - 26 所示。

9）靶机上线，如图 8 - 27 所示。

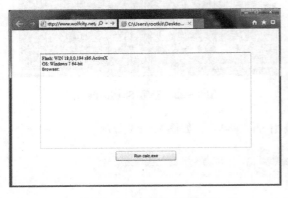

图 8 - 26　目标打开链接

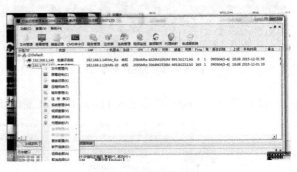

图 8 - 27　靶机上线

4．如何防范浏览器溢出攻击

溢出攻击最关键在于对目标机器软件环境漏洞的利用，所以要防范浏览器溢出攻击，就需要针对操作系统和应用软件两层分别安装最新的补丁，并使用安全浏览器，安装杀毒软件和软件防火墙，定期全面扫描系统漏洞，升级系统或者应用软件。

1）使用安全浏览器，安装杀毒软件，并且安装最新的系统补丁，全面扫描系统漏洞，如图 8 - 28 所示。

图 8 - 28　安装安全浏览器图

2）更新 Adobe Flash 相关软件，如图 8 - 29 所示。

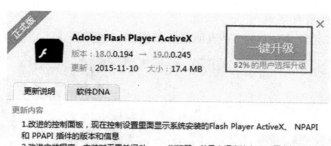

图 8-29　更新补丁

8.3.2　远程溢出

1. 远程溢出基础知识

远程溢出漏洞利用计算机上的设计缺陷，远程发送一些经过精心设计的、带有攻击性的数据，使受攻击的计算机执行攻击指令，而不用靶机触发。这是主动攻击的一种方式，但危害巨大。

2. 远程溢出实验项目描述与分析

1）实验内容。利用 CVE-2014-4113 经典提权漏洞，针对靶机进行远程缓冲区溢出攻击。

2）实验环境。Metasploit 系列工具（提供各种漏洞利用模块）、MS08-067（微软经典漏洞，很多病毒都可利用）、CVE-2014-4113（经典提权漏洞）、WinXP（微软不提供更新，漏洞多，可作为靶机系统环境）。

3）实验原理。运用 Metasploit 进行渗透攻击的主要原理就是利用各种操作系统中存在的漏洞，如远程溢出、本地缓冲区溢出、整数溢出或者格式串漏洞等进行攻击。在 Metasploit 宝库中的每一个 Exploit 都提供很多的 Payload 选项。Payload 实际上是以机器码的形式在靶机的机器上运行的。Payload 可以简单地添加用户到系统中，或者将 VNC 服务注入靶机计算机的进程中。

4）实验拓扑图。如图 8-30 所示。

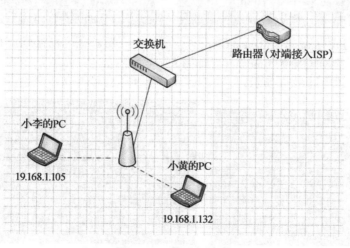

图 8-30　实验拓扑图

3．远程溢出实验项目实施

1）靶机上的操作系统 Windows XP 桌面截图如图 8 - 31 所示。

图 8 - 31　操作系统桌面截图

2）打开 MSF，加载 Exploit 和 Payload，如图 8 - 32 所示。

3）配置 MSF 参数并对靶机进行攻击，如图 8 - 33 所示。

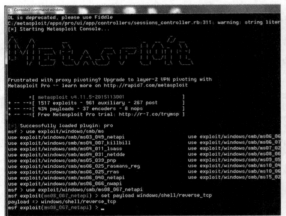

图 8 - 32　加载 Exploit 及 Payload　　　　**图 8 - 33　配置 MSF 参数并攻击**

4）攻击成功，得到对方的 Cmdshell，如图 8 - 34 所示。

5）查看进程，如图 8 - 35 所示。

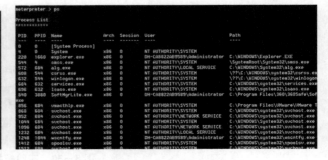

图 8 - 34　获取 Cmdshell　　　　　　　　**图 8 - 35　查看进程**

6）进程迁移，结束某个程序的进程，如图 8-36 所示。

7）针对靶机进行屏幕截图或者录像。由于本例中虚拟机无法调用摄像头，故采用截图方式加以演示，调用截图命令如图 8-37 所示。

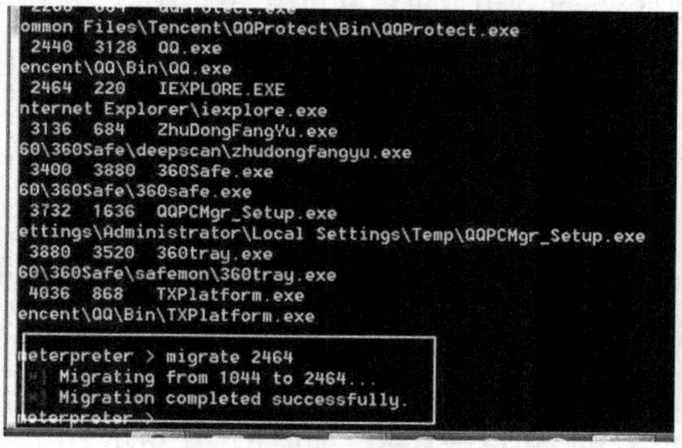

图 8-36　进程迁移

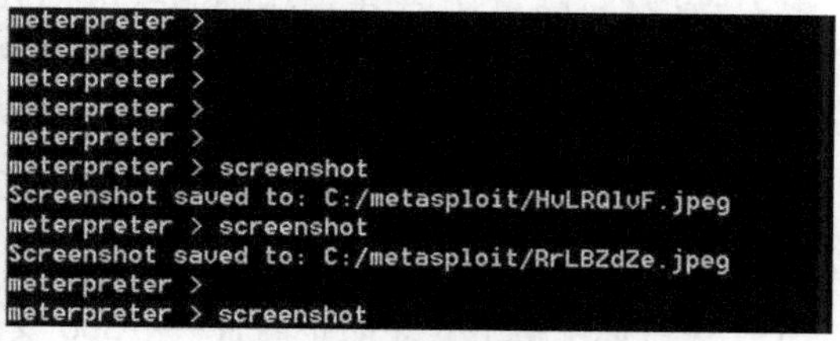

图 8-37　调用截图命令

8）调用截图命令，在靶机操作过程中截取的图片如图 8-38 所示。

9）查看靶机系统中的所有用户和对应的 IP 地址，如图 8-39 所示。

图 8-38　靶机屏幕截图

图 8-39　获取靶机用户信息

10）在靶机中新建一个用户，并将其加入管理员和远程桌面组，以获得更多权限，如图 8-40 所示。

11）通过在靶机上新建的用户连接远程主机，获取权限，如图 8-41 所示。

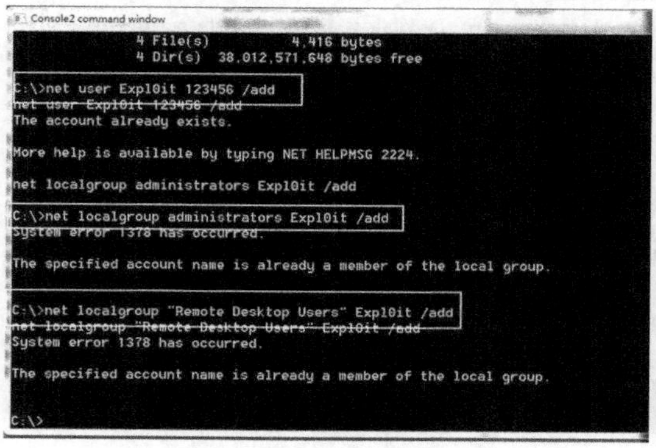

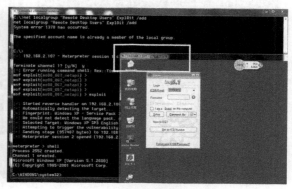

图 8-40　新建用户

图 8-41　获取权限

8.3.3 本地溢出

1．本地溢出基础知识

获得 Windows 或 Linux 某个用户权限（非管理员），可利用溢出提升权限至管理员，在用户获得一定权限后，利用本地溢出漏洞可以提升用户的权限，甚至删除受保护的系统文件。

2．本地溢出实验项目描述与分析

1）实验内容。利用本地溢出漏洞攻击靶机。

2）实验环境。靶机操作系统为 Window XP。

3）实验原理。获得 Windows 或 Linux 某个用户权限，在获得一定权限后，利用本地溢出漏洞可以提升用户的权限，甚至删除受保护的系统文件。

3．本地溢出实验项目实施

1）在目标主机上安装防护软件——360 安全卫士和腾讯电脑管家，如图 8-42 所示。

2）开启目标主机的防火墙，使其处于工作状态，如图 8-43 所示。

图 8-42 安装防护软件

图 8-43 开启目标主机的防火墙

3）使用普通用户权限登录系统，确认该用户不属于管理员组，如图 8-44 所示。

4）运行某一程序，操作系统提示该用户无运行权限，并需要提供管理员密码，如图 8-45 所示。

图 8-44 普通用户登录

图 8-45 运行程序

5）尝试把该用户添加到管理员组，系统提示无权限，拒绝访问，如图8-46所示。

6）利用溢出漏洞程序成功提权，把用户加到管理员组获取权限，如图8-47所示。

图8-46　拒绝访问

图8-47　获取权限

7）查看是否提权成功，如图8-48所示。

图8-48　查看提权

4. 针对本地溢出的安全防范

1）开启防火墙可以过滤一些恶意、带攻击性的程序。如图8-49所示。

图8-49　防火墙功能

2）适时更新系统，为系统漏洞打补丁，每当Windows有新的漏洞公布，微软就会为各种漏洞打补丁，所以只要及时更新补丁，系统还是安全的，如图 8 - 50 所示。

3）安装杀毒软件，查杀木马如图 8 - 51 所示。

图 8 - 50　系统更新　　　　　　　　　　　图 8 - 51　查杀木马

8.4　Web 安全

8.4.1　SQL 注入

1. SQL 注入基础知识

所谓 SQL 注入，就是通过把 SQL 命令插入到 Web 表单提交或输入域名或页面请求的查询字符串中，最终达到欺骗服务器执行恶意的 SQL 命令。具体来说，它是利用现有应用程序，将 SQL 命令（恶意）注入后台数据库中，它可以通过在 Web 表单中输入 SQL 语句（恶意）得到一个存在安全漏洞的网站上的数据库，而不是按照设计者意图去执行 SQL 语句。

2. SQL 注入实验项目描述与分析

1）实验名称。盒作社订餐系统 SQL 注入。

2）实验目标。利用 SQL 注入漏洞获取管理员密码，进入一个指定网站的后台，获取管理员权限。

3）实验环境。盒作社订餐系统、MD5 在线解密破解。

4）实验原理。SQL 注入攻击指的是通过构建特殊的输入作为参数传入 Web 应用程序，而这些输入大都是 SQL 语法里的一些组合，通过执行 SQL 语句进而执行攻击者所要的操作，其主要原因是程序没有细致地过滤用户输入的数据，导致非法数据侵入系统。

根据相关技术原理，SQL 注入可以分为平台层注入和代码层注入。平台注入由不安全的数据库配置或数据库平台的漏洞所致；代码层注入主要是由于程序员对输入数据未进行细致的过滤，从而执行了非法的数据查询。基于此，SQL 注入的产生原因通常表现在以下几个方面：①不当的类型处理；②不安全的数据库配置；③不合理的查询集处理；④不当的错误处理；⑤转义字符处理不合适；⑥多个提交处理不当。

3. SQL 注入实验项目实施

1）盒作社订餐系统。"盒作社外卖"是一款基于微信公众号二次开发的订餐系统，主要提供在线外卖服务，其系统主页如图 8 - 52 所示。

图8-52 盒作社系统主页

2）配置代理，把截获到的数据流量发送到笔记本计算机，如图8-53所示。

3）用漏洞扫描工具扫描目标网站潜在漏洞，确认存在SQL注入的漏洞，如图8-54所示。

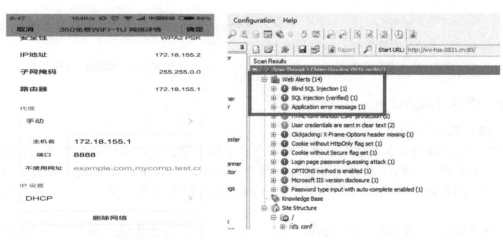

图8-53 配置代理　　　　　　　　　　**图8-54 漏洞扫描**

4）把注入语句值入Burp Suite中，进行SQL注入，如图8-55所示。

5）查看服务器返回的数据包，获取管理员密码（MD5）。但需要注意的是，这里获得的管理员密码是通过MD5加密的报文，如图8-56所示。

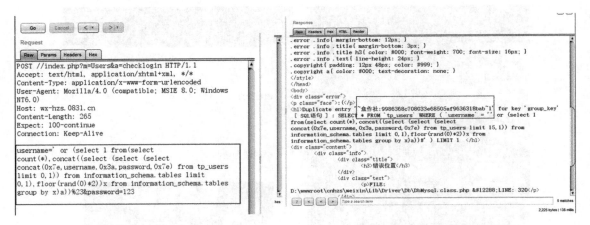

图 8-55 SQL 注入   图 8-56 获取 MD5 加密的报文

6）使用在线工具解密 MD5 密码，获取密码明文，如图 8-57 所示。

7）输入密码，进入微信后台，如图 8-58 所示。

图 8-57 密码明文   图 8-58 微信后台登录

8.4.2 撞库（暴力破解）

1. 撞库基础知识

撞库是黑客通过收集互联网已泄露的用户和密码信息，生成对应的字典表，尝试批量登录其他网站后，得到一系列可以登录的用户。很多用户在不同网站使用的是相同的账号、密码，因此黑客可以通过获取用户在 A 网站的账户来尝试登录 B 网址，这就是撞库攻击。

提及"撞库"，就不能不说"脱裤"和"洗库"。在黑客术语里"拖库"是指黑客入侵有价值的网络站点，把注册用户的资料数据库全部盗走的行为，因为谐音，也经常被称作"脱裤"。在取得大量的用户数据之后，黑客会通过一系列的技术手段和黑色产业链将有价值的用户数据变现，这通常也被称作"洗库"。最后黑客将得到的数据在其他网站上进行尝试登录，叫作"撞库"。因为很多用户喜欢使用统一的用户名、密码，"撞库"可以使黑客收获颇丰，如图 8-59 所示。

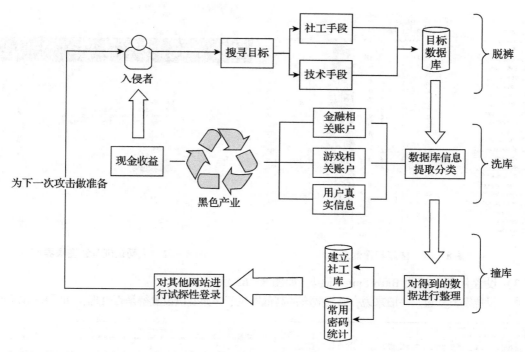

图 8-59 "撞库"概念

2．撞库实验项目描述与分析

2014 年 12 月 25 日，12306 网站用户信息在互联网上疯传。对此，12306 官方网站称：网上泄露的用户信息系经其他网站或渠道流出。据悉，此次泄露的用户数据不少于 131653 条。该批数据基本确认为黑客通过"撞库攻击"所获得，如图 8-60 所示。

1）实验名称。利用四川工程职业技术学院就业信息网的教师密码破解该校上网认证系统的密码。

2）实验环境。攻击者可使用 Burp Suite 渗透套件。

3）实验原理。Burp Suite 是由 Portswigger 开发的一套用于 Web 渗透测试的集成套件，它包含了 Spider、Scanner（付费版本）、Intruder、Repeater、Sequencer、Decoder、Comparer 等模块，每个模块都有其独特的用途，给专业和

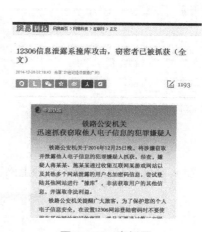

图 8-60　案例图

非专业的 Web 渗透测试人员的测试工作带来了极大的便利，利用 Burpsuite 可爆破学校上网认证系统的后台密码。

3．撞库实验项目实施

1）利用拖库等手段获取就业信息网教师账号、密码，如图 8-61 所示，关键信息已隐藏。

2）学校上网认证系统的登录界面如图 8-62 所示。

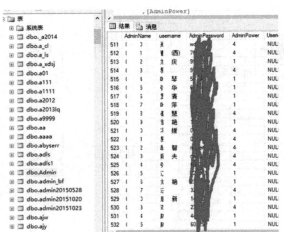

图 8 - 61　拖库获得信息

图 8 - 62　上网认证系统登录界面

3）设置代理，使用 Burp Suite 抓包，如图 8 - 63 所示。

4）设置字典变量。一般来说，破解效率的高低取决于字典变量设置得是否合理，如图 8 - 64 所示。

图 8 - 63　抓包

图 8 - 64　设置字典变量

5）破解成功，获取了教师上网密码，如图 8 - 65 所示。

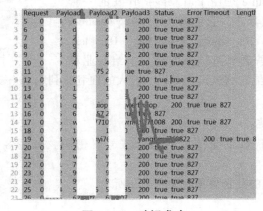

图 8 - 65　破解成功

4. 如何防范撞库威胁

1）系统管理员应该采用"禁用账户、密码错误延迟处理"或者"复杂验证码"的方式来避免风险。禁用账户提示如图 8-66 所示。

2）可以考虑引入网上公开的第三方模版，来保证系统安全性，如图 8-67 所示。

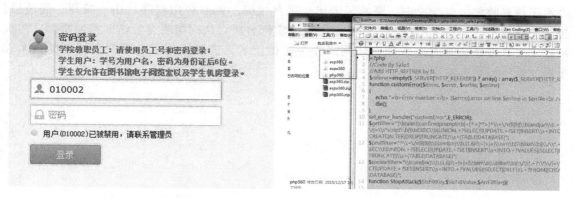

图 8-66　禁用账户提示　　　　　　　　　　　图 8-67　引入第三方模版

3）Web 服务器需要安装安全狗、护卫神等第三方安全防护软件，如图 8-68 所示。

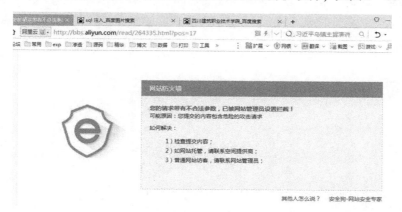

图 8-68　安装防护软件

4）安装配置硬件防火墙，过滤含恶意请求的数据包，如图 8-69 所示。

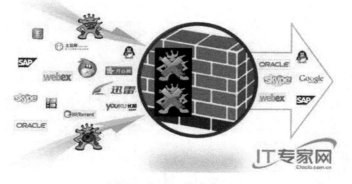

图 8-69　安装硬件防火墙

8.5 项目总结

本章由浅入深地介绍了网络攻击与防御技术。从网络安全所面临的不同威胁入手，详细介绍了信息收集、口令攻击、缓冲区溢出、恶意代码、Web应用程序攻击、嗅探、假消息、拒绝服务攻击等多种攻击技术，并给出一定的实例分析。从网络安全、访问控制机制、防火墙技术、入侵检测等方面系统介绍网络安全防御技术，进而分析了内网安全管理的技术和手段。

第9章

校园信息网络项目设计

📖 **学习目标**

1）校园网络设计与规划。
2）校园网络管理规范学习。
3）校园信息中心逻辑设计。
4）宿舍楼综合布线设计和网络设计。
5）基本的网络功能配置和基本的网络安全配置。

9.1 基础知识

本章是本书的最后章节，涉及的基础知识较多，但在前面的章节都已经出现过了，在此只做一个基础列表。

1）综合布线七大子系统。
2）技术方案设计。
3）网络设备调试。
4）网络设备安全配置。
5）服务器安全调试。
6）无线网络安全配置。

9.2 项目描述和分析

20世纪80年代，美国AT&T公司贝尔实验室推出了结构化综合布线系统（SCS）。SCS的代表产品是建筑与建筑群综合布线系统，简称综合布线系统。综合布线是一种模块化的、灵活性极高的建筑物内或建筑群之间的信息传输通道。通过布线系统可使语音设备、数据设备、交换设备及各种控制设备与其他信息管理系统连接起来，同时也使这些设备与外部通信网络相连。

校园网建设大致可分为综合布线设计和计算机网络系统设计两大部分。

计算机网络设计即利用交换机、路由器、无线Wi-Fi等网络设备，实现整个园区的全面的信息连接。

9.2.1 校园网的概述和校园网综合布线的需求

校园网一般可分为4个区域：教学区、办工区、学生宿舍区、教职工住宅区。各区域有其应用的特点，应针对其特点进行综合布线设计，满足网络访问的需求。

1）教学区。是校园网的核心区域，对校园网的网络传输能力要求最好，应用范围最广泛。教学区内包含计算机中心、实验室、教学楼、图书馆等。楼内或子网内计算机经常进行大流量数据互访。校园网数据中心一般都设在此区域。

2）办公区。是行政管理和后勤等工作人员的办公区域。办公区主要满足内部数据访问和语音通信的需求，数据流量较小。

3）学生宿舍区。是对互联网访问需求最大的区域，同时子网内数据共享和联机方式普遍。这个区域用户数量巨大，数据终端数量多且分散。

4）教职工住宅区。教职工住宅区域接近家居式信息网络模式，主要是互联网访问需求，数据流量不大。

校园网综合布线系统作为构建校园网的物理基础，分布区域最广，将通信管理设备和终端连接起来，其性能好坏影响到校园网能否正常运行和使用寿命的长短，因此，应满足如下标准：

① 标准性。符合国际和国家相关标准，能支持主流设备端口连接。

② 稳定性。传输性能稳定，且经久耐用，满足现在和将来信息传输的需要。

③ 拓展性。预留适当的传输性能，保证日后网络系统的升级空间。

④ 经济性。在满足应用的前提下，具备良好的性价比。

⑤ 管理性。统一有序的标识，对庞大数量的终端进行整体管理，便于日后维护。

随着计算机网络技术不断地发展，原有的校园网络逐渐变得不能满足现有的应用，不论是学院的老师或者学生对计算机网络都有了更多的要求，如需要更大的连接带宽、更方便的无线覆盖、更高的传输质量、更多的网络存储和备份……而且随着现代化教学活动的开展和国内外教学机构交往的增多，对通过 Internet/Intranet 网络进行信息交流的需求也越来越迫切。为了促进教学、方便管理和进一步发挥学生的创造力，把校园网建设成为一个更高效的信息网络成为了必然选择。

9.2.2 现有的网络情况描述

学院图书馆位于单独一栋大楼中，是该学院的网络中心。原来连接教学区、办工区、学生宿舍区和教职工住宅区的网络线路已经老化，需要全面更换；学院的几栋宿舍楼也面临重新进行综合布线的需要。

学校网络应用基本需求包含：

1）多媒体信息传输。

2）校园网站对外发布。

3）学校财务信息管理系统。

4）网络 FTP 传输。

5）网络内部邮件服务器。

原有的网络设备和应用软件均面临升级的需要。

9.2.3 项目实施环境分析

学院网络中心设在学院图书馆一楼，现在打算把光纤从网络中心辐射到各个区域，面临的主要问题是选择线缆的敷设方式，施工点与市政工程可能冲突，施工时间紧张和教学时间冲突，某些宿舍楼的综合布线面临大楼年久老化，改造困难等。

9.2.4 功能需求分析

1. 校园网络建设的必要性分析

近年来，学校的教学和管理工作不断地向着信息处理计算机化、信息交流网络化、信息管理数据库化、信息服务电子化方向发展。形象化、交互式的教学以及海量的教学资源，使计算机网络技术在学校管理和辅助教学、科研活动中显示出其独特的优势，同时学校网络承载着多样的网络应用：网络下载、视频监控、视频会议、网络聊天、专项课题研究、网络化教学。校园网络的建设势在必行。

校园网络建设是利用各种先进、成熟的网络技术和通信技术，采用统一的网络协议（TCP/IP），建设一个可实现各种综合网络应用的高速计算机网络系统，将各系、办公室、图书馆、教学楼、宿舍通过网络连接起来，与 Internet 相连。校园网络必须具备教学、管理和通信三大功能。教师可以方便地浏览和查询网上资源，进行教学和科研工作；学生可以方便地浏览和查询网上资源实现远程学习；通过网上学习提高信息处理能力。学校的管理人员可方便地对教务、行政事务、学生学籍、财务、资产等进行综合管理，同时可以实现各级管理层之间的信息数据交换，实现网上信息采集和处理的自动化，实现信息和设备资源的共享。因此，校园网络的建设必须有明确的建设目标：能够充分利用校园网，扩充各种网络应用，如多媒体课件系统、多媒体教学系统、网络教学系统、监控系统、语音系统等，使其为学院的教学和实验服务。

我们的网络设计方案模拟的是校园网络网管中心的设计。

学院采用最先进的信息和传播技术是十分重要的，学校应该处于影响整个社会现代信息技术深刻变革的中心地位。

1）当前校园网信息系统已经发展到了校际互联、国际互联、静态资源共享、动态信息发布、远程教学和协作工作的阶段，教学手段的发展对学校教育现代化的建设提出了越来越高的要求。

2）教育信息量的不断增多，使各级各类学校、家庭和教育管理部门对教育信息计算机管理和教育信息服务的要求越来越强烈。个人是否具有获得信息和处理信息的能力对于能否成功进入职业界和融入社会及文化环境都是个决定性的因素，因此学校应该培养所有学生具有驾驭和掌握这种技术的能力。另外，信息技术在作为青年学生教育工具的同时也向青年学生提供了前所未有的机会。新技术提供的机会以及在教学方面具有的优势，特别是计算机和多媒体系统的使用有助于个性化的学习，每个学生在个人的学习道路上都可以按照自己的速度发展。

3）我国各级教育研究部门、软件开发单位、教学设备供应商和各级学校不断开发，提供了各种在网络上运行的软件和多媒体系统，并且越来越形象化、实用化，也迫切需要网络环境。

4）在校园网中将计算机引入教学各个环节，从而引起了教学方法、教学手段、教学工具的重大革新，对提高教学质量，推动我国教育现代化的发展起着不可估量的作用。网络又为学校的管理者和老师提供了获取资源、协同工作的有效途径。毫无疑问，校园网是学校提高管理水平、工作效率，改善教学质量的有力手段，是解决信息时代教育问题的基本工具。

5）随着经济发展，我国各级政府对教育的投入不断加大；计算机技术的飞速发展，使相应产品价格不断下降；同时人们对计算机的认识水平和经济实力不断提高，大量计算机进入学校和家庭，使得计算机用于教育信息管理和信息服务是完全可行的。

2. 校园网络应用的特点

随着现代化教学活动的开展和与国内外教学机构交往的增多，对通过 Internet/Intranet 网络进行信息交流的需求越来越迫切，为促进教学、方便管理和进一步发挥学生的创造力，校园网络建设成为现代教育机构的必然选择。校园网大都属于中小型系统，以校园局域网为主，一个基本的校园网具有以下的特点：

1）高速的局域网连接。校园网的核心为面向校园内部师生的网络，因此校园局域网是系统建设重点。由于参与网络应用的师生数量众多，而且信息中包含大量多媒体信息，故大容量、高速率的数据传输是网络的一项基本要求。

2）信息结构多样化。校园网应用分为电子教学（多媒体教室、电子图书馆等）、办公管理和远程通信（远程教学、互联网接入）三大部分内容。电子教学包含大量多媒体信息，办公管理以数据库为主，远程通信则多为 WWW 方式，因此数据成分复杂，不同类型数据对网络传输有不同的质量需求。

3）安全可靠。校园网中同样有大量关于教学和档案管理的重要数据，不论是被损坏、丢失还是被窃取，都将带来极大的损失。

4）操作方便、易于管理。校园网面向不同知识层次的教师、学生和办公人员，应用和管理应简便易行，界面友好，不宜太过专业化。

5）经济实用。学校对网络建设的投入有限，因此要求建成的网络应经济实用，具备很高的性能价格比。

9.3 项目设计分析

首先可以通过 Google 地图等互联网工具获取校园的平面图，再以此为基础画出校园建筑平面图，以供项目设计使用。这是实际工程当中的常用手段，具体效果如图 9-1 和图 9-2 所示。

图 9-1 校园平面图

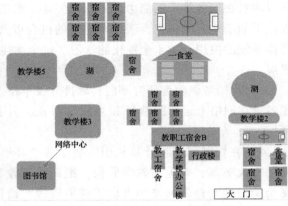

图 9-2 校园建筑平面图

9.3.1 校园网日常管理

1. 布线系统的日常维护

做好布线系统的日常维护工作，确保底层网络连接完好是计算机网络正常、高效运行的基础。目前，城域网和广域网之间的互联除了微波、卫星通道等无线连接方式外，户外光缆铺设仍然是唯一的有线连接途径。对布线系统的测试和维护一般借助于双绞线测试仪和规程分析仪、信道测试仪等，智能化分析仪器的使用提高了布线的管理水平和管理效率，可以更好地保证计算机网络的正常运行。

2. 关键网络设备的日常管理

无论何种规模的计算机网络，关键设备的管理都是一项相当重要的工作。这是因为，网络中关键设备的任何故障都有可能造成网络瘫痪，给用户带来无法弥补的损失。校园网中的关键设备一般包括网络的主干交换机、中心路由器以及关键服务器。对这些关键网络设备的管理除了通过网管软件实时监测其工作状态外，更要做好它们的备份工作。对主干交换机的备份，目前似乎很少有厂商能提供比较系统的解决方案，因而只有靠网络管理员在日常管理中加强对主干交换机的性能和工作状态的监测，以维护网络主干交换机的正常工作。

3. IP地址的管理与设计

在TCP/IP已经成为事实上的工业标准的今天，TCP/IP网络中的任何一台工作站都需要有一个合法的IP地址才能够正常工作。在构建和规划计算机网络时，应做好机构内部各部门对上网业务的需求调查和统计，确定计算机网络规模。IP地址管理是否得当，是计算机网络能否保持高效运行的关键。如果IP地址的管理手段不完善，网络就很容易出现IP地址冲突，就会导致合法的IP地址用户不能正常享用网络资源，影响网络正常运行，甚至会对某些关键数据造成损坏。

4. 其他管理工作

当然，对应于不同的网络环境，还有很多管理工作要做。随着内部网和Internet的相互连通，网络管理员除了要维护各种数据的可靠性外，还要保证机密数据的安全。因此，计算机网络的安全管理（如防火墙的设置）又成为网络管理中一个非常重要的方面。

5. 网络管理

网络管理就是指监督、组织和控制网络通信服务以及信息处理所必需的各种活动的总称。其目标是确保计算机网络的持续正常运行，并在计算机网络运行出现异常时能及时响应和排除故障。网络管理的具体内容有：

1）网络故障管理。
2）网络配置管理。
3）网络性能管理。
4）网络安全管理。
5）容错管理。
6）网络地址管理。
7）软件管理。
8）文档管理。

9）网络资源管理。

9.3.2 校园内部网络安全与病毒防范

在网络环境下，病毒传播、扩散快，仅用单机防病毒产品已经很难彻底清除网络病毒，必须有适合于局域网的全方位防病毒产品。校园网络是内部局域网，就需要一个基于服务器操作系统平台的防病毒软件和针对各种桌面操作系统的防病毒软件。如果与互联网相连，就需要网关的防病毒软件，加强上网计算机的安全。如果在网络内部使用电子邮件进行信息交换，还需要一套基于邮件服务器平台的邮件防病毒软件，识别出隐藏在电子邮件和附件中的病毒。所以，最好使用全方位的防病毒产品，针对网络中所有可能的病毒攻击点设置相应的防病毒软件，通过全方位、多层次的防病毒系统的配置，通过定期或不定期的自动升级，使网络免受病毒的侵袭。

1. 配置防火墙

利用防火墙，在网络通信时执行一种访问控制尺度，允许防火墙同意访问的人与数据进入自己的内部网络，同时将不允许的用户与数据拒之门外，最大限度地阻止网络中的黑客来访问自己的网络，防止他们随意更改、移动甚至删除网络上的重要信息。防火墙是一种行之有效且应用广泛的网络安全机制，防止 Internet 上的不安全因素蔓延到局域网内部。所以，防火墙是网络安全的重要一环。

2. 入侵检测系统

入侵检测技术是为保证计算机系统的安全而设计与配置的一种能够及时发现并报告系统中未授权或异常现象的技术，是一种用于检测计算机网络中违反安全策略行为的技术。在入侵检测系统中利用审计记录，入侵检测系统能够识别出任何不希望有的活动，从而达到限制这些活动，以保护系统的安全。在校园网络中采用入侵检测技术，最好采用混合入侵检测，在网络中同时采用基于网络和基于主机的入侵检测系统，则会构成一套完整立体的主动防御体系。

3. 解决 IP 盗用问题

在路由器上捆绑 IP 和 MAC 地址。当某个 IP 通过路由器访问 Internet 时，路由器要检查发出这个 IP 广播包的工作站的 MAC 是否与路由器上的 MAC 地址表相符，如果相符就放行。否则不允许通过路由器，同时给发出这个 IP 广播包的工作站返回一个警告信息。

4. 校园网服务器的安全

校园网服务器的安全一般可分为硬件系统的安全与软件系统的安全。

（1）硬件系统安全防护　放置服务器的机房应切实做好防雷、防火、防水、防电、防高温等工作。为保证服务器 24 小时处于工作状态还应配备不间断电源。同时管理员要管理好机房和机柜的钥匙，不要让无关人员随意进入机房，防止人为的蓄意破坏和盗窃事件发生。

（2）软件系统安全防护

1）建立服务器档案。

2）安装补丁程序。

3）安装防火墙与杀毒软件。

4）加强操作系统权限管理和口令管理。

5）监测系统日志。

6）定期对服务器进行备份与维护。

5．安全策略配置

1）安全接入和配置。是指在物理（控制台）或逻辑（Telnet）端口接入网络基础设施设备前必须通过认证和授权限制，从而为网络基础设施提供安全性。限制远程访问的安全设置方法见表9-1。

表9-1　安全接入和配置方法

访问方式	保证网络设备安全的方法	备注
Console 控制接口的访问	设置密码和超时限制	建议超时限为 5 分钟
进入特权 Exec 和设备配置级别的命令行	配置 Radius 来记录 logon/logout 时间和操作活动；配置至少一个本地账户作应急之用	
Telnet 访问	采用 ACL 限制，指定从特定的 IP 地址来进行 Telnet 访问；配置 Radius 安全纪录方案；设置超时限制	
SSH 访问	激活 SSH 访问，从而允许操作员从网络的外部环境进行设备安全登录	
Web 管理访问	取消 Web 管理功能	
SNMP 访问	常规的 SNMP 访问是用 ACL 限制从特定 IP 地址来进行 SNMP 访问；记录非授权的 SNMP 访问并禁止非授权的 SNMP 进入和攻击	建议更改默认的 SNMP Commutiy 字符串
设置不同账号	设置不同的账号的访问权限，提高安全性	

2）防止拒绝服务。网络设备拒绝服务攻击的防止主要是防止出现 TCP SYN 泛滥攻击、Smurf 攻击等。网络设备防止 TCP SYN 攻击的方法主要是配置网络设备 TCP SYN 临界值，若多于这个临界值，则丢弃多余的 TCP SYN 数据包；防止 Smurf 攻击主要是配置网络设备不转发 ICMP echo 请求和设置 ICMP 包临界值，避免成为一个 Smurf 攻击的转发者、受害者。

3）访问控制管理。

① 允许从内网访问 Internet，端口全开放。

② 禁止从外网到内部区的访问请求，端口全关闭。

③ 允许从内网访问 DMZ（非军事）区，端口全开放。

9.4　项目实施

9.4.1　网络拓扑设计

1．区域划分

校园网络的建设、整改包含核心区、办公区、学生社区。其中，核心区包含约 700 个信息点，学生社区包含约 6000 个信息点，办公区包含约 2000 个信息点。

1）核心区。网络中心位于图书馆，从网络中心到行政办公楼、综合教学楼、教师及学生宿舍、各综合实训室均采用单模铠装光缆连接至相应的楼层的二级配线间。

2）办公区。办公区位于各个综合教学楼及行政楼，在该区域的房间分别设立三级配线间，从分中心到各个配线间均采用 6 芯多模铠装光缆连接。

3）学生社区。在该区域的各栋学生宿舍、学生活动中心则采用 24 芯单模铠装光纤连接至学生社区的网络分中心。该区域主要是为学生宿舍提供信息化服务。

整个校园网络拓扑图如图 9 - 3 所示。

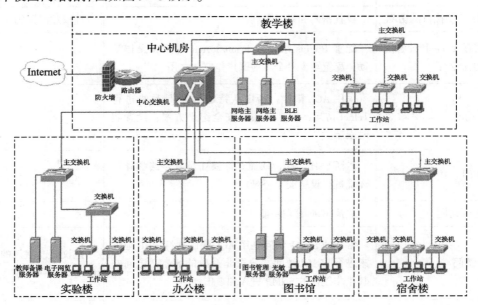

图 9 - 3　校园网络拓扑图

2．网络结构设计和设备选型

总体网络结构分为互联层、核心层和接入层。鉴于该校网络的特殊性，网络改造主要放在核心层和接入层的设计和实施上面。

1）互联层。主要通过路由器和主干校园网的连接。主要设备由 Cisco2900 路由器和 Cisco5505 防火墙组成。

2）核心层。主要通过核心交换机 Cisco 3560 互联几个教学大楼内的接入层交换机。在几座大楼交换机之间需架设单模光缆，已达到 1000MB 互联的要求。同时需要将主要服务器接入核心交换机。在没有互联层的条件下，可以将 Cisco3560 作为互联设备与校园网直接连接，起到三层互联和核心交换的作用。

3）接入层。主要用于计算机主机的接入。功能简单，只需做到满足用户需要即可。在该层的交换机采用 Cisco2950，每台可接入主机数量为 48 个，可根据需要增加接入交换机，对于每个楼宇的交换机可采用堆叠方式或者直接介入核心层的方式接入核心交换机。在本次实施方案中，在楼宇之间架设的光缆为 24 芯单模光缆，即满足所有楼宇交换机直接接入核心交换机的条件。

校园网信息中心大楼的网络设计如图 9 - 4 所示。

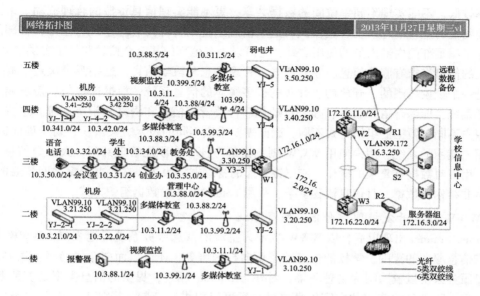

图 9-4 校园区信息中心大楼的网络设计

3. 设计目标的确定

校园网设计的综合布线系统将基于以下目标：

1）符合当前和长远的信息传输要求。

2）布线系统设计遵从国际（ISO/CEI11801）标准。

3）布线系统采用国际标准建议的星形拓扑结构。

4）考虑计算机网络的速度向 100 Mbit/s 发展的需要。

5）布线系统的信息出口采用国际标准的 RJ45 插座。

6）布线系统符合综合业务数据网的要求。

7）布线系统要立足开放原则。

9.4.2 网络软件平台设计

校园网建设是一项综合性非常强的系统工程，它包括了网络系统的总体规划、硬件的选型配置、系统管理软件的应用以及人员培训等诸多方面。因此在校园网的建设工作中必须处理好实用与发展、建设与管理、使用与培训的关系。坚持硬件建设与组织管理协调发展的原则，在重视硬件建设的同时，加强网络软件平台设计，不断开发网络的功能，从而充分发挥校园网络的功效，提高校园网对学校教育的服务水平。

1. 教育信息系统

目前在信息系统方面同时并存三种模式：第一种是单机管理模式，在一些学校里，计算机网络还没有建立起来，计算机之间不能进行数据交换和信息共享，这些学校仍停留在面向部门的单项事务处理的水平上，这种状况决定了系统经常出现数据不一致，容易发生数据丢失、系统感染病毒等问题。第二种模式是局域网管理模式，可以开展网络上的工作，如建立局域网上的管理信息系统，数据集中在部门服务器上，为本部门人员提供数据共享。这种模式对于部门内部的管理工作起到了促进作用，解决了部门内部的数据冗余和不一致的问题，但是应用软件都在工作站上完成，工作站负担过重，服务器只是实现文件的存储、数据存储和打印共享，网络利用率较低，不能实现不同单位间的数据共享，更不能实现信息资源的合理流动。第三种模式是校园网上的全校信息系统管理模式，这个信息系统以各部门管理系统为基础，各部门管理的数据除了满足部门内部人员的使用之外，还可以为其他部门甚至全校教职员工提供信息服务。

学校的信息需求有服务信息、办公信息、管理信息和教学信息。这些需求决定了高校的信息系统是一个全校范围的、开放的、分布的、多媒体的信息系统，根据这些信息需求建立学校的信息子系统，即综合信息服务、办公自动化、行政管理信息和网络教学等系统。这些子系统面对的用户不同、数据的组织方式不同，因此需要采取不同的技术方案解决。对于面向国内外、校内外用户使用的系统，用户使用 WWW 浏览器最方便；在职能管理部门，大多数信息为结构化数据，用户对数据有复杂的操作，应以数据库的管理方式为主；在各办公室之间流通的信息，大多数是非结构化数据，且信息流程复杂，采用 Lotus Notes 的数据组织方式。

2. WWW 技术开发校园综合信息服务系统

Internet/Intranet 出现以后，以 WWW 技术为主流的信息服务系统迅速发展。WWW 技术打破了原有信息服务的范围，学校的信息除了面向校内服务，还可以面向全国乃至全世界。校园综合信息服务系统以校园网为物理环境，对外与 Internet 相连，提供的信息类型是多种多样的。在信息类型上除了日常使用的文字信息之外，还可以提供以音频、视频形式出现的服务信息，如学校领导的重要讲话录音、内容广泛的学术报告、可以陶冶学生情操的音乐等，视频的信息内容也很丰富。校园综合信息服务系统以 WWW 方式提供各种多媒体信息服务之外，还实现了与部门间的管理信息系统（RDBMS）和学校办公自动化系统（NOTES）的有机结合，使信息服务的类型从文件系统扩展到 SQL Server 数据库和 Notes 数据库。

由于信息系统用户的广泛性，决定了客户端必须使用通用的跨平台软件。WWW 浏览器为信息服务系统提供了良好条件，该系统采用 B/S（Browser/Server）的体系结构，具有易于操作、客户机软件安装简单以及便于维护等特点。

校园综合信息服务系统由分布在校园网上的多台信息服务器组成，其中一台是面向众多用户的信息主服务器，其他服务器用户可以用指定的专用端口直接访问，也可以从信息主服务器上建立连接，通过主服务器进行访问。

3. Notes 技术实现校园网办公自动化系统

在高校的管理部门中，办公信息有两种方式的流动，一个是上下级之间的信息流，如校长办公室给系办公室发通知，系办公室再给教师和学生发通知；另一个是横向信息流，如教务处给人事处发信息，人事处给科研处发信息等。校园网办公自动化系统是建立在校园网上的、面向多类用户的信息系统。它采用 Lotus Notes 作为系统开发平台，Notes 具有先进的文档数据库处理功能，不但能够处理结构化数据，还能够处理一般的文档数据、图形、图像、声音等非结构化数据，可以与用户熟悉的软件，如 MS Word、MS Excel 进行集成，对办公系统的功能进一步扩展留有充分余地。现在已经开发出文档管理、电子邮件、会议管理、办公讨论区、公文运转和信息发布等通用办公功能。

4. 数据库技术开发行政管理信息系统

以校园网为物理环境建立各职能部门的管理信息系统，用以支持各行政部门的具体业务工作。学校的基本数据有教师、学生、科研、财务和设备资产信息，这些信息原来都分散在各部门的微机或部门局域网的服务器上，在校园网建立起来以后，为了实现学校基础信息为全校共享，必须将数据集中存放，统一管理。

5. 高校教育信息系统的安全策略

校园网与管理信息系统建成后，任何人都可以通过计算机访问高校的校园网，其中就可能有"黑客"试图攻击网络、破坏网络、传播计算机病毒，还有的可能窃取保密的技术资料及数据等，所以信息系统的安全管理显得尤为重要。网络与管理信息系统的安全主要包括物理安全与逻辑安全，物理安全主要指网络硬件的维护和使用以及管理等；逻辑安全是从软件的角度提出的，主要指数据的保密性、完整性、可用性等。

由于高校信息系统支持全校各部门的办公活动，采取集中存放、统一管理数据的方式，因此这些信息的安全至关重要。为了保证共享信息的安全，从数据管理安全和系统管理安全两个方面加以保证。在数据管理安全方面，录入数据要进行有效性检验，建立完善的数据备份和归档制度、系统管理员责任制度、关键程序的管理制度和服务器机房的管理制度；在系统管理安全方面采用多层安全机制，即信息服务器的网络安全、操作系统安全、数据库安全和应用程序安全的四层安全保证。在信息服务器的网络安全方面，为了保护服务器上的信息资源，在信息服务器与校园网的连接处设置了防火墙，使用防火墙防止非法用户的频繁登录、猜测系统密码，对服务器的开放端口进行限制，设置允许用户访问端口的时间，限制用户访问端口的 IP 地址等；在操作系统安全方面，系统管理员对用户权限严格控制，有些用户必须在指定的机器上进行某种操作；在数据库安全方面，对用户设定权限控制表，做好数据库审计记录的检查。校园网与管理信息系统的安全管理是一个大问题，只有很好地重视安全管理，采取很好的管理措施，才能保证校园网与管理信息系统的正常运行。因此，基于以上各方面的考虑，校园网络平台的建设应遵循以下原则：

1）综合性。学院网络平台应是一个满足数字、语音、图形图像等多媒体信息，以及综合教学、管理、科研信息传输和处理的综合数字网，并能符合 TCP/IP 的要求。

2）先进性。技术上的先进性将保证处理数据的高效率、系统工作的灵活性、网络的可靠性。技术上的先进性也使系统的扩充和维护变得十分简单。

3）可靠性。从网络骨干线路的冗余备份、网络核心设备的冗余备份和电源冗余备份等方面，来保证网络的可靠性。

4）开放性和可扩充性。从主干网络设备的选型及其模块、插槽个数、管理软件和网络整体结构，以及技术的开放性和对相关协议的支持等方面，来保证网络系统的开放性和扩充性。

5）可管理性。网络管理应支持 RMON 和 RMON2，以及标准的 MIB。利用图形化的管理界面和简洁的操作方式，合理的网络规划策略，提供强大的网络管理功能。一体化的网络管理使网络日常的维护和操作变得直观、便捷和高效。

6）安全性。对于内部网络之间、内部网络与外部公共网之间的互联，利用防火墙、杀毒软件等对访问进行控制，确保网络的安全。

7）实用性。网络系统的设计在性能价格比方面充分体现系统的实用性，既要采用先进的技术，又能在经费允许的条件下实现建网目标。

9.4.3 宿舍网络设计

宿舍楼共 7 层，每一层楼有 28 个房间，每个房间有两个信息点；其中 1 楼有两个房间有专门用途，不做考虑；全楼共有 388 个信息点。

综合布线是一种模块化、灵活性极高的建筑物内或建筑群之间的信息传输通道，通过它可以使语音、监控、交换与各种控制和管理系统连接起来同时把这些设备与外部网络连通起来。

综合布线的优点主要表现在它的先进性、可靠性、灵活性、扩展性等方面。综合布线系统可划分成 6 个子系统：工作区子系统、水平子系统、干线子系统、设备间子系统、管理子系统、闭路监控子系统。

图 9-5 所示是宿舍楼与校园网的逻辑示意图。图 9-6 所示是宿舍内部结构图。

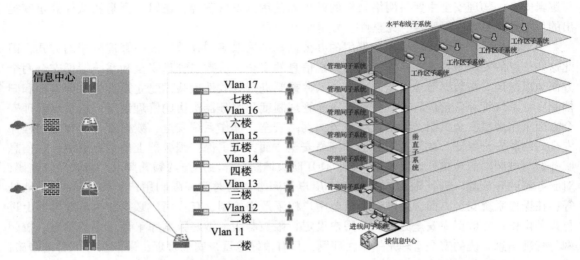

图 9-5　宿舍楼与校园网的逻辑示意图　　　　图 9-6　宿舍楼内部结构图

1. 工作区子系统设计

一个独立的需要设置终端设备的区域宜划分为一个工作区，此工作区就是学生的宿舍。工作区子系统应由水平布线系统的信息插座延伸到工作站终端设备处的连接电缆（跳线）及适配器组成，如图 9-7 所示。

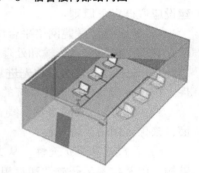

图 9-7　工作区子系统示意图

工作区布线方式如下：

1）高架地板布线方式。服务器机房或其他重要场合一般采用高架防静电地板，该方式施工简单、管理方便、布线美观，并且可以随时扩充。

2）护壁板式。所谓护壁板式，是指将布线管槽沿墙壁固定，并隐藏在护壁板内的布线方式。该方式由于无须剔挖墙壁和地面，不会对原有建筑造成破坏，主要用于集中办公场所、营业大厅等机房的布线。该方式通常使用桌上式信息插座，并且被明装固定于墙壁。当采用隔断分割办公区域时，墙壁上的线槽可以被很好地隐藏起来而不会影响原有的室内装修。

3）埋入式。如果欲布线的楼宇还在施工，那么，可以采用埋入式布线方式。将线缆穿入 PVC 管槽内，或埋入地板垫层中，或埋入墙壁内。该方式通常使用墙上型信息插座，并且底盒被暗埋于墙壁中。

本次工作区子系统设计主要考虑以下几点：

① 工作区内线槽要布置得合理、美观。

② 信息插座要设计在距离地面 30cm 以上。

③ 信息插座与计算机设备的距离保持在 5m 以内。

④ 购买的网卡类型接口要与线缆类型接口保持一致。

⑤ 所有工作区所需的信息模块、信息插座、面板的数量要统计准确。

请大家自行设计楼层平面图，选择以上布线方式，并在其中加入信息点分布情况。

2. 水平子系统设计

水平子系统又称水平布线子系统，是指从工作区子系统的信息点出发，连接管理子系统的通信中间交叉配线设备的线缆部分。由于智能大厦对通信系统的要求，需要把通信系统设计成易于维护、更换和移动的配置结构，以适用通信系统及设备在未来发展的需要。水平布线子系统分布于智能大厦的各个角落，绝大部分通信电缆包括在这个子系统中。相对于干线子系统而言，水平布线子系统一般安装得十分隐蔽。在智能大厦交工后，该子系统很难接近，因此更换和维护水平线缆的费用很高、技术要求也很高。如果我们经常对水平线缆进行维护和更换，就会打扰大厦内用户的正常工作，严重的话就要中断用户的通信系统。由此可见，水平布线子系统的管路敷设、线缆选择将成为综合布线系统中重要的组成部分。因此，电气工程师应初步掌握综合布线系统的基本知识，从施工图中领悟设计者的意图，并从实用角度出发为用户着想，减少或消除日后用户对水平布线子系统的更改，这是十分重要的。

水平布线子系统要求信息链路长度在90m的距离范围内，这个距离范围是指从楼层接线间的配线架到工作区的信息点的实际长度。与水平布线子系统有关的其他线缆，包括配线架上的跳线和工作区的连线总共不应超过90m。一般要求跳线长度小于6m，信息连线长度小于3m。

本次水平布线子系统设计全部采用明敷设，用线槽和桥架完成。设计需要大家绘制出永久链路示意图。

3. 干线子系统设计

干线子系统由建筑物设备间和楼层配线间之间的连接线缆组成，它是智能化建筑综合布线系统的中枢部分，与建筑设计密切相关，主要确定垂直路由的多少和位置、垂直部分的建筑方式和干线系统的连接方式。

现代建筑物的通道有封闭型和开放型两大类型。封闭型通道是指一连串上下对齐的交接间，每层楼都有一间，利用电缆垂井、电缆孔、管道电缆和电缆桥架等穿过的这些房间的地板层，每个空间通常还有一些便于固定电缆的设施和消防装置。开放型通道是指从建筑物的地下室到楼顶的一个开放空间，中间没有任何楼板隔开，如通风通道或电梯通道，不能敷设干线子系统电缆。对于没有垂直通道的老式建筑物，一般采用敷设垂直墙面线槽的方式。

在综合布线中，干线子系统的线缆并非一定是垂直布置的，从概念上讲它是建筑物内的干线通信线缆。在某些特定环境中，如低矮而又宽阔的单层平面大型厂房，干线子系统的线缆就是平面布置的，同样起着连接各配线间的作用。

本次干线子系统全部采用光纤敷设，请大家画出光纤链路连接示意图。

4. 设备间子系统设计

设备间是每一幢建筑物的网络中枢，也是进行综合布线及其应用系统管理和维护的场所，主要设置建筑物配线设备、路由器、三层交换机等，也可能是整个建筑物的其他楼宇自动化系统的核心区域。

设备间温度、湿度、尘埃、照明、电磁场干扰、内部装修、噪声、火灾报警等设施必须符合相应的国家标准。设备间的最小安全尺寸是280cm×200cm，标准的天花板高度为240cm，门的大小至少为2.1m×1m，向外开。尽量将设备柜放在靠近竖井的位置，在柜子上方应装有通风口用于设备通风。

设备间供电电源的要求：频率为50Hz，电压为380V/220V，相数为三相四线制/单相制。按照应用设备的用途，供电方式可分为三类：

1）一类供电。需建立不间断供电系统（带UPS）。

2）二类供电。需自带备用的供电系统。

3）三类供电。按一般用途供电。

设备间内供电可采用直接供电和不间断供电相结合的方式。

对于一幢学生宿舍楼，在其一层选择一个设备间，也可兼作楼层配线间和进线间，内部设整栋宿舍楼综合布线的路由器、交换机、服务器、主配线架（BD/FD），而且这些设备和连接器件都应该安装在标准机柜里面，具体样式如图9-8所示。

图9-8 标准机柜安装次序图

设备间位置尽量选择在几个楼层配线间及竖井中间，减少配线间距离。楼层设备间和配线间原则上在同一垂直线路上，设置要求至每个学生宿舍内数据端口最远不超过90m。如数量不多，距离不超过规范要求时，可将楼层配线架设在中间楼层，上下敷设水平电缆。此时，可减少楼层配线设备。

5. 管理子系统设计

在综合布线系统中，管理间子系统包括了楼层配线间、二级交换间的线缆、配线架及相关接插跳线等。通过综合布线系统的管理间子系统，可以直接管理整个应用系统终端设备，从而实现综合布线的灵活性、开放性和扩展性。

根据管理方式和交连方式的不同，交连管理有单点管理单交连、单点管理双交连、双点管理双交连、双点管理三交连和双点管理四交连等方式。

在本方案中，管理子系统的重点在于规划好信息点编号方式和各种标签以及铭牌的制作与安装。

6. 闭路监控系统设计

闭路监控系统是当今智能小区作为现代化管理的一个重要手段，通过遥控摄像机及其辅助设备（镜头、云台等）直接观看被监视场所的一切情况，借助视音频控制技术把如通道、大堂、电梯及公共场所各重要设施和部门等的实况声像实时传送到监控中心。还可以和其他保安设备配合联动使用，构成严密的安全防范系统。

闭路监控系统一般由三个基本部分构成：

1）前端。用于获取被监控区域的图像。一般由摄像机和镜头、云台、编码器、防尘罩等组成。

2）传输部分。其作用是将摄像机输出的视频（有时包括音频）信号馈送到中心机房或其他监视点。一般由馈线、视频电缆补偿器、视频放大器等组成。

3）终端。用于显示和记录、视频处理、输出控制信号、接受前端传来的信号。一般包括监视器、各种控制设备、记录设备等。

9.4.4 工程实施

在综合布线工程系统设计前必须进行一系列设计准备工作，主要包括以下内容：

1）在用户配合下进行详细的用户通信需求分析。

2）通过考察现场和查阅图样熟悉建筑物的结构。

3）理顺与建筑物整体工程的关系。

4）掌握设计的标准、要点、原则和步骤。

5）根据网络拓扑结构确定综合布线的系统结构。

6）熟悉布线产品市场，为工程挑选合适的布线产品。

7）掌握 AutoCAD 和 Microsoft Office Visio 等软件的使用方法，绘制综合布线系统图和施工图等。

9.4.5 材料预算和定额预算

材料预算和定额预算是网络工程中的重要部分，一般要求使用电子表格进行统计，以利于灵活改动。此处仅是一个示意，见表 9 - 2。

表 9 - 2　材料预算表和定额预算表

网络工程材料预算	
网络布线材料费/元	114238.20
网络布线施工费/元	53904.48
网络布线工程费/元	21858.55
网络系统设备费和集成费/元	177549.36

网络工程材料报价表						
序号	材料名称	数量	单位	单价/元	总价/元	备注
1	非屏蔽超五类双绞线	122	箱	680.00	82937.70	不足一箱按一箱算，下同
2	信息插座、面板	206	套	10.00	2060.00	AMP
3	0.5m 机柜	6	台	400.00	2575.00	电管
4	42U 机柜	1	台	1200.00	1200.00	
5	4 芯室外光纤	184.5	m	30.00	5533.50	
6	ST 耦合器	8	个	20.00	160.00	
7	光纤 ST 头	8	个	20.00	160.00	
8	光纤接线盒	8	个	40.00	320.00	4 口
9	光纤跳线 ST - SC3M	8	根	50.00	400.00	
10	桥架	500	m	30.00	15000.00	200×100
11	PVC 槽 80×50	28	m	6.00	168.00	
12	PVC 槽 12×0.6	300	m	3.00	900.00	
13	RJ45 水晶头	824	个	1.00	824.00	
14	小件消耗品	视工程需要			2000	
15	小计/元	114238.20				

（续）

网络布线定额预算

序号	分项工程名称	数量	单位	单价/元	总价/元	备注
1	PVC 槽敷设	328	m	10.00	3280.00	
2	双绞线敷设	34728	m	0.30	10418.40	
3	跳线制作	412	条	2.00	824.00	
4	配线架安装	9	个	100.00	858.33	
5	机柜安装	7	台	100.00	743.75	
6	光纤敷设	184.5	m	200.00	36900.00	
7	光纤盒	8	个	20.00	160.00	
8	光纤 ST 头制作	8	个	90.00	720.00	
9	小计/元				53904.48	

网络布线工程费

序号			总价/元	
1	设计费	（施工费 + 材料费）×5%	8407.13	
2	督导费	（施工费 + 材料费）×3%	5044.28	
3	测试费	（施工费 + 材料费）×5%	8407.13	
4	小计		21858.55	

工程当中要使用到的软件和硬件预算报价见表 9-3。

表 9-3 网络软件和硬件预算表

序号	名称	型号	配置说明	数量	单位	单价/元	总价/元
1	服务器	DELL T20	E3-1225/4GB/500GB	2	台	3500	7000
2	硬盘	Seagate	1T/7200r/s	4	台	750	3000
3	UPS 电源	APC	8000W/10kV/2h	2	台	16000	32000
4	路由器	H3C ER5200		1	台	5200	5200
5	交换机（二层）	H3C S500P		14	台	2000	28000
6	交换机（三层）	H3C LS-3600V2-28 TP-PWR-EI		1	台	9000	9000
7	防火墙	H3C SEC PATH U200-CS-AC		1	台	7199	7199
8	无线 AP	TP LINK		21	台	105	2205
9	家用路由器	TP-LINK/TL-WR88		200	台	90	18000
10	台式机	联想 A6 52002	A6/4GB/500GB	2	台	3200	6400

9.4.6 网络地址规划和相关设备配置过程

1. IP 地址规划

宿舍楼 IP 地址见表 9-4。服务器 IP 地址见表 9-5。

表 9-4 宿舍楼 IP 地址

楼层	房间类型	IP 地址范围	所属 VLAN	子网掩码	网关地址	是否启用 DHCP
1 楼	值班室	10.6.1.2	10	255.255.255.0	10.6.1.1	否
	寝室	10.6.1.3 ~ 10.6.2.254	20	255.255.255.0	10.6.1.1	是
2 楼	寝室	10.6.3.2 ~ 10.6.3.254	30	255.255.255.0	10.6.3.1	是
3 楼	寝室	10.6.4.2 ~ 10.6.5.254	30	255.255.255.0	10.6.4.1	是
4 楼	寝室	10.6.6.2 ~ 10.6.7.254	40	255.255.255.0	10.6.6.1	是
5 楼	寝室	10.6.8.2 ~ 10.6.8.254	50	255.255.255.0	10.6.8.1	是
6 楼	寝室	10.6.9.2 ~ 10.6.10.254	60	255.255.255.0	10.6.9.1	是
7 楼	寝室	10.6.11.2 ~ 10.6.12.254	70	255.255.255.0	10.6.11.1	是

表 9-5 服务器 IP 地址

服务器类型	IP 地址	子网掩码
Web 服务器	172.16.1.1	255.255.255.0
DHCP 服务器	172.16.1.2	255.255.255.1
RADIUS 服务器	172.16.1.3	255.255.255.2
FTP 服务器	172.16.1.4	255.255.255.3
DNS 服务器	172.16.1.5	255.255.255.4

2. 设备调试

（1）配置二层交换机管理地址

```
Cisco3550#conf t（进入交换机配置模式）
Cisco3550(config)#interface vlan 99（选择虚拟接口 VLAN1,注意二层交换机的管理地址都配置在 Interface VLAN 99 上）
```

（2）启用 3AAA 认证

```
Cisco3550(config)#aaa new-model（启用 AAA 认证）
Cisco3550(config)#aaa authentication dot1x default group radius（启用 dot1x 认证）
Cisco3550(config)#dot1x system-auth-control（启用全局 dot1x 认证）
Cisco3550(config-if)#end（退出配置模式）
Cisco3550#wr（进行保存）
```

以上的 dot1x 启用 IEEE 802.1x 认证。

（3）指定密钥 指定 RADIUS 服务器的 IP 地址及交换机与 RADIUS 服务器之间的共享密钥

```
Cisco3550(config)#radius-server host 172.16.2.10 auth-port 1812 acct-port 1813 key cisco
Cisco3550(config)#radius-server retransmit 3（与 RADIUS 服务器之间的尝试连接次数为 3 次）
Cisco3550(config-if)#end（退出配置模式）
Cisco3550#wr（进行保存）
```

在以上命令中，172.16.2.10 为 RADIUS 服务器的 IP 地址，1812 是 RADIUS 服务器。默认的认证端口，1813 是系统默认的计账端口。其中，auth-port 1812 acct-port 1813 可以省略。key 后面的 cisco 为交换机与 RADIUS 服务器之间的共享密钥。

（4）配置交换机的认证端口 下面，将交换机的第一个端口 FastEthernet0/1 设置为需要进行 IEEE 802.1x 认证的端口，具体操作如下：

```
Cisco3550(config)#interface FastEthernet 0/1（进入 FastEthernet 0/1 端口）
Cisco3550(config-if)# switchport mode access（将端口设置为访问端口）
Cisco3550(config-if)#dot1x port-control auto（将端口 802.1x 认证模式控制设置为自动）
Cisco3550(config-if)#dot1x timeout quiet-period 30（设置认证失败后重试时间为 30 s）
Cisco3550(config-if)#dot1x timeout reauth-period 30（设置认证失败后，进行重新认证的时间间距为 30s）
Cisco3550(config-if)#dot1x reauthentication（启用 802.1x 认证）
Cisco3550(config-if)#spanning-tree portfast（启用生成树协议，并设置为 Portfast 端口）
Cisco3550(config-if)#end（退出配置模式）
Cisco3550#wr（进行保存）
```

（5）MAC 地址绑定

```
Interface fa0/5
Switchport port-security mac-address（mac 地址）（实现绑定 MAC 地址到指定端口）
Switchport port-security violation shutdown（设置违规处理为关闭端口）
```

（6）DHCP 服务器设置 在大型的网络拓扑中如果要让人都必须记住 IP 地址是很麻烦的，所以可以采用 DHCP 来分配地址，但是不同的 VLAN 接入网络的时候所分配的网络地址不同，如何来控制这个缺点呢？在路由器中，采用不同的 DHCP 地址池，定义之后就可以自动分配地址到不同的网段，但是有网关地址，所以要在地址池中除去已分配的 IP 地址池，还要分配 DNS 服务器的地址和默认网关。

```
ipdhcp excluded-address 10.3.11.254
ipdhcp pool VLAN11
network 10.3.21.0 255.255.255.0
default-router 10.3.21.254
dns-server 10.3.77.1
```

在定义了这样的不同 VLAN 的地址池之后就能在不同的网段分配不同的地址。

（7）NAPT 功能配置 内网地址进入外网必须将其转换为公网地址，这个过程不仅节约公网 IP 地址，还有保护内网安全的作用，NAPT 是最经典的配置。

在接口上定义内外网 ipnat inside/outside

```
ipnat pool cisco 200.10.10.6 200.10.10.15 netmask 255.255.255.0
access-list 1 permit 192.168.10.0 0.0.0.255
ipnat inside source list 1 pool cisco overload
```

（8）SNMP 配置 越是大型的网络的监控就越困难，所以必须监控流量，不然网络的信息监控以及要对网络进行优化将非常困难，在这里使用了 SNMP 来监控流量，在服务器上开启 SNMP 服务，再下载一个软件就可以实施监控。

```
snmp-server community public RO(启用路由器的 SNMP,设置路由器团体名称为 Public,只读)
snmp-server trap-source Vlan *（指定监控的目标）
snmp-server host 10.3.77.1 public（指定把流量传送到服务器地址）
```

（9）基于时间的 ACL——通过访问控制列表来控制学生上网的时段

```
time-range ff
periodic Friday 11:00 to Sunday 15:00
!
Time-range mytime
Periodic Monday Thursday 11:00 to 15:30
!
access-list 101 deny ip any any time-range mytime
access-list 101 deny ip any any time-range
access-list 101 permit   ip any any
```

（10）服务器的 MAC 地址绑定　其实 MAC 地址的绑定不仅是对服务器的地址绑定。试想一下，办公室的人员都使用的是台式计算机，如果每次登录到网络都要使用 802.1x 来认证那将会是多么的麻烦，所以对这些端口不做 802.1x 认证接入而是直接接入，在计算机上设置登录密码即可。但是，如果当不法分子不能通过破译 Windows 密码的方式进入计算机，而是通过直接拔掉网线将其插在自己所携带的计算机上时，这台计算机将会是非常危险的入侵者，它所拥有的权限非常高，能访问很多资料，造成资料的泄漏，能种植木马等。所以，在交换机上采用 MAC 地址的方式来控制办公室人员登录内部网络，使其更加安全可靠。下面是服务器的 MAC 地址的绑定命令：

```
interface FastEthernet0/21
switchport mode access
switchport port-security mac-address 7427.ea10.77f3 vlan access（MAC 地址绑定的端口必须使用 Access 模式）
```

验证方法：当配置完成后，使用另一台计算机连接到服务器端口，发现无法接入网络，即 MAC 地址绑定完成。

9.5　项目总结

在完成该校园网的综合布线系统后，系统验收按照《建筑与建筑群综合布线系统工程设计规范》（GB/T 50311—2000）及《建筑与建筑群综合布线系统工程验收规范》（GB/T 50312—2000），提供出一套完整的竣工资料，包括以下内容：

1）竣工图样。
2）各管理区设备配置图。
3）各管理区设备配置表。
4）各管理区设备跳线表。
5）验收报告。
6）综合布线系统管理员参考手册。
7）测试报告。

9.5.1　测试

综合布线测试一般分为验证测试和认证测试。验证测试又叫随工测试，是边施工边测试。认证测试则是所有测试工作中最重要的环节，是工程验收时对布线系统的全面检查，是评价综合布线工程质量的手段。

本项目设计遵循美国通信工业协会 TIA 制定的 EA/TIA568 布线标准和 TSB—67 测试标准。该标准于 1995 年 10 月正式颁布，它适用于"认证"非屏蔽双绞线电缆是否达到 5 类线要求的标准。

设计方提供的主要测试数据来自于各个双绞线信道永久链路，按照 TSB—67 标准测试，永久链路连接如图 9 – 9 所示。其测试的项目及参数见表 9 – 6。

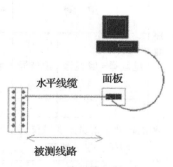

水平线缆　　面板

被测线路

图 9 – 9　永久链路

表 9-6　测试参数

测试项目	参　数
＊电缆长度（Length）	＜90 m
＊近端串扰（Next）	＞24 db
＊衰减（Attenuation）	＜23.2 db
特性阻抗（Characteristic Impedance）	（100±15）ohm
传导延时（Propagation Delay）	＜1.0 μs
直流电阻（DC Resistance）	＜40 ohm
回返损耗（Return Loss）	＞10 db

注：＊号为必须测试的项目，测试模型为基本链路（Basic Link）。根据标准进行测试，要注意以下事项：①在指标中不包含两末端的插头和插座。②测试仪器必须具有二级精度。③Next 必须进行双向测试。

9.5.2　验收

综合布线验收贯穿于整个施工过程中，它的步骤为开工前检查、随工验收、初步验收和竣工验收。对综合布线系统工程来说，验收的主要内容有：环境检查、器材检验、设备安装检验、线缆敷设和保护方式检验、线缆终接和工程电气测试等。

测试验收相关表格设计见表 9-7 和表 9-8。

表 9-7　综合布线系统工程电缆（链路/信道）性能指标测试记录

序号	编　号			内　容						备　注
				电缆系统						
	地址号	线缆号	设备号	长度	接线图	衰减	近端串音	电缆屏蔽层连通情况	其他项目	
测试日期、人员及测试仪表型号、仪表精度										
处理情况										

表 9-8　综合布线系统工程光纤（链路/信道）性能指标测试记录

序号	编　号			光缆系统								备注
				多　模				单　模				
				850nm		1300nm		1310nm		1550nm		
	地址号	线缆号	设备号	衰减（插入损耗）	长度	衰减（插入损耗）	长度	衰减（插入损耗）	长度	衰减（插入损耗）	长度	
测试日期、人员及测试仪表型号、仪表精度												
处理情况												

9.5.3 实训项目交接

本项目旨在训练学生规划设计校园网的能力，也可训练学生综合布线的项目操作能力，具体要上交的作业包括：

1）宿舍楼综合布线全套资料。

2）校园网平面图。

3）校园网拓扑图。

4）校园网设备清单。

5）校园网设备和材料预算。

6）测试报告。

7）校园网竣工文档。

8）校园网设备配置文件。

9）校园网设计技术方案书。

参考文献

［1］刘淑梅，郭腾，李莹. Windows Server 2008 组网技术与应用详解［M］. 北京：人民邮电出版社，2009.

［2］戴有炜. Server 2008 R2 安装与管理［M］. 北京：清华大学出版社，2011.

［3］鸟哥. 鸟哥的 Linux 私房菜——基础学习篇［M］. 3 版. 北京：人民邮电出版社，2010.

［4］鸟哥. 鸟哥的 Linux 私房菜——服务器架设篇［M］. 3 版. 北京：机械工业出版社，2012.

［5］陈绣瑶. 校园网络流量控制策略的分析与应用［J］. 电脑开发与应用，2009（11）.

［6］周中伟. 校园网络流量控制的应用研究［J］. 湖南工业职业技术学院学报，2009（05）.

［7］万瀚莱，张竹羽. VLAN 技术在校园网中的实际应用［J］. 电脑知识与技术，2009（28）.

［8］于占虎. 三层交换机中 VLAN 间通信的设置方法［J］. 辽宁师专学报：自然科学版，2009（03）.

［9］王森. 浅议校园网网络安全［J］. 河北广播电视大学学报，2009（05）.

［10］曾振东. 校园网网络安全解决方案初探［J］. 广东青年干部学院学报，2009（03）.

［11］林永菁. 多层次校园网络安全设计［J］. 吉林师范大学学报：自然科学版，2009（03）.

［12］陈玉清. 校园网的组建与管理［J］. 新乡学院学报：自然科学版，2009（02）.

［13］陈虹，陶滔，常景超. 路由器配置诊断及优化系统研究与设计［J］. 计算机工程与设计，2008（23）.

［14］查婷民，陆松年. 防火墙规则优化［J］. 计算机应用与软件，2008（12）.

［15］李路. 网关与计算机域的容量［J］. 农业图书情报学刊，2008（11）.

［16］薛念，宋馥莉. 校园网络威胁及对策［J］. 河南职工医学院学报，2008（05）.

［17］李鑫. 校园网络的安全问题及防范［J］. 山西大同大学学报：自然科学版，2008（04）.

［18］王晓萍，吴慧. 路由器可扩展技术研究［J］. 计算机与网络，2008（16）.

［19］张威. 中国行业信息化发展策略［J］. 计算机与网络，2008（07）.

［20］王智军. 第四层交换机技术浅析［J］. 赤峰学院学报：自然科学版，2007（06）.

［21］郑石平，冯学智. 基于 TCP 的跨网段文件传输［J］. 计算机工程与设计，2007（05）.

［22］陶舟，王一举，黄东平等. 数字化校园的网络架构与设计——以长江大学数字化校园网络建设为例［J］. 长江大学学报：自然科学版，2006（03）.

［23］钱喻锷. 防火墙技术初探［J］. 思茅师范高等专科学校学报，2005（03）.

［24］许垂泽，廖淑华. 构建高效安全的校园网络系统［J］. 长春师范学院学报，2005（07）.

［25］雷雪梅，苏力萍，等. 现代网络管理［M］. 北京：国防工业出版社，2005.

［26］陈平平，陈懿. 网络设备与组网技术［M］. 北京：冶金工业出版社，2004.

［27］王保顺，张炜等. 校园网设计与远程教学系统开发［M］. 北京：人民邮电出版社，2003.

［28］杨威，等. 网络工程设计与安装［M］. 北京：电子工业出版社，2003.

［29］CormacLong. IP 网络设计［M］. 北京超品技术有限责任公司，译. 北京：人民邮电出版社，2002.

［30］史忠植. 高级计算机网络［M］. 北京：电子工业出版社，2002.

［31］周俊杰. 计算机网络系统集成与工程设计案例教程［M］. 北京：北京大学出版社，2014.

［32］Scott Empson. 思科网络技术学院教程［M］. 思科系统公司，译. 北京：人民邮电出版社，2014.

［33］邵慧莹. 中小型网络组建［M］. 北京：中国铁道出版社，2011.

［34］张国清. 网络设备配置与调试项目实训［M］. 北京：电子工业出版社，2014.

［35］褚建立，邵慧莹. 路由器交换机项目实训教程［M］. 北京：电子工业出版社，2010.

［36］王公儒. 综合布线工程实用技术［M］. 北京：中国铁道出版社，2011.

［37］余明辉，陈兵. 综合布线技术与工程［M］. 北京：高等教育出版社，2016.

［38］高峡，钟啸剑. 网络设备互联［M］. 北京：科学出版社，2009.

［39］黄成，陈华胜. 计算机网络基础［M］. 大连：东软电子出版社，2014.